建设工程招投标与合同管理

（第 2 版）

主　编　郝永池　郝海霞
副主编　邵　英　尹素花　王小伟
　　　　张朝伟　刘三会　伊晓叶

北京理工大学出版社
BEIJING INSTITUTE OF TECHNOLOGY PRESS

内 容 提 要

本书共分为10个项目单元，主要内容包括：认知建筑市场，认知建设工程招标与投标，建设工程施工招标，建设工程施工投标，建设工程开标、评标与定标，建设工程施工合同的订立，建设工程施工合同管理，建设工程施工索赔，建设工程其他合同，国际工程合同条件等。每一项目教学单元都配有相应的专项实训。

本书为高等院校土木工程类相关专业的规划教材，也可供工程技术人员工作时参考。

图书在版编目(CIP)数据

建设工程招投标与合同管理/郝永池，郝海霞主编.—2版.—北京：北京理工大学出版社，2017.8

ISBN 978-7-5682-2190-0

Ⅰ.①建…　Ⅱ.①郝…　②郝…　Ⅲ.①建筑工程–招标–高等学校–教材　②建筑工程–投标–高等学校–教材　③建筑工程–经济合同–管理–高等学校–教材　Ⅳ.①TU723

中国版本图书馆CIP数据核字(2016)第080845号

出版发行 / 北京理工大学出版社有限责任公司
社　　址 / 北京市海淀区中关村南大街5号
邮　　编 / 100081
电　　话 / （010）68914775（总编室）
（010）82562903（教材售后服务热线）
（010）68948351（其他图书服务热线）
网　　址 / http://www.bitpress.com.cn
经　　销 / 全国各地新华书店
印　　刷 / 北京紫瑞利印刷有限公司
开　　本 / 787毫米×1092毫米　1/16
印　　张 / 16
字　　数 / 388千字
版　　次 / 2017年8月第2版　2017年8月第1次印刷
定　　价 / 62.00元

责任编辑 / 钟　博
文案编辑 / 钟　博
责任校对 / 周瑞红
责任印制 / 边心超

第1版前言

本教材结合高等教育的特点，突出了教材的实践性和综合性。本教材编写在力求做到保证知识的系统性和完整性的前提下，以项目单元为组织形式，每项目单元增加了实训项目，让学生通过在真实环境下的实训练习，强化学生的专业技能。在项目编写过程中，吸取了当前行业企业改革中应用的管理方法，并认真贯彻我国现行规范及有关文件，从而增强了适应性、应用性，具有了时代性的特征。每个项目除有一定量的习题和思考题外，还增加了具有行业特点且较全面的工程实例，以求通过实例来培养学生的综合应用能力。

本教材由郝永池、刘健娜任主编，高婷、王俊昆、姚艳芳任副主编，李童、刘洋、吴翼虎参加了编写。本教材由郝永池统稿、修改并定稿。在教材编写过程中，还得到了有关单位和个人的大力支持，在此表示感谢。

编　者

第2版前言

本教材根据高等院校建筑类专业人才培养目标，按照高等院校课程改革要求，以国家现行建筑法、合同法、招标投标法和实施条例以及最新的企业资质管理规定等为依据，根据编者多年的工作经验和教学实践，在原教材的基础上修改、补充编写而成。

本教材对建设工程招投标与合同管理的理论、方法、要求等作了详细的阐述，坚持以就业为导向，突出实用性与创新性。教材编写在力求做到保证知识的系统性和完整性的前提下，以项目单元为组织形式，每项目单元增加了实训项目，让学生通过在真实环境下的实训练习，强化学生的专业技能。在项目编写过程中，吸取了当前行业企业改革中应用的管理方法，并认真贯彻我国现行规范及有关文件，从而增强了适应性、应用性，具有了时代性的特征。每个项目除有一定量的习题和思考题外，还增加了具有行业特点且较全面的工程实例，以求通过实例来培养学生的综合应用能力。

本书由郝永池、郝海霞担任主编，邵英、尹素花、王小伟、张朝伟、刘三会和伊晓叶担任副主编。具体编写分工为：伊晓叶编写项目1、项目4，邵英编写项目2，王小伟编写项目3，郝海霞编写项目5，张朝伟编写项目6，尹素花编写项目7，郝永池编写项目8，刘三会编写项目9、项目10。全书由郝永池负责统稿。在本书编写过程中，还得到了有关单位和个人的大力支持，在此表示感谢。

限于作者水平，加上时间仓促，本书肯定存在不少缺陷和不足之处，敬请读者提出宝贵意见，以便我们改正。

编　者

目录

项目 1　认知建筑市场

项目描述

本项目主要介绍了建设工程建筑市场的主体和客体，建筑市场的管理体制，工程承发包的内容与方式，建设工程招投标的特点、原则，招标代理机构与管理体制等内容。

学习目标

通过本项目的学习，学生能够了解建设工程建筑市场的基本情况、建设工程承发包的方式，掌握建设工程招投标的特点、原则，了解建设工程招标代理机构与管理体制。

项目导入

工程建设市场准入制度，是国家为了加强对工程建设活动的监督管理，维护公共利益和工程建设市场秩序，保证建设工程质量安全，促进建筑业健康发展而制定的一系列法律法规、政策规定的总称，包括《中华人民共和国建筑法》《建设工程勘察设计资质管理规定》《工程监理企业资质管理规定》《建筑业企业资质管理规定》以及相应的企业资质标准等。工程建筑市场相关企业必须符合相关规定要求，并取得相应的企业资质证书(准入许可)，才能进入工程建设市场领域从事生产经营活动。

1.1　建筑市场的概念和管理体制

1. 建筑市场的概念

建筑市场是指以建筑工程承发包交易活动为主要内容的市场，也称作建设市场或建筑工程市场。

建筑市场有狭义的市场和广义的市场之分。狭义的市场一般指有形建筑市场，有固定的交易场所；广义的市场包括有形建筑市场和无形建筑市场，包括与工程建设有关的技术、租赁、劳务等各种要素的市场，为工程建设提供专业服务的中介组织，靠广告、通信、中介机构或经纪人等媒介沟通买卖双方或通过招标投标等多种方式成交的各种交易活动，还包括建筑商品生产过程及流通过程中的经济联系和经济关系。可以说，广义的建筑市场是工程建设生产和交易关系的总和。

2. 建筑市场的管理体制

我国的建设管理体制是建立在社会主义公有制基础之上的。计划经济时期，无论是建设单位，还是施工企业、材料供应部门，均隶属于不同的政府管理部门，各个政府部门主要是通过行政手段管理企业，而在一些基础设施部门则形成所谓的行业垄断。改革开放初期，虽然政府机构进行多次调整，但分行业进行管理的格局基本没有改变。国家各个部委均有本行业关于建设管理的规章，有各自的勘察、设计、施工、招标投标、质量监督等一套管理制度，形成对建筑市场的分割。

党的十五大以后，随着社会主义市场经济体制的逐步建立，政府在机构设置上也进行了很大的调整。除保留了少量的行业管理部门外，还撤销了众多的专业政府部门，并将政府部门与所属企业脱钩，为建设管理体制改革提供了良好的条件，使原先的部门管理逐步向行业管理转变。

1.2 建筑市场的主体和客体

建筑市场的主体是指参与建筑生产交易过程的各方，主要有业主(建设单位或发包人)、承包商、工程咨询服务机构等；建筑市场的客体则为有形的建筑产品(建筑物、构筑物)和无形的建筑产品(咨询、监理等智力型服务)。

1. 建筑市场的主体

(1)业主。业主是指既有某项工程建设需求，又具有该项工程的建设资金和各种准建手续，在建筑市场中发包工程项目建设的勘察、设计、施工、监理任务，并最终得到建筑产品达到其经营使用目的的政府部门、企事业单位和个人。

项目业主的产生主要有以下三种方式：

1)业主即原企业或单位。企业或机关、事业单位投资的新建、扩建、改建工程，则该企业或单位即为项目业主。

2)业主是联合投资董事会。由不同投资方参股或共同投资的项目，则业主是共同投资方组成的董事会或管理委员会。

3)业主是各类开发公司。开发公司自行融资或由投资方协商组建或委托开发的工程管理公司，也可称为业主。

业主在项目建设过程中的主要职能如下：

1)建设项目的立项决策。

2)建设项目的资金筹措与管理。

3)办理建设项目的有关手续(如征地、建筑许可等)。

4)建设项目的招标与合同管理。

5)建设项目的施工与质量管理。

6)建设项目的竣工验收和试运行。

7)建设项目的统计及文档管理。

(2)承包商。承包商是指拥有一定数量的建筑装备、流动资金、工程技术经济管理人员及一定数量的工人，取得建设行业相应资质证书和营业执照的，能够按照业主的要求提供不同形态的建筑产品并最终得到相应工程价款的建筑施工企业。

相对于业主，承包商作为建筑市场主体，是长期和持续存在的。因此，对承包商一般都要实行从业资格管理。承包商从事建设生产，一般需具备以下四个方面的条件：

1)拥有符合国家资质标准规定的资产。

2)拥有与其资质等级相适应的注册建造师及其他注册人员、工程技术人员、施工现场管理人员和技术工人。

3)具有满足国家资质标准要求的工程业绩。

4)具有必要的技术装备。

承包商可按其所从事的专业可分为土建、水电、公路、铁路、港口、水利、市政等专业公司。在市场经济条件下，承包商需要通过市场竞争(投标)取得施工项目，需要依靠自身的实力去赢得市场。承包商的实力主要包括以下四个方面：

1)技术方面的实力。有精通本行业的工程师、造价师、经济师、会计师、项目经理、合同管理等专业人员队伍；有施工专业装备；有承揽不同类型项目施工的经验。

2)经济方面的实力。具有相当的周转资金用于工程准备，具有一定的融资和垫付资金的能力；具有相当的固定资产和为完成项目需购入大型设备所需的资金；具有支付各种担保和保险的能力，有承担相应风险的能力；承担国际工程尚需具备筹集外汇的能力。

3)管理方面的实力。建筑承包市场属于买方市场。承包商为打开局面，往往需要以低利润报价取得项目。必须在成本控制上下功夫，向管理要效益，并采用先进的施工方法提高工作效率和技术水平，因此，必须具有一批过硬的项目经理和管理专家。

4)信誉方面的实力。承包商一定要有良好的信誉，信誉直接影响企业的生存与发展。要建立良好的信誉，就必须遵守法律法规，承担国外工程能按国际惯例办事，保证工程质量、安全、工期、文明施工，能认真履约。

承包商承揽工程，必须根据本企业的施工力量、机械装备、技术力量、施工经验等方面的条件，选择适合发挥自己优势的项目，避开企业不擅长或缺乏经验的项目，做到扬长避短，避免给企业带来不必要的风险和损失。

(3)工程咨询服务机构。工程咨询服务机构是指具有一定资产，具有一定数量的工程技术、经济、管理人员，取得建设咨询证书和营业执照，能为工程建设提供估算测量、管理咨询、建设监理等智力型服务并获取相应费用的企业。

工程咨询服务机构包括勘察设计机构、工程造价(测量)咨询单位、招标代理机构、工程监理公司、工程管理公司等。工程咨询服务机构虽然不是工程承发包的当事人，但其受业主委托或聘用，与业主订有协议书或合同，因而对项目的实施负有相当重要的责任。

2. 建筑市场的客体

建筑市场的客体，一般称作建筑产品，是建筑市场的交易对象，既包括有形建筑产品，也包括无形建筑产品，即各类智力型服务。

建筑产品不同于一般工业产品，因为建筑产品本身及其生产过程具有不同于其他工业产品的特点。在不同的生产交易阶段，建筑产品表现为不同的形态。它可以是咨询公司提供的咨询报告、咨询意见或其他服务；也可以是勘察设计单位提供的设计方案、施工图纸、勘察报告；还可以是生产厂家提供的混凝土构件，当然也包括承包商生产的各类建筑物和构筑物。

(1)建筑产品的特点。

1)建筑产品的固定性和生产过程的流动性。建筑物与土地相连，不可移动，这就要求施工人员和施工机械只能随建筑物不断流动，从而带来施工管理的多变性和复杂性。

2)建筑产品的单件性。业主对建筑产品的用途、性能要求不同以及建设地点的差异，决定了多数建筑产品都需要单独进行设计，不能批量生产。

3)建筑产品的整体性和分部分项工程的相对独立性。这个特点决定了总包和分包相结合的特殊承包形式。随着经济的发展和建筑技术的进步，施工生产的专业性越来越强。在建筑生产中，由各种专业施工企业分别承担工程的土建、安装、装饰、劳务分包，有利于施工生产技术和效率的提高。

4)建筑生产的不可逆性。建筑产品一旦进入生产阶段，其产品不可能退换，也难以重新建造，否则双方都将承受极大的损失。所以，建筑生产的最终产品质量是由各阶段成果的质量决定的。设计、施工必须按照规范和标准进行，才能保证生产出合格的建筑产品。

5)建筑产品的社会性。绝大部分建筑产品都具有相当广泛的社会性，涉及公众的利益和生命财产的安全，即使是私人住宅，也会影响到环境，影响到进入或靠近它的人员的生活和安全。政府作为公众利益的代表，加强对建筑产品的规划、设计、交易、建造的管理是非常必要的，有关工程建设的市场行为都应受到管理部门的监督和审查。

(2)建筑产品的商品属性。改革开放以来，建筑业成为市场经济的领头羊。建筑企业成为独立的生产单位，建设投资由国家拨款改为多种渠道筹措，市场竞争代替行政分配任务，建筑产品价格也逐步走向以市场形成价格的价格机制。建筑产品的商品属性的观念已为大家所认识，这成为建筑市场发展的基础，并推动了建筑市场的价格机制、竞争机制和供求机制的形成，使实力强、素质高、经营好的企业在市场上更具竞争性，能够更快地发展，实现资源的优化配置，提高了全社会的生产力水平。

(3)工程建设标准的法定性。建筑产品的质量不仅关系到承发包双方的利益，也关系到国家和社会的公共利益，正是由于建筑产品的这种特殊性，因此，其质量标准是以国家标准、国家规范等形式颁布实施的。从事建筑产品生产必须遵守这些标准规范的规定，违反这些标准规范将受到国家法律的制裁。

工程建设标准涉及面很广，包括房屋建筑、交通运输、水利、电力、通信、采矿冶炼、石油化工、市政公用设施等诸方面。

工程建设标准是指对工程勘察、设计、施工、验收、质量检验等各个环节的技术要求。它包括以下五个方面的内容：

1)工程建设勘察、设计、施工及验收等环节的质量要求和方法。

2)与工程建设有关的安全、卫生、环境保护的技术要求。

3)工程建设的术语、符号、代号、量与单位、建筑模数和制图方法。

4)工程建设的试验、检验和评定方法。

5)工程建设的信息技术要求。

在具体形式上，工程建设标准包括标准、规范、规程等。工程建设标准的独特作用在于，一方面，通过有关的标准规范，为相应的专业技术人员提供需要遵循的技术要求和方法；另一方面，由于标准的法律属性和权威属性，保证从事工程建设有关人员按照规定去执行，从而为保证工程质量打下基础。

1.3 建筑市场的资质管理

建筑活动的专业性及技术性都很强，而且建设工程投资大、周期长，一旦发生问题，将给社会和人民的生命财产安全造成极大地损失。因此，为保证建设工程的质量和安全，对从事建设活动的单位和专业技术人员必须实行从业资格管理，即资质管理制度。

建筑市场中的资质管理包括两类：一类是对从业企业的资质管理；另一类是对专业人士的资质管理。

1. 从业企业的资质管理

在建筑市场中，围绕工程建设活动的主体主要是业主方、承包方(包括供应商)、勘察设计单位和工程咨询机构。《中华人民共和国建筑法》(以下简称《建筑法》)规定，对从事建筑活动的施工企业、勘察单位、设计单位和工程咨询机构(含监理单位)实行资质管理。

(1)工程勘察设计企业资质管理。我国建设工程勘察设计资质分为工程勘察资质和工程设计资质。工程勘察资质分为工程勘察综合资质、工程勘察专业资质、工程勘察劳务资质；工程设计资质分为工程设计综合资质、工程设计行业资质、工程设计专项资质。

建设工程勘察设计企业应当按照其拥有的注册资本、专业技术人员、技术装备和勘察设计业绩等条件申请资质，经审查合格，取得建设工程勘察设计资质证书后，方可在资质等级许可的范围内从事建设工程勘察设计活动。国务院建设行政主管部门及各地建设行政主管部门负责工程勘察设计企业资质的审批、晋升和处罚。

(2)建筑业企业(施工企业)资质管理。建筑业企业(施工企业)是指从事土木工程、建筑工程、线路管道及设备安装工程、装修工程等的新建、扩建、改建活动的企业。我国的建筑业企业分为施工总承包企业、专业承包企业和劳务分包企业。施工总承包企业又按工程性质分为12个类别，即建筑工程施工总承包、公路工程施工总承包、铁路工程施工总承包、港口与航道工程施工总承包、水利水电工程施工总承包、电力工程施工总承包、矿山工程施工总承包、冶金工程施工总承包、石油化工工程施工总承包、市政公用工程施工总承包、通信工程施工总承包、机电工程施工总承包；专业承包企业又根据工程性质和技术特点划分为36个类别；劳务分包企业不分类别和等级。

工程施工总承包企业资质等级分为特级、一级、二级、三级；施工专业承包企业资质等级分为一级、二级、三级。企业的资质等级标准，由国家住房和城乡建设部统一组织制定和发布。工程施工总承包企业和施工专业承包企业的资质实行分级审批。特级、一级资质，由国家住房和城乡建设部审批；二级以下资质，由企业注册所在地省、自治区、直辖市人民政府建设主管部门审批；劳务分包企业资质，由企业所在地省、自治区、直辖市人民政府建设主管部门审批。经审查合格的，由有权的资质管理部门颁发相应等级的建筑业企业(施工企业)资质证书。

(3)工程咨询单位资质管理。我国对工程咨询单位也实行资质管理。目前，已有明确资质等级评定条件的有：工程监理、招标代理、工程造价等咨询机构。

1)工程监理企业资质分为综合资质、专业资质和事务所资质。其中，专业资质按照工程性质和技术特点划分为若干工程类别。综合资质、事务所资质不分级别。专业资质分为甲级、乙级；其中，房屋建筑、水利水电、公路和市政公用专业资质可设立丙级。丙级监理单位可承担相应专业工程类别三级建设工程项目的工程监理业务；乙级监理单位可承担相应专业工程类别二级以下(含二级)建设工程项目的工程监理业务；甲级监理单位可承担相应专业工程类别建设工程项目的工程监理业务。

2)工程招标代理机构资格分为甲级、乙级和暂定级。甲级工程招标代理机构可以承担各类工程的招标代理业务；乙级工程招标代理机构只能承担工程总投资1亿元人民币以下的工程招标代理业务；暂定级工程招标代理机构只能承担工程总投资6 000万元人民币以下的工程招标代理业务。

3)工程造价咨询机构资质等级划分为甲级和乙级。工程造价咨询企业依法从事工程造价咨询活动，不受行政区域限制。甲级工程造价咨询企业可以从事各类建设项目的工程造价咨询业务。乙级工程造价咨询企业可以从事工程造价5 000万元人民币以下的各类建设项目的工程造价咨询业务。

工程咨询单位的资质评定条件包括注册资金、专业技术人员和业绩三个方面的内容，对不同资质等级的标准均有具体规定。

2. 专业人士资格管理

在建筑市场中；把具有从事工程咨询资格的专业工程师称为专业人士。我国专业人士制度是近几年才从发达国家引入的。目前，已经确定专业人士的种类有建筑师、结构工程师、监理工程师、造价工程师、建造师等。资格和注册条件为：大专以上的专业学历；参加全国统一考试，成绩合格；具有相关专业的实践经验。

2011年7月，我国发布了《建筑与市政工程施工现场专业人员职业标准》(JGJ/T 250—2011)。标准中建筑与市政工程施工现场专业人员包括施工员、质量员、安全员、标准员、材料员、机械员、劳务员、资料员。其中，施工员、质量员可分为土建施工、装饰装修、设备安装和市政工程四个子专业。该标准为各地开展岗位培训、考核、发证提供了制度保障和政策依据。

我国专业人士制度尚处在起步阶段，但随着建筑市场的进一步完善，对其管理会进一步规范化、制度化。

1.4 建设工程交易中心

建设工程从投资性质上可分为两大类：一类是国家投资项目；另一类是私人投资项目。我国是以社会主义公有制为主体的国家，政府部门、国有企业、事业单位投资在社会投资中占有主导地位。建设单位使用的大多是国有投资，由于国有资产管理体制和建设单位内部管理制度的不完善，很容易造成工程发包中的不正之风和腐败现象。针对上述情况，近几年我国出现了建设工程交易中心。把所有代表国家或国有企事业单位投资的业主请进建设工程交易中心进行招标，设置专门的监督机构。这是我国解决国有建设项目交易透明度差的问题和加强建筑市场管理的一种独特方式。

1. 建设工程交易中心的性质与作用

(1)建设工程交易中心的性质。建设工程交易中心是服务性机构，不是政府管理部门，也不是政府授权的监督机构，本身并不具备监督管理职能。但建设工程交易中心又不是一般意义上的服务机构，其设立需得到政府或政府授权主管部门的批准，并非任何单位和个人可随意成立。工程建设交易中心不以营利为目的，旨在为建立公开、公正、平等竞争的招标投标制度服务，只可经批准收取一定的服务费，工程交易行为不能在场外发生。

(2)建设工程交易中心的作用。按照我国有关规定，所有建设项目都要在建设工程交易中心内报建、发布招标信息、合同授予、申领施工许可证。招标投标活动都需在场内进行，并接受政府有关管理部门的监督。建设工程交易中心的设立，对国有投资的监督制约机制的建立、规范建设工程承发包行为、将建筑市场纳入法制化的管理轨道有着重要的作用。

2. 建设工程交易中心的基本功能

我国的建设工程交易中心是按照以下三大功能进行构建的：

(1)信息服务功能——包括收集、存储和发布各类工程信息、法律法规、造价信息、建材价格、承包商信息、咨询单位和专业人士信息等。在设施上配备有大型电子墙、计算机网络工作站，为承发包交易提供广泛的信息服务。

(2)场所服务功能——对于政府部门、国有企业、事业单位的投资项目，我国明确规定，一般情况下必须进行公开招标，只有在特殊情况下才允许采用邀请招标。所有建设项目进行招标投标必须在有形建筑市场内进行，必须由有关管理部门进行监督。按照这个要求，工程建设交易中心必须为工程承发包交易双方(包括建设工程的招标、评标、定标、合同谈判等)提供设施和场所服务。

(3)集中办公功能——由于众多建设项目要进入有形建筑市场进行报建、招标投标交易和办理有关批准手续，这样就要求政府有关建设管理部门各职能机构进驻建设工程交易中心集中办理有关审批手续和进行管理。受理申报的内容一般包括：工程报建、招标登记、承包商资质审查、合同登记、质量报监、施工许可证发放等。

3. 建设工程交易中心的运行原则

为了保证建设工程交易中心能够有良好的运行秩序和市场功能的充分发挥，必须坚持市场运行的一些基本原则，主要有以下几项：

(1)信息公开原则。建设工程交易中心必须充分掌握政策法规、工程发包、承包商和咨询单位的资质、造价指数、招标规则、评标标准、专家评委库等各项信息，并保证市场各方主体都能及时获得所需要的信息资料。

(2)依法管理原则。建设工程交易中心应严格按照法律、法规开展工作，尊重建设单位依照法律规定选择投标单位和选定中标单位的权利，尊重符合资质条件的建筑业企业提出的投标要求和接受邀请参加投标的权利。监察机关应当进驻建设工程交易中心实施监督。

(3)公平竞争原则。建立公平竞争的市场秩序是建设工程交易中心的一项重要原则。进驻建设工程交易中心的有关行政监督管理部门应严格监督招标、投标单位的行为，防止地方保护、行业和部门垄断等各种不正当竞争，不得侵犯交易活动各方的合法权益。

(4)属地进入原则。按照我国有形建筑市场的管理规定，建设工程交易实行属地进入原则。每个城市原则上只能设立一个建设工程交易中心。特大城市可以根据需要，设立区域性分中心，在业务上受中心领导。对于跨省、自治区、直辖市的铁路、公路、水利等工程，可在政府有关部门的监督下，通过公告由项目法人组织招标、投标。

(5)办事公正原则。建设工程交易中心是政府建设行政主管部门批准建立的服务性机构，须配合进场各行政管理部门做好相应的工程交易活动管理和服务工作。要建立监督制约机制，公开办事规则和程序，制定完善的规章制度和工作人员守则。一旦发现建设工程交易活动中的违法违规行为，应当向政府有关管理部门报告，并协助进行处理。

4. 建设工程交易中心运作的一般程序

按照有关规定，建设项目进入建设工程交易中心，一般按图 1-1 所示程序运行。

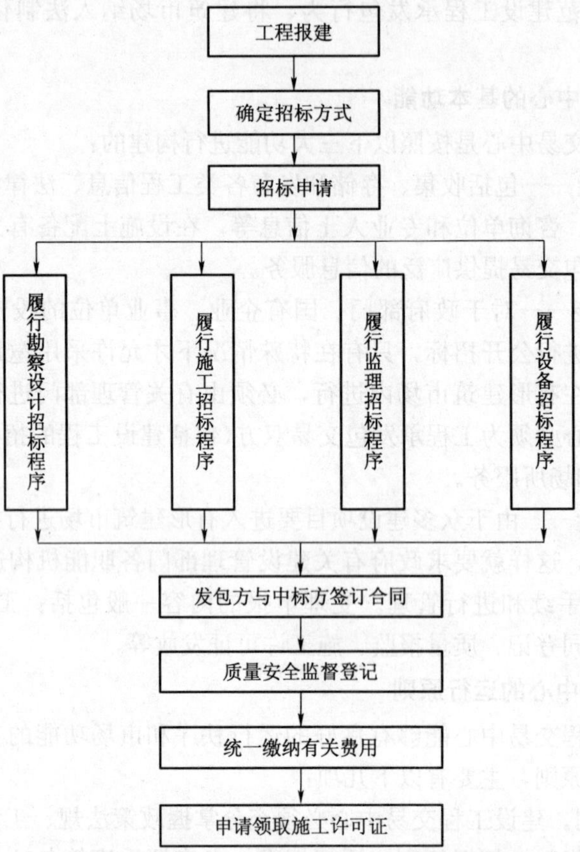

图 1-1　建设工程交易中心运作程序图

1.5　工程招标投标制的推行

从 1949 年新中国成立以来，我国大型水电工程建设一直采用自营制方式。20 世纪 80 年代初，经济建设成为发展重点，水电建设形成“高潮”，利用外资（世界银行贷款和政府贷款）借款人必须履行一些承诺和条件。

当时利用外资的直接动因是解决国内资金不足，而出乎很多人预想的是，利用外资产生了比解决一时资金匮乏更重要、更深远的结果。这就是开放促进了改革。

在引进外资的同时，也引进了国外长期在市场经济条件下形成的并为社会公认的规则，即被称为“国际惯例”的市场运作法则以及项目管理的理论和方法。这种国际惯例就是招投标制度。

1.5.1　鲁布革引水工程招标投标情况简介

1. 工程简介

鲁布革水电站位于云贵两省交界的红水河支流黄泥河上，电站装机容量 60 万千瓦，计划 1989 年第一季度发电。

整个工程由以下三部分组成：

(1)首部枢纽工程。包括 101 m 高的堆石坝，左右岸泄洪洞，左岸溢洪道、排砂洞及引水隧洞进水口。

(2)地下厂房工程。包括长 125 m、宽 18 m、高 38.4 m 的地下厂房、变压器室、开关站及四条尾水洞等。

(3)引水系统工程。包括一条内径 8 m、长 9.4 km 的引水隧洞，一座上室差动式调压井，两条内径 4.6 m、倾角 48°、长 468 m 的压力钢管斜井及四条内径 362 m 的压力支管。

鲁布革水电工系利用世界银行贷款项目，贷款总额 1.454 亿美元，其中引水系统土建工程为 3 540 万美元。

按照世界银行关于贷款使用的规定，要求引水系统工程必须采用国际招标的方式选定承包商施工。此外，由世界银行推荐的澳大利亚 SMEC 公司和挪威 AGN 公司作为咨询单位。

2. 招标和评标

原水电部委托中国技术进出口公司组织本工程面向国际进行竞争性招标。从 1982 年 7 月编制招标文件开始，至工程开标，历时 17 个月。

(1)招标前的准备工作。

(2)编制招标文件。1982 年 7—10 月，根据鲁布革工程初步计划并参照国际施工水平，在“施工进度及计划”和工程概算的基础上编制出招标文件。该文件共三卷，第一卷含有招标条件、投标条件、合同格式与合同条款；第二卷为技术规范，主要包括一般要求及技术标准；第三卷为设计图纸；另有补充通知等。鲁布革引水系统工程的标底为 14 958 万元。上述工作均由昆明水电勘测设计院和澳大利亚 SMEC 咨询组共同完成。原水电部有关总局、水电总局等对招标文件与标底进行了审查。

(3)公开招标。首先在国内有影响的报纸上刊登招标广告，对有参加招标意向的承包商发出招标邀请，并发布资格预审须知。提交预审材料的共有 13 个国家 32 个承包厂商。

1982 年 9 月—1983 年 6 月进行资格预审。资格预审的主要内容是审查承包商的法人地位、财务状况、施工经验、施工方案及施工管理和质量控制方面的措施，审查承包商的人员资历和装备状况，调查承包商的商业信誉。经过评审，确定了其中 20 家承包商具备投标资格，经与世界银行磋商后，通知了各合格承包商，并通知他们在 6 月 15 日发售招标文件，每套人民币 1 000 元。结果有 15 家中外承包商购买了招标文件。1983 年 7 月中下旬，由云南省电力局咨询工程师组织一次正式情况介绍会，并分三批到鲁布革工程工地考察。承包商在编标与考察工地的过程中，提出了不少问题，简单的均以口头形式作了答复，涉及对招标文件解释以及对标书的修订，前后用三次书面补充通知发给所有购买标书并参加工地考察和情况介绍的承包商。这三次补充通知均作为招标文件的组成部分。本次招标规定在投标截止前 28 天之内不再发补充通知。

我国的三家公司分别与外商联合参加工程招标。由于世界银行坚持中国公司不与外商联营不能投标，我国某一公司被迫退出投标。

(4)开标。1983 年 11 月 8 日在中技公司当众开标。根据当日的官方汇率，将外币换算成人民币。

各家厂商标价按顺序排列如下：

A. 日本大成公司，标价 8 460 万元；

B. 日本××公司，标价 8 800 万元；

C. 意大利××联营公司，标价 9 280 万元；

D. 中国××与联邦德国×××联营公司，标价 12 000 万元；

E. 中国××与挪威×××联营公司，标价 12 120 万元；

F. 南斯拉夫××公司，标价 17 940 万元；

G. 联邦德国××公司，所投标书系技术转让，不符合投标文件要求，作为废标。

根据投标文件的规定，对和中国联营的厂商标价给予优惠，即对未享有国内优惠的厂商标价各增加 7.5%，但仍未能改变原标序。

(5)评标和定标。评标分两个阶段进行。

1)第一阶段，初评。于 1983 年 11 月 20 日—12 月 6 日，对七家投标文件进行完善性审查，即审查法律手续是否齐全，各种保证书是否符合要求，对标价进行核实，以确认标价无误。

同时对施工方法、进度安排、人员、施工设备、财务状况等进行综合对比。经全面审查，七家承包商都是资本雄厚、国际信誉好的企业，均可完成工程任务。

从标价看，A、B、C 三家标价比较接近，而居第四位的 D 标价与前三名则相差 2 720 万元～3 660 万元。显然，第四名及以后的四家厂商已不具备竞争能力。

2)第二阶段，终评。于 1984 年 1—6 月进行。终评的目标是从 A、B、C 三家厂商中确定一家中标。但由于这三家厂商实力相当，标价接近，所以，终评工作就较为复杂，难度较大。

为了进一步弄清三家厂商在各自投标文件中存在的问题，1983 年 12 月 12 日和 12 月 23 日两次分别向三家厂商电传询问，1984 年 1 月 18 日前，收到了各家的书面答复。1984 年 1 月 18 日—1 月 26 日，又分别与三家厂商举行了为时三天的投标澄清会议。在澄清会谈期间，三家公司都认为自己有可能中标，因此，竞争十分激烈。他们在工期不变、标价不变的前提下，都按照我方意愿修改施工方案和施工布置；此外，还都主动提出不少优惠条件，以达到夺标的目的。

例如在原标书上，A 和 B 都在进水口附近布置了一条施工支洞，显然这种施工布置就引水系统而言是合理的，但会对首部枢纽工程产生干扰。经过在澄清会上说明，A 同意放弃施工支洞；B 也同意取消，但改用接近首部的一号支洞，到 3 月 4 日，B 意识到这方面处于劣势时，又立即电传答复放弃使用一号支洞。从而改善了首部工程的施工条件，保证了整个工程的重点。

关于压力钢管外混凝土的输送方式，原标书上，A 和 B 分别采用溜槽和溜管，这对倾角 48°、高差达 308.8 m 的长斜井施工质量难以保证，也缺乏先例。澄清会谈之后，为了符合业主的意愿，于 3 月 8 日，A 电传表示：改变原施工方法，用设有操作阀的混凝土泵代替。尽管由此增加了水泥用量，也不为此提高价。B 也电传表示更改原施工方案，用混凝土运输车沿铁轨送混凝土，仍保证工期，不改变标价。

再如，根据投标书，B 投入的施工力量最强，不仅开挖和混凝土施工设备数量多，而且全部是最新的，设备价值最高，达 2 062 万元。为了吸引业主，在澄清会上，B 提出在完工后愿将全部施工设备无偿地赠送备件 84 万元。

C 为缩小和 A、B 在标价上的差距，在澄清会中提出了书面说明，若能中标，可向鲁布革工程提供 2 500 万元的软贷款，年利率仅为 2.5%。同时，表示愿与中国的昆水公司实行标后联营，并愿同业主的下属公司联营共同开展海外合作。

日本大成公司(A)为了保住标价最低的优势，也提出以 41 台新设备替换原来标书中所列的旧施工设备，在完工之后也都赠予中国，还提出免费培训中国技术人员和转让一些新技术的建议。

水电部十四工程局在昆明附近早已建成了一座钢管厂，投标的厂商能否将高压钢管的制造与运输分包给该厂，这也是业主十分关心的问题。在原投标中 B 不分包，以委托外国的分包商施工。大成公司也只是将部分项目包给十四局。经过澄清会谈，当他们理解到业主的意图后，立即转变态度，表示愿意将钢管的制作运输甚至安装部分包给十四局钢管厂，并且主动和十四局洽谈分包事宜。

大成公司听说业主认为他们在水工隧洞方面的施工经验不及 B，他们立即大量递交大成公司的工程履历，又单方面地做出了与 B 的施工经历对比表，以争取业主的信任。

由于在三家实力雄厚的厂商之间激烈竞争，按业主的意图不断改进各自的不足，差距不断缩小，形势发展对业主越来越有利。

在这期间，业主对三家厂商标函进行了认真的、全面的比较和分析。

1)有关标价的比较分析，即总价、单价比较及计日工作单价的比较。从商家实际支出考虑，把标价中的工商税扣除作为分离依据，并考虑各家现金流不同及上涨率和利息等因素，比较后相差虽然微弱，但原标序仍未改变。

2)有关优惠条件的比较分析，即对施工设备赠予、软贷款、钢管分包、技术协作和转让、标后联营等问题逐项作具体分析。对此既要考虑国家的实际利益，又要符合国际招标中的惯例和世界银行所规定的有关规则。经反复分析，认为 C 的标后贷款在评标中不予考虑。大成公司和 C 提出的与昆水公司标后联营也不予考虑。而对大成公司和 B 的设备赠予、技术协作和免费培训及钢管分包则应当在评标中作为考虑因素。

3)有关财务实力的比较分析，即对三家公司的财务状况和财务指标即外币支付利息进行比较。结果是三家厂商中大成资金最雄厚。但不论哪一家公司都有足够资金承担本项工程。

4)有关施工能力和经历的比较分析，三家厂商都是国际上较有信誉的大承包商，都有足够的能力、设备和经验来完成工程。如从水工隧洞的施工经验来比较，20 世纪 60 年代以来，C 共完成内径 6 m 以上的水工隧洞 34 条，全长 4 万余米；B 是 17 条，1.8 万余米；大成公司为 6 条，0.6 万余米。从投入本工程的施工设备来看，B 最强；在满足施工强度，应付意外情况的能力方面 C 处于优势。

5)有关施工进度和方法的比较分析，日本两家公司施工方法类似，对引水隧道都采用全断面圆形开挖和全断面衬砌，而 C 的开挖按传统的方法分两阶段施工。引水隧洞平均每个工作面的开挖月进尺，大成公司为 190 m，B 为 220 m，C 为上部 230 m、底部 350 m；引水隧洞衬砌，日本两家公司都采用针梁式钢模新工艺，每月衬砌速度分别为 160 m 和 180 m，C 采用底拱拉模，边顶拱折叠式模板，边顶衬砌速度每月为 450 m，底拱每月 730 m(综合效率 280 m/月)。

对于压力钢管斜井开挖方法，三家厂商均采用阿利克爬罐施工及异井，正像扩大的施工方法。

调压井的开挖施工，大成公司和 C 均采用爬罐，而 B 采用钻井法，调压井混凝土衬砌，三家都是采用滑模施工。

隧洞施工通风设施中，B在三家中最好，除设备总功率最大外，还沿隧洞轴线布置了5个直径为1.45 m的通风井。

在施工工期方面，三家均可按期完成工程项目。但B主要施工设备数量多、质量好，所以对工期的保证程度与应变能力最高。而C由于施工程序多，强度大，工期较为紧张，应变能力差。大成公司在施工工期方面实力居中。

通过有关问题的澄清和综合分析，业主认为C标价高，所提的附加优惠条件不符合招标条件，已失去竞争优势，所以首先予以淘汰。对日本两厂商，评审意见不一。经过有关方面反复研究讨论，为了尽快完成招标，以利于现场施工的正常进行，最后选定最低标价的日本大成公司为中标厂商。

以上评价工作，始终是有组织地进行。以原经贸部与原水电部组成的协调小组为决策单位，下设水电总局为主的评价小组为具体工作机关，鲁布革工程管理局、昆明勘察设计院、水电总局有关处以及澳大利亚SMFC咨询组都参加了这次评标工作。

1984年4月13日评标结束，业主于4月17日正式通知世界银行。同时，鲁布革工程管理局、第十四工程局分别与大成公司举行谈判，草签了设备赠予和技术合作的有关协议，以及劳务、当地材料、钢管分包，生活服务等有关备忘录。世界银行于6月9日回电表示对评标结果无异议。业主于1984年6月16日向日本大成公司发出中标通知书。至此评标工作结束。

1984年7月14日，业主和日本大成公司签订了鲁布革电站引水系统功能工程的承包合同。

1984年7月31日，由鲁布革工程管理局向日本大成公司正式发布了开工命令。

1.5.2 鲁布革工程项目的管理经验

鲁布革水电站引水系统工程是我国第一个利用世界银行贷款，并按世界银行规定进行国际竞争性招标和项目管理的工程。1982年国际招标，1984年11月正式开工，1988年7月竣工。在4年多的时间里，创造了著名的“鲁布革工程项目管理经验”，受到中央领导同志的重视，号召建筑业企业进行学习。原国家计委等五单位于1987年7月28日以“计施(1987)2002号”发布《关于批准第一批推广鲁布革工程管理经验试点企业有关问题的通知》之后，于1988年8月17日发布“(88)建施综字第7号”通知，确定了15个试点企业共66个项目。

1990年10月23日，原建设部和原国家计委等五单位以“(90)建施字第511号”发出通知，将试点企业调整为50家。在试点过程中，原建设部先后五次召开座谈会并进行了检查、推动。1991年9月，原建设部提出了《关于加强分类指导、专题突破、分步实施全面深化施工管理体制综合改革试点工作的指导意见》，把试点工作转变为全行业推进的综合改革。

鲁布革工程的项目管理经验主要有以下几点：

(1)最核心的是把竞争机制引入工程建设领域，实行铁面无私的招标投标。

(2)工程建设实行全过程总承包方式和项目管理。

(3)施工现场的管理机构和作业队伍精干灵活，真正能战斗。

(4)科学组织施工，讲求综合经济效益。

鲁布革大成事务所与本部海外部的组织关系是矩阵式的，在横向，大成事务所的班子的所有成员在鲁布革项目中统归泽田领导；在纵向，每个人还要以原所在部门为后盾，服从原部门领导的业务指导和调遣，例如机长宫晃，他在鲁布革工程中作为泽田的左膀右臂之一，负责本工程项目的所有施工设备的选型配套、使用管理、保养维修，以确保施工需要和尽量节省设备费用，对泽田负完全责任。在纵向，他要随时保持和原本部职能部门的密切联系，以取得本部的指导和支持。当重大设备部件损坏、现场不能修复时，他要及时以电报或电传与本部联系，由本部负责尽快组织采购设备并运往现场，或请设备制造厂家迅速派人员赶赴现场进行修理和指导。所长泽田与本部领导和各职能部门随时保持密切联系，汇报工程项目进展情况和需要总部解决的问题。工程项目组织与企业组织协调配合十分默契。比如工程项目隧洞开挖高峰时，人手不够，总部立即增派有关专业人员到现场。当开挖高峰过后，到混凝土补砌阶段，总部立即将多余人员抽回，调往其他工程项目。这样，横纵向的密切配合，既保证项目的急需，又提高了人员的效率，显示了矩阵制高效的优势。

1.5.3 我国施工单位的主要差距

鲁布革工程按世界银行要求，对引水隧洞工程的施工及主要机电设备实行了国际招标。

引水隧洞工程标底为 14 958 万元，日本大成公司以 8 463 万元(比标底低 43%)的标价中标。

1984 年 10 月 15 日开始正式施工，从下达开工令到正式开工仅用了两个半月时间，隧洞开挖仅用了两年半时间，于 1987 年 10 月全线贯通，比计划提前五个月，1988 年 7 月引水系统工程全部竣工，比合同工期还提前了 122 天。

实际工程造价按开标汇率计算约为标底的 60%。

鲁布革工程在施工组织上，承包方只用了 30 人组成的项目管理班子进行管理，施工人员是我国水电十四局的 500 名职工。在建设过程中，实行了国际通行的工程监理制(工程师制)和项目法人责任制等管理办法。

大成公司先进的施工机械、精悍的施工队伍、先进的管理机制、科学的管理方法引起了人们极大的兴趣。大成公司雇佣中方劳务平均 424 人，劳务管理严格，施工高效，均衡生产。当时曾流传过在大成公司施工的隧洞里，穿着布鞋可以走到开挖工作面的佳话。

作为市场竞争主体的国内建筑企业，综合竞争能力普遍低于国外同行水平，具体表现在以下几个方面：

(1)竞争动力不足，习惯于寻找保护，竞争意识淡薄。

(2)管理水平低下，管理模式落后；技术应用层次不高，技术含量较低。

(3)国际经营承包经验欠缺，相应人才不足。

(4)管理和技术。

项目小结

建筑市场是指以建设工程承发包交易活动为主要内容的市场，也称作建设工程市场。

建筑市场的主体是指参与建设生产交易过程的各方，主要有业主(建设单位或发包人)、承包商、工程咨询服务机构等；建筑市场的客体则为有形的建设产品(建设物、构筑物)和无形的建设产品(咨询、监理等智力型服务)。

建设活动的专业性及技术性都很强，而且建设工程投资大、周期长，一旦发生问题，将给社会和人民的生命财产安全造成极大损失。因此，为保证建设工程的质量和安全，对从事建设活动的单位和专业技术人员必须实行从业资格管理，即资质管理制度。

建设工程交易中心是把所有代表国家或国有企事业单位投资的业主请进建设工程交易中心进行招标，并设置专门的监督机构，这是我国解决国有建设项目交易透明度差的问题和加强建筑市场管理的一种独特方式。

鲁布革水电站工程的成功运营，是我国首次引进国际上的招标投标制度，并带来了先进的管理经验，为我国建设行业市场化打开了一扇门。

学生在了解建筑市场基本知识的基础上，应实际参与(或模拟参与)建筑市场运行程序，掌握市场运作规律，为以后参加工作打下基础。

同步测试

1—1 什么是广义的建筑市场?

1—2 项目业主的产生方式主要有哪几种?

1—3 承包商从事建设生产一般需具备哪些方面的条件?

1—4 承包商的实力主要包括哪些方面?

1—5 简述建设工程交易中心的性质与作用。

1—6 简述建设工程交易中心的功能。

1—7 建设工程交易中心的运行原则有哪些?

1—8 建设工程交易中心运作程序是怎样的?

1—9 鲁布革工程项目的管理经验有哪些?

1—10 从鲁布革工程项目中了解到当时我国施工单位的主要差距有哪些?

专项实训

认识建设工程交易中心

实训目的：体验建设工程交易中心活动氛围，熟悉建设工程交易中心主要职责。

材料准备：①采访本。

②交通工具。

③录音笔。

④联系当地建设工程交易中心负责人。

⑤设计采访参观过程。

实训步骤：划分小组→布置走访任务→进行走访建设工程交易中心→进行资料整理→完成走访报告。

实训结果：①熟悉建设工程交易中心的活动氛围。

②掌握建设工程交易中心的主要职责。

③编制走访报告。

注意事项：①学生角色扮演真实。

②走访程序设计合理。

③充分发挥学生的积极性、主动性与创造性。

项目2　认知建设工程招标与投标

项目描述

本项目介绍了建设工程招标投标制度的概念、特点、发展历史、主要形式和分类以及招标投标代理制度、建设工程招标投标实施的范围和建设工程招标投标的工作程序等内容。

学习目标

通过本项目的学习，学生能够了解建设工程招标投标制度的相关基础知识。通过学习建设工程招标投标制度的概念、特点、发展历史、主要形式和分类以及招标投标代理制度等知识，重点掌握建设工程招标投标实施的范围和建设工程招标投标的工作程序。

项目导入

我国法学界一般认为，建设工程招标是要约邀请，而投标是要约，中标通知书是承诺。《中华人民共和国合同法》也明确规定，招标公告是要约邀请。也就是说，招标实际上是邀请投标人对其提出要约(即报价)，属于要约邀请。投标则是一种要约，它符合要约的所有条件，如具有缔结合同的主观目的；一旦中标，投标人将受投标书的约束；投标书的内容具有足以使合同成立的主要条件等。招标人向中标的投标人发出的中标通知书，则是招标人同意接受中标的投标人的投标条件，即同意接受该投标人的要约的意思表示，应属于承诺。

2.1　建设工程招标投标概述

2.1.1　建设工程招标投标的概念

招标投标是在市场经济条件下进行工程建设、货物买卖、财产出租、中介服务等经济活动的一种竞争形式和交易方式，是引入竞争机制订立合同(契约)的一种法律形式。

招标投标是指招标人对工程建设、货物买卖、劳务承担等交易业务，事先公布选择采购的条件和要求，招引他人承接，若干或众多投标人作出愿意参加业务承接竞争的意思表示，招标人按照规定的程序和办法择优选定中标人的活动。

建设工程招标是指招标人在发包建设项目之前，公开招标或邀请投标人，根据招标人的意图和要求提出报价，择日当场开标，以便从中择优选定中标人的一种经济活动。

建设工程投标是工程招标的对称概念，指具有合法资格和能力的投标人根据招标条件，经过初步研究和估算，在指定期限内填写标书，提出报价，并等候开标，决定能否中标的经济活动。

从法律意义上讲，建设工程招标一般是建设单位(或业主)就拟建的工程发布通告，用法定方式吸引建设项目的承包单位参加竞争，进而通过法定程序从中选择条件优越者来完成工程建设任务的法律行为。建设工程投标一般是经过特定审查而获得投标资格的建设项目承包单位，按照招标文件的要求，在规定的时间内向招标单位填报投标书，并争取中标的法律行为。

2.1.2 建设工程招标投标的分类

建设工程招标投标按照不同的标准可以进行不同的分类，如图 2-1 所示。

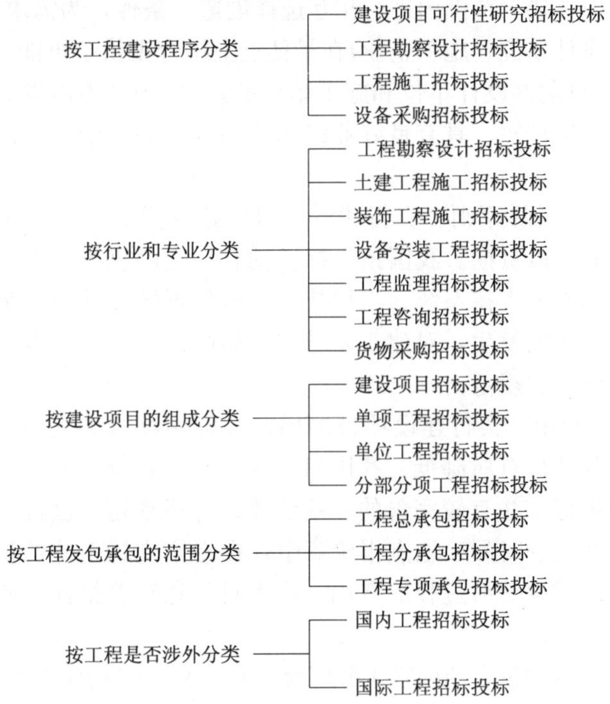

图 2-1 建设工程招标投标的分类

应当强调指出的是，为了防止任意肢解工程发包，我国一般不允许分部工程招标投标、分项工程招标投标，但允许特殊专业工程招标投标。

2.1.3 建设工程招标投标的意义

实行建设项目的招标投标是我国建筑市场趋向规范化、完善化的重要举措，对于择优选择承包单位、全面降低工程造价，进而使工程造价得到合理有效的控制，具有十分重要的意义，具体表现在以下几个方面：

(1)形成了由市场定价的价格机制。实行建设项目的招标投标基本形成了由市场定价的价格机制，使工程价格更加趋于合理。其最明显的表现是若干投标人之间出现激烈竞争(相互竞标)，这种市场竞争最直接、最集中的表现就是在价格上的竞争。通过竞争确定出工程价格，使其趋于合理或下降，这将有利于节约投资、提高投资效益。

(2)不断降低社会平均劳动消耗水平。实行建设项目的招标投标能够不断降低社会平均劳动消耗水平，使工程价格得到有效控制。在建筑市场中，不同投标者的个别劳动消耗水平是有差异的。通过推行招标投标，最终那些个别劳动消耗水平最低或接近最低的投标者获胜，这样便实现了生产力资源较优配置，也对不同投标者实行了优胜劣汰。面对激烈竞争的压力，为了自身的生存与发展，每个投标者都必须切实在降低自己个别劳动消耗水平上“下功夫”，这样将逐步而全面地降低社会平均劳动消耗水平，使工程价格更为合理。

(3)工程价格更加符合价值基础。实行建设项目的招标投标便于供求双方更好地相互选择，使工程价格更加符合价值基础，进而更好地控制工程造价。由于供求双方各自出发点不同，存在利益矛盾，因而单纯采用“一对一”的选择方式，成功的可能性较小。采用招标投标方式就为供求双方在较大范围内进行相互选择创造了条件，为需求者(如建设单位、业主)与供给者(如勘察设计单位、施工企业)在最佳点上结合提供了可能。需求者对供给者选择(即建设单位、业主对勘察设计单位和施工单位的选择)的基本出发点是“择优选择”，即选择那些报价较低、工期较短、具有良好业绩和管理水平的供给者，这样即为合理控制工程造价奠定了基础。

(4)公开、公平、公正的原则。实行建设项目的招标投标有利于规范价格行为，使公开、公平、公正的原则得以贯彻。我国招投标活动有特定的机构进行管理，有严格的程序必须遵循，有高素质的专家支持系统、工程技术人员的群体评估与决策，能够避免盲目过度的竞争和营私舞弊现象的发生，对建筑领域中的腐败现象也是强有力的遏制，使工程价格形成过程变得透明而较为规范。

(5)能够减少交易费用。实行建设项目的招标投标能够减少交易费用，节省人力、物力、财力，进而使工程造价有所降低。我国目前从招标、投标、开标、评标直至定标，均在统一的建筑市场中进行，并有较完善的一些法律、法规规定，已进入制度化操作。招标投标中，若干投标人在同一时间、地点报价竞争，在专家支持系统的评估下，以群体决策方式确定中标者，必然减少交易过程的费用，这本身就意味着招标人收益的增加，对工程造价必然产生积极的影响。

建设项目招标投标活动包含的内容十分广泛，具体来说包括建设项目强制招标的范围、建设项目招标的种类与方式、建设项目招标的程序、建设项目招标投标文件的编制、标底编制与审查、投标报价以及开标、评标、定标等。所有这些环节的工作均应按照国家有关法律、法规规定认真执行并落实。

2.2 建设工程招标投标活动的基本原则

2.2.1 合法的原则

合法原则是指建设工程招标投标主体的一切活动，必须符合法律、法规、规章和有关政策的规定。

(1)主体资格要合法。招标人必须具备一定的条件才能自行组织招标，否则只能委托具有相应资格的招标代理机构组织招标；投标人必须具有与其投标的工程相适应的资格等级，并经招标人资格审查，报建设工程招标投标管理机构进行资格复查。

(2)活动依据要合法。招标投标活动应按照相关的法律、法规、规章和政策性文件开展。

(3)活动程序要合法。建设工程招标投标活动的程序，必须严格按照有关法规规定的要求进行。当事人不能随意增加或减少招标投标过程中某些法定步骤或环节，更不能颠倒次序、超过时限、任意变通。

(4)对招标投标活动的管理和监督要合法。建设工程招标投标管理机构必须依法监管、依法办事，不能越权干预招(投)标人的正常行为或对招(投)标人的行为进行包办代替，也不能懈怠职责、玩忽职守。

2.2.2 统一、开放的原则

(1)市场必须统一。任何分割市场的做法都是不符合市场经济规律要求的，也是无法形成公平竞争的市场机制的。

(2)管理必须统一。要建立和实行由建设行政主管部门(建设工程招标投标管理机构)统一归口管理的行政管理体制。在一个地区只能有一个主管部门履行政府统一管理的职责。

(3)规范必须统一。如市场准入规则的统一，招标文件文本的统一，合同条件的统一，工作程序、办事规则的统一等。只有这样，才能真正发挥市场机制的作用，全面实现建设工程招标投标制度的宗旨。

开放原则要求根据统一的市场准入规则，打破地区、部门和所有制等方面的限制和束缚，向全社会开放建设工程招标投标市场，破除地区和部门保护主义，反对一切人为的对外封闭市场的行为。

2.2.3 公开、公平、公正的原则

(1)公开原则是指建设工程招标投标活动应具有较高的透明度。具体有以下几层涵义：

1)建设工程招标投标的信息公开。通过建立和完善建设工程项目报建登记制度，及时向社会发布建设工程招标投标信息，让有资格的投标者都能享受到同等的信息。

2)建设工程招标投标的条件公开。什么情况下可以组织招标，什么机构有资格组织招标，什么样的单位有资格参加投标等，必须向社会公开，便于社会监督。

3)建设工程招标投标的程序公开。在建设工程招标投标的全程，招标单位的主要招标活动程序、投标单位的主要投标活动程序和招标投标管理机构的主监管程序，必须公开。

4)建设工程招标投标的结果公开。哪些单位参加了投标，最后哪个单位中了标，应当予以公开。

(2)公平原则是指所有投标人在建设工程招标投标活动中，享有均等的机会，具有同等的权利，履行相应的义务，任何一方都不受歧视。

(3)公正原则是指在建设工程招标投标活动中，按照同一标准实事求是地对待所有的投标人，不偏袒任何一方。

2.2.4 诚实信用的原则

诚实信用原则是指在建设工程招标投标活动中，招(投)标人应当以诚相待、讲求信义、实事求是，做到言行一致、遵守诺言、履行成约，不得见利忘义、投机取巧、弄虚作假、

隐瞒欺诈，损害国家、集体和其他人的合法权益。诚实信用原则是市场经济的基本前提，是建设工程招标投标活动中的重要道德规范。

2.2.5 求效、择优的原则

求效、择优的原则是建设工程招标投标的终极原则。实行建设工程招标投标的目的，就是要追求最佳的投资效益，在众多的竞争者中选出最优秀、最理想的投标人作为中标人。讲求效益和择优定标，是建设工程招标投标活动的主要目标。在建设工程招标投标活动中，除要坚持合法、公开、公正等前提性、基础性原则外，还必须贯彻求效、择优的目的性原则。贯彻求效、择优的原则，最重要的是要有一套科学合理的招标投标程序和评标定标办法。

2.2.6 招标投标权益不受侵犯的原则

招标投标权益是当事人和中介机构进行招标投标活动的前提和基础，因此，保护合法的招标投标权益是维护建设工程招标投标秩序、促进建筑市场健康发展的必要条件。建设工程招标投标活动当事人和中介机构依法享有的招标投标权益，受国家法律的保护和约束。任何单位和个人不得非法干预招标投标活动的正常进行，不得非法限制或剥夺当事人和中介机构享有的合法权益。

2.3 招标投标适用的范围

2.3.1 必须招标的项目范围和规模标准

为了确定必须进行招标的工程建设项目的具体范围和规模标准，应规范招标投标活动。

1. 必须招标的工程建设项目范围

根据《中华人民共和国招标投标法》(以下简称《招标投标法》)第3条的规定，在中华人民共和国境内进行下列工程建设项目，包括项目的勘察、设计、施工、监理以及与工程建设有关的重要设备、材料等的采购，必须进行招标：

(1)大型基础设施、公用事业等关系社会公共利益、公众安全的项目。

(2)全部或者部分使用国有资金投资或者国家融资的项目。

(3)使用国际组织或者外国政府贷款、援助资金的项目。

《招标投标法》规定，任何单位和个人不得将依法必须进行招标的项目化整为零或者以其他任何方式规避招标。

工程是指建设工程，包括建筑物和构筑物的新建、改建、扩建及其相关的装修、拆除、修缮等。建设工程包括土木工程、建筑工程、线路管道和设备安装工程及装修工程。

关系社会公共利益、公众安全的基础设施项目的范围包括：

(1)煤炭、石油、天然气、电力、新能源等能源项目。

(2)铁路、公路、管道、水运、航空、邮政、综合交通枢纽等交通运输项目。

(3)电信枢纽、通信信息网络等通信项目。

(4)防洪、灌溉、排涝、引(供)水、滩涂治理、水土保持、水利枢纽等水利项目。

(5)环境污染防治、自然灾害防治、土地整治、矿山地质环境恢复治理等生态环境项目。

(6)其他基础设施项目。

关系社会公共利益、公众安全的公用事业项目的范围包括：

(1)供水、排水、供电、供气、供热、污水和垃圾处理、地下管道、道路、桥梁、公共交通、公共停车场、园林绿化、照明等项目。

(2)科技、教育、文化、卫生、体育、旅游以及社会福利设施等项目。

(3)保障性安居工程项目。

(4)其他公用事业项目。

使用国有资金投资项目的范围包括：

(1)使用各级各类财政性资金的项目。

(2)使用国有企业事业单位资金，并且国有资产投资占控股或者主导地位的项目。

国家融资项目是指县级以上人民政府依照法定权限融资的项目包括：

(1)使用政府发行债券所筹资金的项目。

(2)使用政府对外借款或者担保所筹资金的项目。

(3)政府授权投资主体融资的项目。

(4)政府采用特许经营方式融资的项目。

使用国际组织或者外国政府资金的项目的范围包括：

(1)使用世界银行、亚洲开发银行等国际组织贷款资金的项目。

(2)使用外国政府及其机构贷款资金的项目。

(3)使用国际组织或者外国政府援助资金的项目。

2. 必须招标项目的规模标准

《工程建设项目招标范围和规模标准规定》中规定的上述各类工程建设项目，包括项目的勘察、设计、施工、监理以及与工程建设有关的重要设备、材料等的采购，达到下列标准之一的，必须进行招标：

(1)施工单项合同估算价在400万元人民币以上的。

(2)重要设备、材料等货物的采购，单项合同估算价在200万元人民币以上的。

(3)勘察、设计、监理等服务的采购，单项合同估算价在100万元人民币以上的。

单项合同估算价，根据项目所处阶段对应的估算投资额、概算或施工图预算等为依据确定。同一工程建设项目12个月内发生的同类勘察、设计、施工、监理以及与工程建设有关的重要设备、材料等的采购，总估算价达到上述规定标准的，必须进行招标。

2.3.2 可以不进行招标的工程建设项目

《招标投标法》第66条规定："涉及国家安全、国家秘密、抢险救灾或者属于利用扶贫资金实行以工代赈、需要使用农民工等特殊情况，不适宜招标的项目，按照国家有关规定可以不进行招标。"

《中华人民共和国招标投标法实施条例》第9条规定，工程建设项目有下列情形之一的，依法可以不进行施工招标：

(1)需要采用不可替代的专利或者专有技术。

(2)采购人依法能够自行建设、生产或者提供。

(3)已通过招标方式选定的特许经营项目投资人依法能够自行建设、生产或者提供。

(4)需要向原中标人采购工程、货物或者服务，否则将影响施工或者功能配套要求。

(5)国家规定的其他特殊情形。

招标人为适用上述规定弄虚作假的，属于招标投标法规定的规避招标。

《工程建设项目招标范围和规模标准规定》第10条规定，除《招标投标法》第66条、《中华人民共和国招标投标法实施条例》第9条规定的可以不进行招标的特殊情况外，有下列情形之一的，可以不进行招标：

(1)使用国有资金投资或者国家融资的项目，但使用国有资金或者国家融资资金不足50万元人民币。

(2)安排财政性投资补助或者贴息资金之前，已经依法进行勘察、设计、施工、监理或者与工程建设有关的重要设备、材料等的采购。

(3)经省级以上人民政府有关部门同意用于应急救援能力建设的工程建设项目。

(4)符合条件的潜在投标人数量不足三个。

2.4 建设工程招标投标的主体

建设工程招标投标的主体包括：建设工程招标人、建设工程投标人、建设工程招标代理机构、建设工程招标投标行政监管机关。

2.4.1 建设工程招标人

建设工程招标人是指依法提出招标项目，进行招标的法人或者其他组织，通常为该建设工程的投资人即项目业主或建设单位。建设工程招标人在建设工程招标投标活动中起主导作用。

在我国，随着投资管理体制的改革，投资主体已由过去单一的政府投资，发展为国家、集体、个人多元化投资。与投资主体多元化相适应，建设工程招标人也多种多样，包括各类企业单位、机关、事业单位、团体、合伙企业、个人独资企业和外国企业以及企业的分支机构等。

1. 建设工程招标人的招标资质

建设工程招标人的招标资质(又称招标资格)，是指建设工程招标人能够自己组织招标活动所必须具备的条件和素质。由于招标人自己组织招标是通过其设立的招标组织进行的，因此招标人的招标资质，实质上就是招标人设立的招标组织的资质。建设工程招标人自行办理招标必须具备的两个条件是：有编制招标文件的能力、有组织评标的能力。从条件要求来看，其主要是指招标人必须设立专门的招标组织；必须有与招标工程规模和复杂程度相适应的工程技术、概预算、财务和工程管理等方面的专业技术力量；有从事同类工程建设招标的经验；熟悉和掌握招标投标法及有关法规规章。凡符合上述要求的，招标人应向招标投标管理机构备案后组织招标。招标投标管理机构可以通过报备制度审查招标人是否符合条件。招标人不符合上述条件的，不得自行组织招标，只能委托招标代理机构代理组织招标。

对建设工程招标人招标资质的管理，目前国家也只是通过向招标投标管理机构备案进行监督和管理，没有具体的等级划分和资质认定标准，随着建设工程项目招标投标制度的进一步完善，我国应该建立一套完整的对招标人进行资质认定和管理的办法。

2. 建设工程招标人的权利和义务

(1)建设工程招标人的权利。

1)自行组织招标或者委托招标的权利。招标人是工程建设项目的投资责任者和利益主体，也是项目的发包人。招标人发包工程项目，凡具备招标资格的，有权自己组织招标，自行办理招标事宜；不具备招标资格的，则有委托具备相应资质的招标代理机构代理组织招标，代为办理招标事宜的权利。招标人委托招标代理机构进行招标时，享有自由选择招标代理机构并核验其资质证书的权利，同时仍享有参与整个招标过程的权利，招标人代表有权参加评标组织。任何机关、社会团体、企业事业单位和个人不得以任何理由为招标人指定或变相指定招标代理机构，招标代理机构只能由招标人选定。在招标人委托招标代理机构代理招标的情况下，招标人对招标代理机构办理的招标事务要承担法律后果，还必须对招标代理机构的代理活动，特别是评标、定标代理活动进行必要的监督。

2)进行投标资格审查的权利。对于要求参加投标的潜在投标人，招标人有权要求其提供有关资质情况的资料，进行资格审查、筛选，拒绝不合格的潜在投标人参加投标。

3)择优选定中标人的权利。招标的目的是通过公开、公平、公正的市场竞争，确定最优中标人。招标过程其实就是一个优选过程，择优选定中标人，就是要根据评标组织的评审意见和推荐建议，确定中标人，这是招标人最重要的权利。

4)享有依法约定的其他各项权利。建设工程招标人的权利依法确定，法律、法规无规定时则依双方约定，但双方的约定不得违法或损害社会公共利益和公共秩序。

(2)建设工程招标人的义务。

1)遵守法律、法规、规章和方针、政策。建设工程招标人的招标活动必须依法进行，违法或违规、违章的行为不仅不受法律保护，而且还要承担相应的法律责任。遵纪守法是建设工程招标人的首要义务。

2)接受招标投标管理机构管理和监督的义务。为了保证建设工程招标投标活动公开、公平、公正，建设工程招标投标活动必须在招标投标管理机构的行政监督管理下进行。

3)不侵犯投标人合法权益的义务。招标人、投标人是招标投标活动的双方，他们在招标投标中的地位是完全平等的，因此，招标人在行使自己权利的时候，不得侵犯投标人的合法权益，妨碍投标人公平竞争。

4)委托代理招标时向代理机构提供招标所需资料、支付委托费用等义务。招标人委托招标代理机构进行招标时，应承担的义务主要有：①招标人对于招标代理机构在委托授权的范围内所办理的招标事务的后果直接接受并承担民事责任。②招标人应向招标代理机构提供招标所需的有关资料，提供或者补偿为办理受托事务所必需的费用。③招标人应向招标代理机构支付委托费或报酬。支付委托费或报酬的标准和期限，依法律规定或合同的约定。④招标人应向招标代理机构赔偿招标代理机构在执行受托任务中非因自己过错所遭受的损失。

5)保密的义务。建设工程招标投标活动应当遵循公开原则，但对可能影响公平竞争的信息，招标人必须保密。招标人设有标底的，标底必须保密。

6)与中标人签订并履行合同的义务。招标投标的最终结果，是择优确定中标人，与中标人签订并履行合同。

7)承担依法约定的其他各项义务。在建设工程招标投标过程中，招标人与他人依法约定的义务，也应认真履行。

2.4.2 建设工程投标人

建设工程投标人是指响应招标并购买招标文件参加投标的法人或其他组织。投标人应当具备承担招标项目的能力。参加投标活动必须具备一定的条件，不是所有感兴趣的法人或其他组织都可以参加投标。

投标人通常应具备的基本条件：①必须有与招标文件要求相适应的人力、物力和财力；②必须有符合招标文件要求的资质证书和相应的工作经验与业绩证明；③符合法律、法规规定的其他条件。建设工程投标人主要是指勘察设计单位、施工企业、建筑装饰装修企业、工程材料设备供应(采购)单位、工程总承包单位以及咨询、监理单位等。

1. 建设工程投标人的权利

(1)有权平等地获得和利用招标信息。招标信息是投标决策的基础和前提。投标人不掌握招标信息，就不可能参加投标。保证投标人平等地获取招标信息，是招标人和政府主管机构的义务。

(2)有权按照招标文件的要求自主投标或组成联合体投标。为了更好地把握投标竞争机会，提高中标率，投标人可以根据招标文件的要求和自身的实力，自主决定是独自参加投标竞争，还是与其他投标人组成一个联合体，以一个投标人的身份共同投标。投标人组成投标联合体是一种联营方式，与串通投标是两个性质完全不同的概念。组成联合体投标，联合体各方均应当具备承担招标项目的相应能力和相应资质条件，并按照共同投标协议的约定，就中标项目向招标人承担连带责任。

(3)有权要求招标人或招标代理机构对招标文件中的有关问题进行答疑。投标人参加投标，必须编制投标文件。而编制投标文件的基本依据，就是招标文件。正确理解招标文件，是正确编制投标文件的前提。对招标文件中不清楚的问题，投标人有权要求予以澄清，以利于准确领会、把握招标意图。对招标文件进行解释、答疑，既是招标人的权利，也是招标人的义务。

(4)有权确定自己的投标报价。投标人参加投标，是一场重要的市场竞争。投标竞争是投标人自主经营、自负盈亏、自我发展的强大动力。因此，招标投标活动，必须按照市场经济的规律办事。对投标人的投标报价，由投标人依法自主确定，任何单位和个人不得非法干预。投标人根据自身经营状况、利润方针和市场行情，科学合理地确定投标报价，是整个投标活动中最关键的一环。

(5)有权参与投标竞争或放弃参与竞争。在市场经济条件下，投标人参加投标竞争的机会应当是均等的。参加投标是投标人的权利，放弃投标也是投标人的权利。对投标人来说，参加不参加投标，是不是参加到底，完全是自愿的。任何单位或个人不能强制、胁迫投标人参加投标，更不能强迫或变相强迫投标人“陪标”，也不能阻止投标人中途放弃投标。

(6)有权要求优质优价。价格(包括取费、酬金等)问题，是招标投标中的一个核心问题。为了保证工程安全和质量，必须防止和克服只为争得项目中标而不切实际的盲目降级压价现象，投标人有权要求实行优质优价，避免投标人之间的恶性竞争。

(7)有权控告、检举招标过程中的违法、违规行为。投标人和其他利害关系人认为招标投标活动不合法的，有权向招标人提出异议或者依法向有关行政监督部门控告、检举。

2. 建设工程投标人的义务

(1)遵守法律、法规、规章和方针、政策。建设工程投标人的投标活动必须依法进行，违法或违规、违章的行为不仅不受法律保护，而且还要承担相应的法律责任。遵纪守法是建设工程投标人的首要义务。

(2)接受招标投标管理机构的监督管理。为了保证建设工程招标投标活动公开、公平、公正，建设工程招标投标活动必须在招标投标管理机构的监督管理下进行。

(3)保证所提供的投标文件的真实性，提供投标保证金或其他形式的担保。投标人提供的投标文件必须真实、可靠，并对此予以保证。让投标人提供投标保证金或其他形式的担保，目的在于使投标人的保证落到实处，使投标活动保持应有的严肃性，建立和维护招标投标活动的正常秩序。

(4)按招标人或招标代理人的要求对投标文件的有关问题进行答疑。投标文件是以招标文件为主要依据编制的。能否正确理解投标文件，是准确判断投标文件是否实质性响应招标文件的前提。对投标文件中不清楚的问题，招标人或招标代理人有权要求投标人予以答疑。

(5)中标后与招标人签订合同并履行合同。投标人中标以后与招标人签订合同，并实际履行合同约定的全部义务，是实行招标投标制度的目的所在。中标的投标人必须亲自履行合同，不得将其中标的工程任务倒手转给他人承包。如需将中标项目的部分非主体、非关键性工作进行分包，应当在投标文件中载明，并经招标人认可后才能进行分包。

(6)履行依法约定的其他各项义务。在建设工程招标投标过程中，投标人与招标人、代理人等可以在合法的前提下，经过互相协商，约定一定的义务。

2.4.3 建设工程招标代理机构

建设工程招标代理机构，是指受招标人的委托，代为从事招标组织活动的中介组织。它必须是依法成立，从事招标代理业务并提供相关服务，实行独立核算、自负盈亏，具有法人资格的社会中介组织，如工程招标公司、工程招标(代理)中心、工程咨询公司等。

1. 建设工程招标代理的概念

建设工程招标代理，是指建设工程招标人将建设工程招标事务委托给相应中介服务机构，由该中介服务机构在招标人委托授权的范围内，以委托的招标人的名义，同他人独立进行建设工程招标投标活动，由此产生的法律效果直接归属于委托的招标人的一种制度。

2. 建设工程招标代理的特征

建设工程招标代理行为具有的特征：①建设工程招标代理人必须以被代理人的名义办理招标事务；②建设工程招标代理人具有独立进行意思表示的职能，这样才能使建设工程招标活动得以顺利进行；③建设工程招标代理行为应在委托授权的范围内实施；④建设工程招标代理行为的法律效果归属于被代理人。

3. 建设工程招标代理机构的资质

建设工程招标代理机构的资质，是指从事招标代理活动应当具备的条件和素质，包括技术力量、专业技能、人员素质、技术装备、服务业绩、社会信誉、组织机构和资产等几个方面的要求。招标代理人从事招标代理业务，必须依法取得相应的招标资质等级证书，并在其资质等级证书许可的范围内，开展相应的招标代理业务。

我国对招标代理机构的条件和资质有专门规定。招标代理人应当具备的条件：①是依法设立的中介组织；②与行政机关和其他国家机关没有行政隶属关系或者其他利益关系；③有固定的营业场所和开展工程招标代理业务所需的设备及办公条件；④有健全的组织机构和内部管理的规章制度；⑤具备编制招标文件和组织评标的相应人员和专业力量；⑥具有可以作为评标委员会成员人选的技术、经济等方面的专家库，有从事招标代理业务的营业场所和相应资产。由于建设工程招标必须在固定的建设工程交易场所进行，因此该固定场所(即建设工程交易中心)所设立的专家库，可以作为各类招标代理人直接利用的专家库，招标代理人一般不需另建专家库。工程招标代理机构的资质分为甲级、乙级和暂定级。

4. 建设工程招标代理机构的权利和义务

(1)建设工程招标代理机构的权利。

1)组织和参与招标活动。招标人委托代理人的目的，是让其代替自己办理有关招标事务。组织和参与招标活动，既是代理人的权利，也是代理人的义务。

2)依据招标文件要求，审查投标人资质。代理人受委托后即有权按照招标文件的规定，审查投标人资质。

3)按规定标准收取代理费用。建设工程招标代理人从事招标代理活动，是一种有偿的经济行为，代理人要收取代理费用。代理费用由被代理人与代理人按照有关规定在委托代理合同中协商确定。

4)招标人授予的其他权利。

(2)建设工程招标代理机构的义务。

1)遵守法律、法规、规章和方针、政策。建设工程招标代理机构的代理活动必须依法进行，违法或违规、违章的行为，不仅不受法律保护，而且还要承担相应的法律责任。

2)维护委托的招标人的合法权益。代理人从事代理活动，必须以维护委托的招标人的合法的权利和利益为根本出发点和基本的行为准则。因此，代理人承接代理业务、进行代理活动时，必须充分考虑到保护委托的招标人的利益问题，始终把维护委托的招标人的合法权益，放在自己从事代理工作的首位。

3)组织编制、解释招标文件，对代理过程中提出的技术方案、计算数据、技术经济分析结论等的科学性、正确性负责。

4)接受招标投标管理机构的监督管理和招标行业协会的指导。

5)履行依法约定的其他义务。

2.4.4 建设工程招标投标行政监管机关

建设工程招标投标涉及国家利益、社会公共利益和公众安全，因而必须对其实行强有力的政府监管。建设工程招标投标活动及其当事人应当接受依法实施的监督管理。

1. 建设工程招标投标监管体制

建设工程招标投标涉及各行各业的很多部门，它们如果都各自为政，必然会导致建筑市场混乱无序，无从管理。为了维护建筑市场的统一性、竞争有序性和开放性，国家明确指定了一个统一归口的建设行政主管部门，即中华人民共和国住房和城乡建设部，它是全国最高招标投标管理机构，在住房和城乡建设部的统一监管下，实行省、市、县三级建设行政主管部门对所辖行政区内的建设工程招标投标分级管理。各级建设行政主管部门作为本行政区域内建设工程招标投标工作的统一归口监督管理部门，其主要职责是：①从指导全社会的建筑活动、规范整个建筑市场、发展建筑产业的高度，研究制定有关建设工程招标投标的发展战略、规划、行业规范和相关方针、政策、行为规则、标准和监管措施，组织宣传、贯彻有关建设工程招标投标的法律、法规、规章，进行执法检查监督；②指导、监督、检查和协调本行政区域内建设工程的招标投标活动，总结交流经验，提供高效率的规范化服务；③负责对当事人的招标投标资质、中介服务机构的招标投标、中介服务资质和有关专业技术人员的执业资格的监督，开展招标投标管理人员的岗位培训；④会同有关专业主管部门及其直属单位办理有关专业工程招标投标事宜；⑤调解建设工程招标投标纠纷，查处建设工程招标投标违法、违规行为，否决违反招标投标规定的定标结果。

2. 建设工程招标投标分级管理

建设工程招标投标分级管理，是指省、市、县三级建设行政主管部门依照各自的权限，对本行政区域内的建设工程招标投标分别实行管理，即分级属地管理。这是建设工程招标投标管理体制内部关系中的核心问题。

3. 建设工程招标投标监管机关

建设工程招标投标监管机关，是指经政府或政府主管部门批准设立的隶属于同级建设行政主管部门的省、市、县(市)建设工程招标投标办公室。

(1)建设工程招标投标监管机关的性质。各级建设工程招标投标监管机关，从机构设置、人员编制来看，其性质通常都是代表政府行使行政监管职能的事业单位。建设行政主管部门与建设工程招标投标监管机关之间是领导与被领导的关系。省、市、县(市)招标投标监管机关的上级与下级之间有业务上的指导和监督关系。这里必须强调的是，工程招标投标监管机关必须与建设工程交易中心和工程招标代理机构实行机构分设，职能分离。

(2)建设工程招标投标监管机关的职权。建设工程招标投标监管机关的职权，概括起来可分为两个方面：一方面，是承担具体负责建设工程招标投标管理工作的职责；另一方面，是在招标投标管理活动中享有可独立以自己的名义行使的管理职权。这些职权主要包括：①办理建设工程项目报建登记；②审查发放招标组织资质证书、招标代理人及标底编制单位的资质证书；③接受招标人申报的招标申请书，对招标工程应当具备的招标条件、招标人的招标资质或招标代理人的招标代理资质、采用的招标方式进行审查认定；④接受招标人申报的招标文件，对招标文件进行审查认定，对招标人要求变更发出后的招标文件进行审批；⑤对投标人的投标资质进行复查；⑥对标底进行审定，可以直接审定，也可以将标底委托建设银行以及其他有能力的单位审核后再审定；⑦对评标定标办法进行审查认定，对招标投标活动进行全过程监督，对开标、评标、定标活动进行现场监督；⑧核发或者与招标人联合发出中标通知书；⑨审查合同草案，监督承发包合同的签订和履行，调解招标人和投标人在招标投标活动中或履行合同过程中发生的纠纷；⑩查处建设工程招标投标方面的违法行为，依法受委托实施相应的行政处罚。

2.5 招标投标程序

《招标投标法》中规定的招标工作包括招标、投标、开标、评标和中标共五个步骤。建设工程招标是由一系列前后衔接、层次明确的工作步骤构成的。

招标投标是一个整体活动，涉及业主和承包商两个方面，招标作为整体活动的一部分主要是从业主的角度揭示其工作内容，但同时又须注意到招标与投标活动的关联性，不能将两者割裂开来。所谓招标程序，是指招标活动的内容的逻辑关系，如图 2-2 所示。

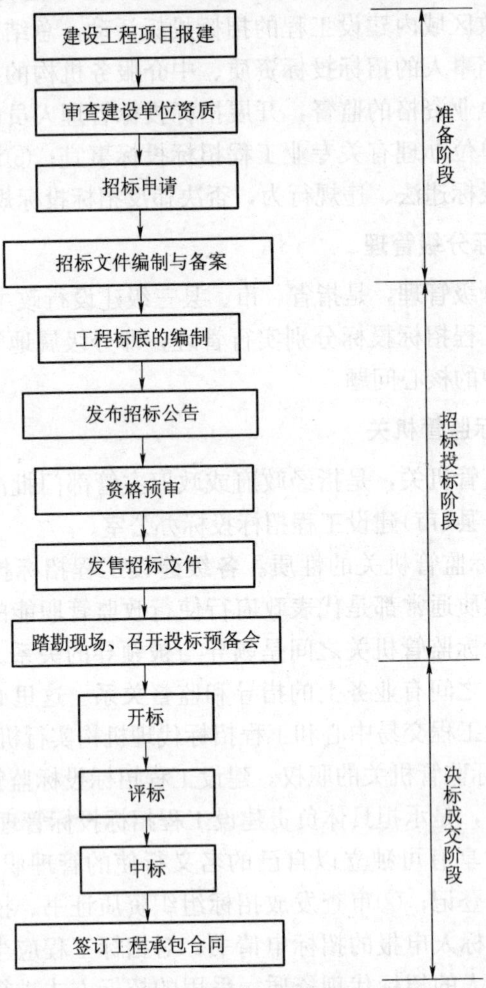

图 2-2　公开招标程序图

2.5.1　建设工程招标应具备的条件

(1)按照国家有关规定需要履行项目审批手续的，已经履行审批手续。

(2)工程资金或者资金来源已经落实。

(3)施工招标的，有满足招标需要的设计图纸及其他技术资料。

(4)法律、法规、规章规定的其他条件。

具备上述条件，招标人进行招标时，应向当地工程招标投标管理办公室提供立项批准文件、规划许可证、施工许可申请表，方能进入招标程序、办理各项备案事宜。

2.5.2　招标前的准备工作

招标前的准备工作由招标人独立完成，主要工作包括以下几个方面。

1. 确定招标范围

工程建设招标可以分为：整个建设过程各个阶段全部工作的招标，称为工程建设总承包招标或全过程总体招标；或者其中某个阶段的招标；还有某个阶段中某一专项的招标。

2. 工程报建

(1)按照《工程建设项目报建管理办法》的规定，工程建设项目由建设单位或其代理机构在工程项目可行性研究报告或其他立项文件被批准后，须向当地建设行政主管部门或其授权机构进行报建。

(2)工程建设项目报建范围：各类房屋建筑、土木工程、设备安装、管道线路敷设、装饰装修等固定资产投资的新建、扩建、改建以及技改等建设项目。

(3)工程建设项目的报建内容主要包括：

①工程名称。

②建设地点。

③投资规模。

④资金来源。

⑤当年投资额。

⑥工程规模。

⑦开工、竣工日期。

⑧发包方式。

⑨工程筹建情况。

(4)办理工程报建时应交验的文件资料包括：

①立项批准文件或年度投资计划。

②固定资产投资许可证。

③建设工程规划许可证。

④资金证明。

(5)报建程序如下：

①建设单位到建设行政主管部门或其授权机构领取《工程建设项目报建表》。

②按报建表的内容及要求认真填写。

③有上级主管部门的需经其批准同意后，一并报送建设行政主管部门，并按要求进行招标准备。

④工程建设项目的投资和建设规模有变化时，建设单位应及时到建设行政主管部门或其授权机构进行补充登记。筹建负责人变更时，应重新登记。

凡未报建的工程建设项目，不得办理招投标手续和发放施工许可证，设计、施工单位不得承接该项工程的设计和施工任务。

建设工程项目报建登记表格式见表 2-1。

表 2-1　建设工程项目报建登记表

报建审字第　号

建设单位		单位地址	
工程名称		建设地点	
建设规模		总投资	
资金来源		拟定发包方式	
投资计划文号			

续表

规划许可证号			计划开竣工期	
工程筹建情况	建设用地		负 责 人	
	拆 迁		经 办 人	
	勘 察		联系电话	
	设 计		报审日期	
建设单位意见	（盖章） 年 月 日			
所属主管部门意见	（盖章） 年 月 日			
建设行政主管部门意见	（盖章） 年 月 日			

3. 招标备案

招标人自行办理招标的，招标人在发布招标公告或投标邀请书 5 日前，应向建设行政主管部门办理招标备案。建设行政主管部门自收到备案资料之日起 5 个工作日内没有异议的，招标人可以发布招标公告或投标邀请书；不具备招标条件的，责令其停止办理招标事宜。

办理招标备案应提交的材料主要有以下几项：

(1)《招标人自行招标条件备案表》。

(2)专门的招标组织机构和专职招标业务人员证明材料。

(3)专业技术人员名单、职称证书或执业资格证书及其工作经历的证明材料。

2.5.3 建设工程项目招标投标阶段

1. 工程标底的编制

当招标文件的商务条款一经确定，即可进入标底编制阶段。

2. 发布招标公告

公开招标可通过报刊、广播、电视等或者信息网上发布招标公告。

3. 资格预审

(1)资格预审的概念。资格预审是指招标人在招标开始之前或者开始初期，由招标人对申请参加投标的潜在投标人进行资质条件、业绩、信誉、技术、资金等多方面的情况进行资格审查。只有在资格预审中被认定为合格的潜在投标人(或者投标人)，才可以参加投标。

如果国家对投标人的资格条件有规定的，依照其规定审查。

(2)资格预审的作用。

1)排除不合格的投标人。对于许多招标项目来说，投标人的基本条件对招标项目能否完成具有极其重要的意义。如工程建设，必须具有相应条件的承包人才能按质按期完成。招标人可以在资格预审中设置基本的要求，将不具备基本要求的投标人排除在外。

2)降低招标人的采购成本，提高招标工作效率。如果招标人对所有有意参加投标的投标人都允许投标，则招标、评标的工作量势必会增大，招标的成本也会增大。经过资格预审程序，招标人对想参加投标的潜在投标人进行初审，对不可能中标和没有履约能力的投标人进行筛选，把有资格参加投标的投标人控制在一个合理的范围内，既有利于选择到合适的投标人，也节省了招标成本，可以提高招标的工作效率。

3)可以吸引实力雄厚的投标人。实力雄厚的潜在的投标人有时不愿意参加竞争过于激烈的招标项目，因为编写投标文件费用较高，而一些基本条件较差的投标人往往会进行恶性竞争。资格预审可以确保只有基本条件较好的投标人参加投标，这对实力雄厚的潜在的投标人具有较大的吸引力。

(3)资格预审的程序。

1)资格预审公告。资格预审公告是指招标人向潜在投标人发出的参加资格预审的广泛邀请。就建设项目招标而言，可以考虑由招标人在一家全国或者国际发行的报刊和国务院为此目的随时指定的这类其他刊物上发表邀请资格预审的公告。资格预审公告至少应包括下述内容：招标人的名称和地址；招标项目名称；招标项目的数量和规模；交货期或者交工期；发售资格预审文件的时间、地点以及发放的办法；资格预审文件的售价；提交申请书的地点和截止时间以及评价申请书的时间表；资格预审文件送交地点、送交的份数以及使用的文字等。

2)发出资格预审文件。发表资格预审公告后，招标人向申请参加资格预审的申请人发放或者出售资格审查文件。资格预审的内容包括基本资格审查和专业资格审查两部分。基本资格审查是指对申请人的合法地位和信誉等进行的审查，专业资格审查是对已经具备基本资格的申请人履行拟定招标采购项目能力的审查。

3)对潜在投标人资格的审查和评定。投标人在规定时间内，按照资格预审文件中规定的标准和方法，对提交资格预审申请书的潜在投标人资格进行审查。审查的重点是专业资格审查，内容包括：①施工经历，包括以往承担类似项目的业绩；②为承担本项目所配备的人员状况，包括管理人员和主要技术人员的名单和简历；③为履行合同任务而配备的机械、设备以及施工方案等情况；④财务状况，包括申请人的资产负债表、现金流量表等。

4. 发售招标文件

将招标文件、图纸和有关技术资料发售给通过资格预审获得投标资格的投标人。投标人收到招标文件、图纸和有关技术资料后，应认真核对。核对无误后，应以书面形式予以确认。

5. 踏勘现场

招标人组织投标人踏勘现场的目的在于了解工程场地和周围环境状况，以获取投标人认为有必要的信息。

6. 投标预备会

投标预备会的目的在于澄清招标文件中的疑问，解答投标人对招标文件和勘查现场中所提出的疑问和问题。

7. 投标文件的提交

投标人根据招标文件的要求，编制投标文件，并进行密封和标志，在投标截止时间前按规定地点提交至招标人。招标人接收投标文件并将其密封封存。

2.5.4 建设工程项目决标成交阶段

1. 开标

在投标截止日期即开标日期，按规定地点，在投标人或授权人在场情况下举行开标会议，按规定的议程进行开标。

2. 评标

由招标人按有关规定成立评标委员会，在招标管理机构的监督下，依据评标原则、评标方法，对投标人的报价、工期、质量、主要材料用量、施工方案或施工组织设计、以往业绩、社会信誉、优惠条件等方面进行综合评价，公正合理地确定中标人。

3. 中标

中标人选定后由招标管理机构核准，获准后招标人发出“中标通知书”。

4. 合同签订

招标人与中标人在规定的期限内签订工程承包合同。

项目小结

招标投标是在市场经济条件下进行工程建设、货物买卖、财产出租、中介服务等经济活动的一种竞争形式和交易方式，是引入竞争机制订立合同(契约)的一种法律形式。

实行建设项目的招标投标是我国建筑市场趋向规范化、完善化的重要举措，对于择优选择承包单位、全面降低工程造价，进而使工程造价得到合理有效的控制，具有十分重要的意义。

建设项目招标投标活动应遵循合法，统一、开放，公开、公平、公正，诚实信用，求效、择优，招标投标权益不受侵犯的基本原则。

《中华人民共和国招标投标法》《中华人民共和国招标投标法实施条例》中规定了必须招标的建设项目工程和可以不进行招标的建设项目工程。

建设工程招标投标主体包括：建设工程招标人、建设工程投标人、建设工程招标代理机构、建设工程招标投标行政监管机关。

《招标投标法》中规定的招标工作包括招标、投标、开标、评标和中标几个步骤。建设工程招标是由一系列前后衔接、层次明确的工作步骤构成的。

学生在了解建设工程招投标基本知识的基础上，应实际参与(或模拟参与)招标运行过程，掌握招标投标运行程序，为以后参加工作打下基础。

同步测试

2—1　什么是建设工程招标和投标?
2—2　简述建设工程招标和投标的分类。
2—3　我国建设工程招标投标活动应当遵循的基本原则主要有哪些?
2—4　建设工程招标人的权利和义务有哪些?
2—5　建设工程投标人的权利和义务有哪些?
2—6　简述招标代理人的权利和义务。
2—7　试述招标代理行为的特征。
2—8　建设工程招标投标监管机关的职责有哪些?
2—9　建设工程招标应具备什么条件?
2—10　工程建设项目的报建主要包括哪些内容?
2—11　建设工程项目招标投标程序是怎样的?

专项实训

走访工程招标代理公司

实训目的：体验工程招标代理公司活动氛围，熟悉工程招标代理公司主要职责。

材料准备：①采访本。
②交通工具。
③录音笔。
④联系当地工程招标代理公司负责人。
⑤设计采访参观过程。

实训步骤：划分小组→布置走访任务→进行走访工程招标代理公司→进行资料整理→完成走访报告。

实训结果：①熟悉工程招标代理公司的活动氛围。
②掌握工程招标代理公司的主要职责。
③编制走访报告。

注意事项：①学生角色扮演真实。
②走访程序设计合理。
③充分发挥学生的积极性、主动性与创造性。

项目3　建设工程施工招标

项目描述

本项目主要介绍有关的建设工程招标的基本概念、招标程序、招标文件的编制原则、招标文件的内容等知识。

技能目标

通过本项目的学习，学生能够明确有关建设工程招标的基本概念、招标程序、招标文件的编制原则、招标文件的内容。通过技能训练，学生能够独立编制建设工程招标文件。

项目导入

工程建筑市场准入制度，是国家为了加强对工程建设活动的监督管理，维护公共利益和工程建筑市场秩序，保证建设工程质量安全，促进建筑业健康发展而制定的一系列法律法规、政策规定的总称，包括《建筑法》《建设工程勘察设计资质管理规定》《工程监理企业资质管理规定》《建筑业企业资质管理规定》以及相应的企业资质标准等。工程建筑市场相关企业必须符合相关规定要求，并取得相应的企业资质证书(准入许可)，才能进入工程建筑市场领域从事生产经营活动。

3.1　建设工程招标概述

3.1.1　建设工程招标的准备工作

在工程招标条件已经具备的基础之上，建设工程招标的准备工作主要是组建招标机构或选择工程招标代理机构。

1. 组建招标机构

按照《招标投标法》的规定，具有编制招标文件和组织评标能力的招标人，可以组建招标机构，办理招标事宜。

组建招标机构主要包括以下两部分工作：

(1)精心选定招标机构的工作人员。招标机构的水平取决于机构全体人员的素质。市场经济下工程招标工作的整个过程十分复杂，将遇到许多有相当难度的问题，必须要求招标机构的成员有很强的工作能力及深广的技术知识。因此，从招标机构成员的总体来看，所选人员必须具备这样一些基本条件：①必须精通一门至几门国际通用语言并有较强的文字写作能力；②必须熟悉国际、国内工程承包市场及劳务承包市场行情和国际、国内与工程招标有关的法规、政策；③必须具备金融、贸易、财务、法律、工程技术、施工管理等方面的专业知识，且其中经济、技术等方面的专家不得少于工作人员总数的2/3。

(2)聘请咨询公司协助招标工作。世界银行及一些国际金融机构对其成员国进行发展项目，特别是土木建筑工程项目的贷款时，都明确要求项目的业主必须聘请一家得到世界银行认可的、有工程咨询经验的咨询公司来协助业主进行招标的全部工作或部分工作。我国这方面的有关咨询机构主要是“中国国际工程咨询公司”和“中国国际经济咨询公司”。前者主要承担关于土木工程项目的招标咨询任务，后者则主要承担物资、设备等采购项目的咨询工作。如果我国业主对项目进行国际竞争性招标，一般应按照国际惯例，在选定招标机构人员的同时，认真聘请好一家工程咨询公司来协助招标工作。

2. 选择招标代理机构

当招标单位缺乏与招标工程相适应的经济、技术管理人员，没有编制招标文件和组织评标的能力时，依据《招标投标法》的规定，应认真挑选、慎重委托具有相应资质的中介服务机构代理招标。在经济活动，尤其是国际经济活动中都普遍采用代理制。

招标代理机构是指在工程项目招标投标活动中，受招标人委托为招标人提供有偿服务，代表招标人在招标人委托的范围内，办理招标事宜的社会中介机构。招标代理在法律上属于委托代理，招标代理机构的行为必须符合代理委托的授权范围，超出委托授权范围的代理行为属无权代理，被代理人对此有拒绝权。签好招标代理协议对双方都至关重要。招标单位选定招标代理机构后，务必在代理协议中详尽规定授权范围及代理人的权利和义务，以便招标代理机构能按照合同约定顺利代理招标事宜。

3. 招标机构的主要职责

招标代理机构主要职责与工作范围如下：

(1)招标代理机构应当在招标人委托的范围内办理招标事宜，并遵守有关招标投标的法律法规与条例的规定。

(2)招标代理应熟悉招标投标的相关法律法规，掌握流程、熟悉项目情况。

(3)准备招标资料，完成招标申请。

(4)发布招标公告或发出投标邀请书。

(5)拟定资格预审文件，在接受投标报名的同时发出资格预审文件。

(6)接受投标人提交资格预审申请书，组织资格预审，进行资格预审公示，确定正式投标人。

(7)编制招标文件送业主、招标办审查，形成招标文件评审表与招标文件。

(8)编制标底或招标控制价。

(9)组织招标会、现场勘查、招标答疑、收标、开标、评标。

(10)协助确定中标单位，完成招标投标情况备案，进行中标公示。

(11)确认及发放中标通知书。

(12)整理全部招标资料，形成招标备案资料交与招标办、业主，将招标投标管理部门核准的招标备案表交与业主形成招标档案。

(13)拟定中标单位的合同，协助招标人签订合同并将合同报招标投标管理部门备案。协助招标人与中标单位的合同商务谈判。

《中华人民共和国招标投标法实施条例》中规定，招标代理机构在其资格许可和招标人委托的范围内开展招标代理业务，任何单位和个人不得非法干涉。招标代理机构代理招标业务，应当遵守招标投标法和实施条例关于招标人的规定。招标代理机构不得在所代理的招标项目中投标或者代理投标，也不得为所代理的招标项目的投标人提供咨询。招标代理机构不得涂改、出租、出借、转让资格证书。

招标人应当与被委托的招标代理机构签订书面委托合同，合同约定的收费标准应当符合国家有关规定。

3.1.2 建设工程招标的条件

1. 建设单位招标应当具备的条件

(1)招标人是法人或依法成立的其他组织。

(2)有与招标工程相适应的经济、技术、管理人员。

(3)有组织编制招标文件的能力。

(4)有审查投标单位资质的能力。

(5)有组织开标、评标、定标的能力。

不具备上述条件的，须委托具有相应资质的招标公司、咨询、监理等单位代理招标。

2. 进行招标应具备的条件

依法必须招标的工程建设项目，应当具备下列条件才能进行工程招标：

(1)招标人已经依法成立。

(2)初步设计及概算应当履行审批手续的，已经批准。

(3)招标范围、招标方式和招标组织形式等应当履行核准手续的，已经核准。

(4)有相应的资金且资金来源已经落实。

(5)有招标所需的设计图纸及技术资料。

(6)已经依法取得建设用地。

3.1.3 建设工程招标的形式、方式和方法

1. 建设工程招标的主要形式

建设工程招标，根据其招标范围不同通常有以下几种形式：

(1)建设工程全过程招标。所谓全过程招标即通常所称的“交钥匙”工程，就是指从项目建议书开始，包括可行性研究、勘察设计、设备和材料询价及采购、工程施工、工业项目的生产准备，直至竣工验收和交付使用等实行全面招标。在国内，一些大型工程项目进行全过程招标时，一般是先由建设单位或项目主管部门通过招标方式确定总包单位，再由总包单位组织建设，按其工作内容或分阶段或分专业再进行分包，即进行第二次招标。有些总包单位也可独立完成该项目。

(2)建设工程勘察设计招标。勘察设计招标是把工程建设的一个主要阶段——勘察设计阶段的工作单独进行招标的活动的总称。

(3)建设工程材料和设备供应招标。材料和设备供应招标是指建筑材料和设备供应的招标活动全过程。实际工作中材料和设备往往分别进行招标。

在工程施工招标过程中，关于工程所需的建筑材料，一般可分为由施工单位全部包料、部分包料和由建设单位全部包料三种情况。在上述任何一种情况下，建设单位或施工单位

都可能作为招标单位进行材料招标。这里所指的进行招标的材料主要是一些特殊材料或主要材料的供应及其加工等。一般的材料可不进行材料招标，只需以询价方式进行采购即可。

与材料招标相同，设备招标要根据工程合同的规定，由建设单位负责招标，或是由施工单位负责招标。设备招标适用于大型复杂设备的单件加工和特殊设备的委托加工等。而一般通用设备也可采用询价方式进行采购。

(4)建设工程施工招标。建设工程施工招标是指工程施工阶段的招标活动全过程，它是目前国内一些工程项目建设经常采用的一种招标形式。其特点是招标范围灵活化、多样化，有利于施工的专业化。在实际工程建设中，一项大型工程的建设往往按分部工程、专业工程或工程量进行招标。如冶金厂建设项目，一般分为几个主要专业进行招标，除此以外，工程施工招标还可根据其包含的工作内容分为：全部包工包料、部分包工包料和包工不包料等。无论采取哪种形式，都应在招标通知书中加以说明。

(5)建设工程监理招标。建设工程监理招标，是指招标人为了委托监理任务的完成，以法定方式吸引监理单位参加竞争，从中选择条件优越者的工程监理公司行为。

2. 建设工程招标的方式

目前国内、外市场上使用的建设工程招标方式主要有以下几种：

(1)公开招标。公开招标是指招标人通过报刊、广播、电视、信息网络或其他媒介，公开发布招标广告，招揽不特定的法人或其他组织参加投标的招标方式。公开招标的形式一般对投标人的数量不予限制，故也称为“无限竞争性招标”。

公开招标的招标广告一般应载明招标工程概况(包括招标人的名称和地址、招标工程的性质、实施地点和时间、内容、规模、占地面积、周围环境、交通运输条件等)，对投标人的资历及其资格预审要求，招标日程安排，招标文件获取的时间、地点、方法等重要事项。

国内依法必须进行公开招标项目的招标公告，应当通过国家指定的报刊、信息网络等媒介发布。

采用公开招标的主要优势是：

第一，有利于招标人获得最合理的投标报价，取得最佳投资效益。由于公开招标是无限竞争性招标，竞争相当激烈，使招标人能切实做到“货比多家”，有充分的选择余地。招标人利用投标人之间的竞争，一般都易选择出质量最好、工期最短、价格最合理的投标人承建工程，使自己获得较好的投资效益。

第二，有利于学习国外先进的工程技术及管理经验。公开招标竞争范围广，往往打破国界。例如，我国鲁布革水电站项目引水系统工程，采用国际竞争性公开招标方式招标，日本大成公司中标，不但中标价格大大低于标底，而且在工程实施过程中还学到了外国工程公司先进的施工组织方法和管理经验，引进了国外工程建设项目施工的“工程师”制度，由工程师代表业主监督工程施工，并作为第三方调解业主与承包人之间发生的一些问题和纠纷。这对于提高我国建筑企业的施工技术和管理水平无疑具有较大的推动作用。

第三，有利于提高各家工程承包企业的工程建造质量、劳动生产率及投标竞争能力。采用公开招标能够保证所有合格的投标人都有机会参加投标，都以统一的客观衡量标准，衡量自身的生产条件，这促使各家施工企业在竞争中按照国际先进水平来发展自己。

第四，公开招标是根据预先制定并众所周知的程序和标准公开而客观地进行的，因此一般能防止招标投标过程中作弊情况的发生。

但是，公开招标也不可避免地存在这样一些问题：其一，公开招标所需费用较大，时间较长。其二，公开招标需准备的文件较多，工作量较大且各项工作的具体实施难度较大。

公开招标的形式主要适用于：政府投资或融资的建设工程项目；使用世界银行、国际性金融机构资金的建设工程项目；国际上的大型建设工程项目；关系社会公共利益、公共安全的基础设施建设工程项目及公共事业项目等。

《中华人民共和国招标投标法实施条例》中规定，按照国家有关规定需要履行项目审批、核准手续的依法必须进行招标的项目，其招标范围、招标方式、招标组织形式应当报项目审批、核准部门审批、核准。项目审批、核准部门应当及时将审批、核准确定的招标范围、招标方式、招标组织形式通报有关行政监督部门。

(2)邀请招标。邀请招标是指招标人以投标邀请书的方式直接邀请若干家特定的法人或其他组织参加投标的招标形式。由于投标人的数量是招标人确定的、有限制的，所以又称为"有限竞争性招标"。

《中华人民共和国招标投标法实施条例》中规定，国有资金占控股或者主导地位的依法必须进行招标的项目，应当公开招标，但有下列情形之一的，可以邀请招标：

1)技术复杂、有特殊要求或者受自然环境限制，只有少量潜在投标人可供选择。

2)采用公开招标方式的费用占项目合同金额的比例过大。

采用公开招标方式的费用占项目合同金额的比例过大的项目，由项目审批、核准部门在审批、核准项目时做出认定；其他项目由招标人申请有关行政监督部门做出认定。

招标人采用邀请招标方式时，特邀的投标人一般应不少于三家。被邀请的投标人必须是资信良好、能胜任招标工程项目实施任务的单位。通常根据下列条件进行选择：一是该单位当前和过去的财务状况均良好；二是该单位近期内成功地承包过与招标工程类似的项目，有较丰富的经验；三是该单位有较好的信誉；四是该单位的技术装备、劳动力素质、管理水平等均符合招标工程的要求；五是该单位在施工期内有足够的力量承担招标工程的任务。总之，被邀请的投标人必须在资金、能力、信誉等方面都能胜任招标工程。

邀请招标与公开招标相比，其好处主要表现在：

第一，招标所需的时间较短，且招标费用较省。一般而言，由于邀请招标时，被邀请的投标人都是经招标人事先选定，具备对招标工程投标资格的承包企业，故无须再进行投标人资格预审；又由于被邀请的投标人数量有限，可相应减少评标阶段的工作量及费用开支，因此邀请招标能以比公开招标更短的时间、更少的费用结束招标投标过程。

第二，投标人不易串通抬价。因为邀请招标不公开进行，参与投标的承包企业不清楚其他被邀请人，所以，在一定程度上能避免投标人之间进行接触，使其无法串通抬价。

邀请招标形式与公开招标形式比较，也存在明显不足，主要是：不利于招标人获得最优报价，取得最佳投资效益。这是由于邀请招标时，由业主选择投标人，业主的选择相对于广阔、发达的市场，不可避免地存在一定局限性，加上邀请招标的投标人数量既定，竞争有限，可供业主比较、选择的范围相对狭小，也就不易使业主获得最合理的报价。

一般而言，邀请招标形式在大多数国家(包括我国)都只适用于私人投资建设的项目，中、小型建设工程项目。

(3)综合性招标。综合性招标是指招标人将公开招标和邀请招标这两种形式结合起来进行的招标。综合性招标的具体做法是：先进行公开招标，开标后，经过按照一定的标准评价，从中选出若干家投标单位(一般选三至四家)，再对他们进行邀请招标。通过对被邀请投标人投标书的评价，最后从中决定中标人。

综合性招标只限于两种情况采用：一是公开招标时尚不能决定工程内容的工程或招标人缺乏经营经验的新项目、大型项目；二是公开招标开标后，所有的投标报价都不满足招标人的要求。

由于综合性招标只适用于上述两种特殊情况，且所需时间过程比较长，费用比较高，所以，一般情况下都不宜采用这种方式招标。

3. 建设工程招标的基本方法

招标方法是指招标阶段的划分方法，而招标阶段的划分是与设计阶段的划分相适应的，因此，建设工程进行招标的基本方法一般有以下几种：

(1)一阶段招标法。一阶段招标法又称为施工图阶段招标法，是指在完成了项目的施工图设计、施工文件，并计算出了工程量之后进行的招标。签约后，即可进行施工。

实行一阶段招标法的优点主要是：有利于招标人获得合理报价。由于设计文件齐全，工程量计算的准确性较高，招标人对价格容易把握，对工程质量和工期等容易控制，有利于缩短从成立交易到完成交易的时间过程。又因为招标时即提供有详细的施工图纸，一旦签订工程承包合同就能立即开始施工，施工过程中的工程变更也相应较少，履行合同的过程较短。

(2)二阶段招标法。二阶段招标法又称为设计方案阶段招标法，其一般将邀请招标和谈判招标结合起来进行，具体做法是：招标人在项目方案设计阶段(项目的设计尚未完成前)，就对若干家工程承包企业邀请招标，即为“第一阶段招标”；根据对被邀请的各投标人的投标书的评价情况，从中择优选定工程承包人，待完成项目施工图设计、施工文件及工程量计算之后，再与选定的承包人进行谈判招标，双方协商确定工程价款，签订工程承包合同，即“第二阶段招标”。

实行二阶段招标法进行招标的主要优势是：第一，不用进行大规模的公开招标，有利于节省招标费用；第二，设计与招标同时交叉进行，有利于充分利用时间，缩短项目从设计到竣工的时间过程，使业主能尽早发挥投资经济效益。

(3)工程经理分阶段管理的招标方法。这是近年来在美国开始采用的工程经理制的工程招标及管理方法。这种方法是指由工程业主、业主评选或委托的工程经理、建筑师(或工程师)三方共同来进行工程项目的规划、设计、招标、施工。取消总承包人，由招标人随着工程设计工作的进展，分阶段地对每套分项工程进行招标，将其发包给各专业承包人，并与他们签订若干套工程承包合同的招标方法。

采用工程经理分阶段管理的招标方法优势是明显的。

第一，能有效地缩短工程项目从设计到竣工的时间，使业主尽早获得投资经济效益。因为采用这种招标方法不需要等待工程项目的全部设计都完成了才招标，而是局部完成即可局部招标，将其发包出去，做到了设计、招标、施工有序地同步进行，交叉作业，有利于缩短整个建设周期，使工程尽早竣工投产，交付使用。

第二，有利于招标人获得合理报价。由于分阶段按局部进行招标，每套分项工程的内容明确，设计文件详尽，工程量计算比较准，因此，容易较准确地把握价格标准，评标也就有一个较为客观且准确的依据，中标价格一般也就较为合理。

第三，扩大了业主对工程合同的控制权。这种招标方法取消了总承包人，业主直接与各部分的工程承包人签订工程施工合同，因此，业主能直接控制各承包人，直接监督其承包工程的质量、进度、价格，有利于工程保质、保量，以合理的价格如期交付使用。

3.2 建设工程施工招标文件编制

公开招标的项目，应当依照《招标投标法》和本条例的规定发布招标公告，编制招标文件。招标文件是招标人向投标人提供的具体项目招标投标工作的作业标准性文件。它阐明了招标工程的性质，规定了招标程序和规则，告知了订立合同的条件。招标文件既是投标人编制投标文件的依据，又是招标人组织招标工作、评标、定标的依据，也是招标人与中标人订立合同的基础。因此，招标文件在整个招标过程中起着至关重要的作用。

3.2.1 建设工程招标文件的内容

建设工程招标文件的内容，是建设工程招标文件内在诸要素的总和，反映招标人的基本目标、具体要求和愿与投标人达成的关系。

招标文件一般由五大部分构成，即投标须知及投标须知前附表、合同条款及格式、工程建设标准、图纸及工程量清单、投标文件格式，又因各部分所含内容的不同按10个章节分别编写，各章名称如下：

(1)投标须知及投标须知前附表。

(2)合同条款。

(3)合同文件格式。

(4)工程建设标准。

(5)图纸。

(6)工程量清单。

(7)投标文件投标函部分格式。

(8)投标文件商务部分格式。

(9)投标文件技术部分格式。

(10)资格审查申请书(资格后审时)。

1. 投标须知

投标须知正文的内容，主要包括对总则、招标文件、投标文件、开标、评标、授予合同等诸方面的说明和要求。

(1)总则。投标须知的总则通常包括以下内容：

1)工程说明。主要说明工程的名称、位置、合同名称等情况。

2)资金来源。主要说明招标项目的资金来源和支付使用的限制条件。

3)资质要求与合格条件。是指对投标人参加投标进而中标的资格要求，主要说明为签订和履行合同的目的，投标人单独或联合投标时至少必须满足的资质条件。

一般来说，投标人参加投标的资质条件在前附表中已注明。投标人参加投标进而中标必须具备前附表中所要求的资质等级。由同一专业的单位组成的联合体，按照资质等级较低的单位确定资质等级。投标人必须具有独立法人资格(或为依法设立的其他组织)和相应的资质，非本国注册的投标人应按本国有关主管部门的规定取得相应的资质。为获得能被授予合同的机会，投标人应提供令招标人满意的资格文件，以证明其符合投标合格条件和具有履行合同的能力。

4)投标费用。投标人应承担其编制、递交投标文件所涉及的一切费用。无论投标结果如何，招标人对投标人在投标过程中发生的一切费用不负任何责任。

(2)招标文件。这是投标须知中对招标文件本身的组成、格式、解释、修改等问题所做的说明。

在这一部分，要特别提醒投标人仔细阅读、正确理解招标文件。投标人对招标文件所作的任何推论、解释和结论，招标人概不负责。投标人因对招标文件的任何推论、误解以及招标人对有关问题的口头解释所造成的后果，均由投标人自负。如果投标人的投标文件不能符合招标文件的要求，责任由投标人承担。实质上不响应招标文件要求的投标文件将被拒绝。招标人对招标文件的澄清、解释和修改，必须采取书面形式，并送达所有获得招标文件的投标人。

(3)投标报价说明。这是投标须知中对投标价格的构成、采用方式和投标货币等问题的说明。除非合同中另有规定，具有标价的工程量清单中所报的单价和合价，以及报价汇总表中的价格，应包括施工设备、劳务、管理、材料、安装、维护、保险、利润、税金、政策性文件规定及合同包含的所有风险、责任等各项应有费用。投标人不得以低于成本的报价竞标。投标人应按招标人提供的工程量计算工程项目的单价和合价；或者按招标人提供的施工图，计算工程量，并计算工程项目的单价和合价。工程量清单中的每一单项均需计算填写单价和合价，投标人没有填写单价和合价的项目将不予支付，并认为此项费用已包括在工程量清单的其他单价和合价中。

投标价格可设置两种方式以供选择：

第一，价格固定(备选条款A)。投标人所填写的单价和合价在合同实施期间不因市场变化因素而变动，投标人在计算报价时可考虑一定的风险系数。

第二，价格调整(备选条款B)。投标人所填写的单价和合价在合同实施期间可因市场变化因素而变动。如果采用价格固定，则删除价格调整；反之，采用价格调整，则删除价格固定。投标文件报价中的单价和合价全部采用工程所在国货币或混合使用一种货币或国际贸易货币表示。

(4)投标文件。这是投标须知中对投标文件各项要求的阐述。主要包括以下几个方面：

1)投标文件的语言。投标文件及投标人和招标人之间与投标有关的来往通知、函件和文件均应使用一种官方主导语言(如中文或英文)。

2)投标文件的组成。投标人的投标文件应由下列文件组成：投标书；投标书附录；投标保证金；法定代表人资格证明书；授权委托书；具有标价的工程量清单与报价表；辅助资料表；资格审查表(资格预审的不采用)；按本须知规定提交的其他资料。

投标人必须使用招标文件提供的表格格式，但表格可以按同样格式扩展，投标保证金、履约保证金的方式按投标须知有关条款的规定可以选择。

3)投标有效期。投标有效期是指为保证招标人有足够的时间在开标后完成评标、定标、合同签订等工作而要求投标人提交的投标文件在一定时间内保持有效的期限，该期限由招标人在招标文件中载明，从提交投标文件的截止之日起算，一般项目为60～90天，大型项目为120天。在原定投标有效期满之前，如果出现特殊情况，经招标投标管理机构核准，招标人可以书面形式向投标人提出延长投标有效期的要求。投标人须以书面形式予以答复，投标人可以拒绝。拒绝延长投标有效期的投标人有权收回投标保证金，同意延长投标有效期的投标人应当响应延长其投标担保的有效期，但不得修改投标文件的实质性内容。

4)投标保证金。投标人应提供不少于前附表规定数额的投标保证金，此投标保证金是投标文件的一个组成部分。投标保证金不得超过项目估算价的2%，但最高不得超过80万元人民币。投标保证金有效期应当与投标有效期一致。根据投标人的选择，投标保证金可以是现金、支票、银行汇票，也可以是在中国注册的银行出具的银行保函。银行保函的格式，应符合招标文件的格式，银行保函的有效期应超出投标有效期28天。对于未能按要求提交投标保证金的投标，招标人将视为不响应投标而予以拒绝。

未中标人的投标保证金，将在买方与中标人签订合同后的5个工作日内退还。中标人的投标保证金，按照要求提交履约保证金并签署合同协议后，予以退还。

但是，下列任何情况发生时，投标保证金将被没收，不予退还：

①投标人在招标文件中规定的投标有效期内撤回其投标。

②中标人在规定期限内未能按规定与投标人签订合同或按规定接受对错误的修正；根据招标文件规定未提交履约保证金。

③投标人采用不正当的手段骗取中标。

(5)投标预备会。投标人派代表于前附表所述时间和地点出席投标预备会。投标预备会的目的是澄清、解答投标人提出的问题和组织投标人踏勘现场，了解情况。投标人可能被邀请对施工现场和周围环境进行踏勘，以获取须投标人自己负责的编制投标文件和签署合同所需的所有资料。踏勘现场所发生的费用由投标人自己承担。投标人提出的与投标有关的任何问题须在投标预备会召开7天前，以书面形式送达招标人。会议记录包括所有问题和答复的副本，将迅速提供给所有获得招标文件的投标人。因投标预备会而产生的对招标文件内容的修改，由招标人以补充通知等书面形式发出。

(6)投标文件的份数和签署。投标人按投标须知的规定，编制一份投标文件"正本"和前附表所述份数的"副本"，并明确标明"投标文件正本"和"投标文件副本"。投标文件正本和副本如有不一致之处，以正本为准。投标文件正本与副本均应使用不能擦去的墨水打印或书写，由投标人的法定代表人亲自签署(或加盖法定代表人印鉴)，并加盖法人单位公章。全套投标文件应无涂改和行间插字，除非这些删改是根据招标人的指示进行的，或者是投标人造成的必须修改的错误。修改处应由投标文件签字人签字证明并加盖印鉴。

(7)投标文件的提交。

1)投标文件的密封与标志。投标人应将投标文件的正本和每份副本密封在内层包封，再密封在一个外层包封中，并在内包封上正确标明"投标文件正本"和"投标文件副本"。内层和外层包封都应写明招标人名称和地址、合同名称、工程名称、招标编号，并注明开标时间以前不得开封。在内层包封上还应写明投标人的名称与地址、邮政编码，以便投标出现逾期送达时能原封退回。如果内外层包封没有按上述规定密封并加写标志，招标人将不承担投标文件错放或提前开封的责任，由此造成提前开封的投标文件将被拒绝，并退还给投标人。投标文件递交至前附表所述的单位和地址。

2)投标截止期。投标人应在前附表规定的日期内将投标文件递交给招标人。招标人可以按投标须知规定的方式，酌情延长递交投标文件的截止日期。在上述情况下，招标人与投标人以前在投标截止期方面的全部权利、责任和义务，将适用于延长后新的投标截止期。招标人在投标截止期以后收到的投标文件，将原封退给投标人。

3)投标文件的修改与撤回。投标人可以在递交投标文件以后，在规定的投标截止时间之前，采用书面形式向招标人递交补充、修改或撤回其投标文件的通知。在投标截止日期以后，不能更改投标文件。投标人的补充、修改或撤回通知，应按投标须知规定编制、密封、加写标志和递交，并在内层包封标明“补充”“修改”或“撤回”字样。根据投标须知的规定，在投标截止时间与招标文件中规定的投标有效期终止日之间的这段时间内，投标人不能撤回投标文件，否则其投标保证金将不予退还。

(8)开标。这是投标须知中对开标的说明。

在所有投标人的法定代表人或授权代表在场的情况下，招标人将于前附表规定的时间和地点举行开标会议，参加开标的投标人的代表应签名报到，以证明其出席开标会议。开标会议在招标投标管理机构的监督下，由招标人组织并主持。开标时，对在招标文件要求提交投标文件的截止时间前收到的所有投标文件，都应当当众予以拆封、宣读。但对按规定提交合格撤回通知的投标文件，不予开封。投标人的法定代表人或其授权代表未参加开标会议的，视为自动放弃投标。未按招标文件的规定标志、密封的投标文件，或者在投标截止时间以后送达的投标文件将被作为无效的投标文件对待。招标人当众宣布对所有投标文件的核查检视结果，并宣读有效举标的投标人名称、投标报价、修改内容、工期、质量、主要材料数量、投标保证金以及招标人认为适当的其他内容。

(9)评标。这是投标须知中对评标的阐释，其主要内容有以下几项：

1)评标内容的保密。公开开标后，直到宣布授予中标人合同为止，凡属于审查、澄清、评价、比较投标的有关资料，和有关授予合同的信息，以及评标组织成员的名单都不应向投标人或与该过程无关的其他人泄露。招标人采取必要的措施，保证评标在严格保密的情况下进行。在投标文件的审查、澄清、评价、比较以及授予合同的过程中，投标人对招标人和评标组织其他成员施加影响的任何行为，都将导致取消投标资格。

2)投标文件的澄清。为了有助于投标文件的审查、评价和比较，评标组织在保密其成员名单的情况下，可以个别要求投标人澄清其投标文件。有关澄清的要求与答复，应以书面形式进行，但不允许更改投标报价或投标的其他实质性内容。但是按照投标须知规定校核时发现的算术错误不在此列。

3)投标文件的符合性鉴定。在详细评标之前，评标组织将首先审定每份投标文件是否在实质上响应了招标文件的要求。

评标组织在对投标文件进行符合性鉴定过程中，遇到投标文件有下列情形之一的，应确认并宣布其无效：

①无投标人公章和投标人法定代表人或其委托代理人的印鉴或签字的。

②投标文件注明的投标人在名称上和法律上与通过资格审查时不一致，且不一致明显不利于招标人或为招标文件所不允许的。

③投标人在一份投标文件中对同一招标项目报有两个或多个报价，且未书面声明以哪个报价为准的。

④未按招标文件规定的格式、要求填写，内容不全或字迹潦草、模糊，辨认不清的。对无效的投标文件，招标人将予以拒绝。

4)错误的修正。评标组织将对确定为实质上响应招标文件要求的投标文件进行校核，看其是否有计算上或累计上的算术错误。

修正错误的原则如下：

①如果用数字表示的数额与用文字表示的数额不一致，以文字数额为准。

②当单价与工程量的乘积与合价之间不一致时，通常以标出的单价为准，除非评标组

织认为有明显的小数点错位，此时应以标出的合价为准，并修改单价。

按上述修改错误的方法，调整投标书中的投标报价。经投标人确认同意后，调整后的报价对投标人起约束作用。如果投标人不接受修正后的投标报价，其投标将被拒绝，其投标保证金也将不予退还。

5)投标文件的评价与比较。评标组织将仅对按照投标须知确定为实质上响应招标文件要求的投标文件进行评价与比较。评标方法为综合评标法或经评审的最低投标价法。投标价格采用价格调整的，在评标时不应考虑执行合同期间价格变化和允许调整的规定。

(10)授予合同。这是投标须知中对授予合同问题的阐释。主要有以下几点：

1)合同授予标准。招标人将把合同授予其投标文件在实质上响应招标文件要求和按投标须知规定评选出的投标人，确定为中标的投标人必须具有实施合同的能力和资源。

2)中标通知书。确定出中标人后，在投标有效期截止前，招标人将在招标投标管理机构认同下，以书面形式通知中标的投标人其投标被接受。在中标通知书中给出招标人对中标人按合同实施、完成和维护工程的中标标价(合同条件中称为“合同价格”)，以及工期、质量和有关合同签订的日期、地点。中标通知书将成为合同的组成部分。在中标人按投标须知的规定提供了履约担保后，招标人应及时将未中标的结果通知其他投标人。

3)合同的签署。中标人按中标通知书中规定的时间和地点，由法定代表人或其授权代表前往与招标人代表进行合同签订。

4)履约担保。中标人应按规定向招标人提交履约担保。履约担保可由在中国注册的银行出具银行保函，银行保函为合同价格的5%；也可由具有独立法人资格的经济实体出具履约担保书，履约担保书为合同价格的10%(投标人可任选一种)。投标人应使用招标文件中提供的履约担保格式。如果中标人不按投标须知的规定执行，招标人将有充分的理由废除授标，并不退还其投标保证金。

2. 合同条款

招标文件中的合同条款，是招标人单方面提出的关于招标人、投标人、监理工程师等各方权利义务关系的设想和意愿，是对合同签订、履行过程中遇到的工程进度、质量、检验、支付、索赔、争议、仲裁等问题的示范性、定式性阐释。

我国目前在工程建设领域普遍推行国家住房和城乡建设部与国家工商行政管理局制定的《建设工程施工合同(示范文本)》(GF-2013-0201)(以下简称《示范文本》)，由合同协议书、通用合同条款和专用合同条款三部分组成。

(1)合同协议书。《示范文本》合同协议书共计13条，主要包括工程概况、合同工期、质量标准、签约合同价和合同价格形式、项目经理、合同文件构成、承诺以及合同生效条件等重要内容，集中约定了合同当事人基本的合同权利和义务。

(2)通用合同条款。通用合同条款是合同当事人根据《建筑法》《中华人民共和国合同法》(以下简称《合同法》)等法律法规的规定，就工程建设的实施及相关事项，对合同当事人的权利义务作出的原则性约定。

通用合同条款共计20条，具体条款分别为：一般约定、发包人、承包人、监理人、工程质量、安全文明施工与环境保护、工期和进度、材料与设备、试验与检验、变更、价格调整、合同价格、计量与支付、验收和工程试车、竣工结算、缺陷责任与保修、违约、不可抗力、保险、索赔和争议解决。前述条款安排既考虑了现行法律法规对工程建设的有关要求，也考虑了建设工程施工管理的特殊需要。

(3)专用合同条款。专用合同条款是对通用合同条款原则性约定的细化、完善、补充、修改或另行约定的条款。合同当事人可以根据不同建设工程的特点及具体情况，通过双方的谈判、协商对相应的专用合同条款进行修改补充。在使用专用合同条款时，应注意以下事项：

1)专用合同条款的编号应与相应的通用合同条款的编号一致。

2)合同当事人可以通过对专用合同条款的修改，满足具体建设工程的特殊要求，避免直接修改通用合同条款。

3)在专用合同条款中有横道线的地方，合同当事人可针对相应的通用合同条款进行细化、完善、补充、修改或另行约定；如无细化、完善、补充、修改或另行约定，则填写“无”或划“/”。

《示范文本》为非强制性使用文本。《示范文本》适用于房屋建筑工程、土木工程、线路管道和设备安装工程、装修工程等建设工程的施工承发包活动。合同当事人可结合建设工程具体情况，根据《示范文本》订立合同，并按照法律法规规定和合同约定承担相应的法律责任及合同权利和义务。

3. 合同格式

合同格式是招标人在招标文件中拟定好的具体格式，以便于定标后由招标人与中标人达成一致协议后签署。投标人投标时不填写。

招标文件中的合同格式，主要有合同协议书格式、质量保修格式、投标保函格式、承包人履约保函格式、发包人支付保函格式等。

4. 工程建设标准

工程建设标准指对基本建设中各类工程的勘察、规划、设计、施工、安装、验收等需要协调统一的事项所制定的标准。招标文件中的工程建设标准，反映招标人对工程项目的技术要求，通常分为工程现场条件和本工程采用的技术规范两大部分。

(1)工程现场条件。主要包括现场环境、地形、地貌、地质、水文、地震烈度、气温、雨雪量、风向、风力等自然条件，与工程范围、建设用地面积、建筑物占地面积、场地拆迁及平整情况、施工用水、用电、工地内外交通、环保、安全防护设施及有关勘探资料等施工条件。

(2)本工程采用的技术规范。招标文件中应明确招标工程项目的材料设备、施工须达到的一些现行国家、地方和行业的工程建设标准、规范的要求，包括工程测量规范、施工质量验收规范等。除此之外，还应列出特殊项目的施工工艺标准和要求。对工程的技术规范，招标文件要结合工程的具体环境和要求，写明已选定的适用于本工程的技术规范，列出编制规范的部门和名称。技术规范体现了设计要求，应注意对工程每一部位的材料和工艺提出明确要求，对计量要求作出明确规定。

5. 图纸

招标文件中的图纸，不仅是投标人拟定施工方案、确定施工方法、提出替代方案、计算投标报价必不可少的资料，也是工程合同的组成部分。

一般来说，图纸的详细程度取决于设计的深度和发包承包方式。招标文件中的图纸越详细，越能使投标人比较准确地计算报价。图纸中所提供的地质钻孔柱状图、探坑展视图及水文气象资料等，均为投标人的参考资料。招标人应对这些资料的正确性负责，而投标人根据这些资料做出的分析与判断，招标人则不负责任。图纸的基本要求如下：

(1)实行扩初设计图纸招标的或其他特定情况，应事先经过招标投标监督管理机构的认可，且应在合同条款中对有关的计量、计价、支付和变更条款进行有针对性的约定。

(2)图纸清单应列明图纸编号、图纸名称、版本及出图日期等。

(3)招标文件报备时，可根据具体工程情况，由招标投标监督管理机构决定是否需要报送全套图纸或出示施工图已经过市规委审查的有关证明文件。

(4)招标文件发出时，必须同时发出全套招标图纸。

6. 工程量清单

对于采用综合单价或工程量清单计价招标的工程应附工程量清单表。招标工程量清单为投标人的投标竞争提供了一个平等和共同的基础。工程量清单将要求投标人完成的工程项目及其相应工程实体数量全部列出，为投标人提供拟建工程的基本内容、实体数量和质量要求等信息。这使所有投标人所掌握的信息相同，受到的待遇是客观、公正和公平的。

招标文件中的工程量清单应由工程量清单说明和工程量清单表组成。

工程量清单的说明一般包括以下几项：

(1)工程量清单应与投标须知、合同条件、合同协议条款、技术规范和图纸一起使用。

(2)工程量清单所列的工程量是招标人估算的和临时的，作为投标报价的共同基础。付款以实际完成的工程量为依据。由承包人计量、监理工程师核准实际完成的工作量。

(3)工程量清单中所填入的单价和合价，应包括人工费、材料费、机械费、企业管理费、规费、有关文件规定的调价、利润、税金和现行取费中的有关费用、材料的差价，以及用固定价格的工程所测算的风险金等全部费用。

(4)工程量清单中的每一单项均需填写单价和合价，对没有填写单价或合价的项目的费用，应视为已包括在工程量清单的其他单价或合价之中。

(5)工程量清单不再重复或概括工程及材料的一般说明，在编制和填写工程量清单的每一项的单价和合价时应参考投标须知和合同文件的有关条款。

(6)所有报价应以人民币计价。

工程量清单表应由分部分项工程量清单、措施项目清单和其他项目清单三部分组成。招标文件中应按统一格式提供工程量清单。

分部分项工程量清单是表明拟建工程的全部分项实体工程名称和相应数量的清单；措施项目清单是为完成分项实体工程而必须采取的一些措施性的清单；其他项目清单是招标人提出的一些与拟建工程有关的特殊要求的项目清单。

措施项目清单有通用项目清单和专业项目清单：通用项目 11 条；建筑工程项目 1 条；装饰装修工程项目 2 条；安装工程项目 14 条；市政工程项目 7 条。通用项目清单主要有安全文明施工、临时设施、二次搬运、模板及脚手架等。专业项目清单根据各专业的要求列项。其他项目清单主要有预留金、材料购置费、总承包服务费和零星工作服务费四项清单。

措施项目清单和其他项目清单根据设计要求列项。在三部分清单项目中，主要是分部分项工程量清单。

7. 投标文件投标函部分格式

招标人在招标文件中，要对投标文件提出明确要求，并拟定投标文件的参考格式，供投标人投标时填写。投标函格式主要包括法定代表人身份证明书、投标文件签署权委托书、投标函、投标函附录以及招标文件要求投标人提交的其他投标资料等。

8. 投标文件商务部分格式

投标文件商务部分格式是指招标人要求投标人在投标文件的报价部分采用的格式。根据《建筑工程施工发包与承包计价管理办法》的规定，全部使用国有资金投资或者以国有资金投资为主的建筑工程（以下简称国有资金投资的建筑工程），应当采用工程量清单计价；非国有资金投资的建筑工程，鼓励采用工程量清单计价。

采用工程量清单计价形式的，应包括投标报价说明、投标报价汇总表、主要材料清单报价表、设备清单报价表、工程量清单报价表、措施项目报价表、其他项目报价表、工程量清单项目价格计算表和其他资料。

国有资金投资的建筑工程招标的，应当设有最高投标限价；非国有资金投资的建筑工程招标的，可以设有最高投标限价或者招标标底。

最高投标限价应当依据工程量清单、工程计价有关规定和市场价格信息等编制。招标人设有最高投标限价的，应当在招标时公布最高投标限价的总价，以及各单位工程的分部分项工程费、措施项目费、其他项目费、规费和税金。招标标底应当依据工程计价有关规定和市场价格信息等编制。投标报价不得低于工程成本，不得高于最高投标限价。

9. 投标文件技术部分格式

投标文件技术部分格式的内容应包括施工组织设计、项目管理机构配备情况、拟分包项目情况表等。

(1)施工组织设计。投标人须按招标文件要求编制施工组织设计，通用施工组织设计应包括以下内容：

1)施工部署：施工程序总体设想及施工段划分。

2)施工平面布置和临时设施布置。

3)施工进度计划和各阶段进度的管理计划。

4)劳动力投入计划及其管理计划。

5)机械设备、办公设备及检测设备投入计划。

6)施工的重点、难点、关键技术、工艺分析及解决方案。

7)针对设计图纸、工程量清单及施工管理的合理化建议。

8)质量管理计划（应有保证实现质量目标的可靠措施）。

9)职业健康安全与环境施工管理计划。

10)新技术应用计划（应针对建筑业10项新技术应用来编制）。

另外，施工组织设计应包括相关图表，例如拟投入的主要施工机械设备表、劳动力计划表、计划开、竣工日期和施工进度网络图、施工总平面图、临时用地表等。

(2)项目管理机构配备情况。主要包括项目部组织机构和人员分工情况、各岗位职责等，包括项目经理、技术负责人和现场管理人员的资格证明（相应的建造师、高级工程师、施工员、质量员、安全员、材料员、资料员等资格证书）。

(3)拟分包项目情况表。应用表格的形式说明拟分包项目的分包人、分包资质等级、预计造价等信息。

10. 资格审查申请书格式

对于采用资格后审的招标工程，招标文件中应列有资格审查申请书说明要求和有关表格要求。资格审查申请书包括资格审查申请书文件和资格审查申请书附表两部分。

(1)资格审查申请书文件主要包括：企业法人营业执照、组织机构代码证、税务登记证、行业资质证书、生产经营许可证、安全生产许可证、近两年企业获得的荣誉、其他文件、资料、证书等。

(2)资格审查申请书附表主要包括：申请人基本情况表、近两年财务状况表、近两年完成的类项目情况表、正在施工的和新承接的项目情况表、近两年发生的诉讼及仲裁情况表、其他材料表等。

在资格审查时，当资格审查申请文件出现下列情形之一的，可以作为无效资格审查申请文件：

(1)资格审查申请文件应加盖而未加盖申请人印章的。

(2)资格审查申请文件的关键内容字迹模糊不清、无法辨认的。

(3)申请人未按资格审查申请文件规定的格式填写的。

(4)相关证件过期或未正常年检(年审)的。

(5)相关申请文件、资料虚假的。

(6)不认同或不能满足招标人相关要求的。

3.2.2 建设工程招标控制价的编制

1. 招标控制价的概念

招标控制价是招标人根据国家或省级、行业建设主管部门颁发的有关计价依据和办法，以及拟定的招标文件和招标工程量清单，结合工程具体情况编制的招标工程的最高投标限价。国有资金投资的工程建设项目应实行工程量清单招标，并应编制招标控制价。

2. 招标控制价的作用

对设置招标控制价的招标工程，招标控制价是招标人的最高投标限价，对工程招标阶段的工作有以下作用：

(1)招标人有效控制项目投资，防止恶性投标带来的投资风险。

(2)增强招标过程的透明度，有利于正常评标。

(3)有利于引导投标方投标报价，避免投标方无标底情况下的无序竞争。

(4)招标控制价反映的是社会平均水平，为招标人判断最低投标价是否低于成本提供参考依据。

(5)可为工程变更新增项目确定单价提供计算依据。

(6)作为评标的参考依据，避免出现较大偏离。

(7)投标人根据自己的企业实力、施工方案等报价，不必揣测招标人的标底，提高了市场交易效率。

(8)减少了投标人的交易成本，使投标人不必花费人力、财力去套取招标人的标底。

(9)招标人把工程投资控制在招标控制价范围内，提高了交易成功的可能性。

因此，招标控制价必须以严肃认真的态度和科学的方法进行编制，应当实事求是，综合考虑和体现发包方和承包方的利益。编制切实可行的招标控制价，真正发挥招标控制价的作用，严格衡量和审定投标人的投标报价，是工程招标工作能否达到预期目标的关键。

3. 招标控制价的编制原则

招标控制价应当参考国务院和省、自治区、直辖市人民政府建设行政主管部门制定的工程造价计价办法和计价依据以及其他有关规定，根据市场价格信息，由招标单位或委托有相应资质的招标代理机构和工程造价咨询单位以及监理单位等中介组织进行编制。招标控制价编制人员应严格按照国家的有关政策、规定，科学公正地编制，应当实事求是、综合考虑和体现招标人和投标人的利益。

编制标底应遵循下列原则：

(1)我国对国有资金投资项目的投资控制实行的是投资概算审批制度，国有资金投资的工程原则上不能超过批准的投资概算。因此，在工程招标发包时，当编制的招标控制价超过批准的概算时，招标人应当将其报原概算审批部门重新审核。

(2)国有资金投资的工程进行招标，根据《招标投标法》的规定，招标人可以设标底。当招标人不设标底时，为有利于客观、合理地评审投标报价和避免哄抬标价，造成国有资产流失，招标人应编制招标控制价。《中华人民共和国招标投标法实施条例》第 27 条规定：招标人可以自行决定是否编制标底。一个招标项目只能有一个标底。标底必须保密。接受委托编制标底的中介机构不得参加受托编制标底项目的投标，也不得为该项目的投标人编制投标文件或者提供咨询。招标人设有最高投标限价的，应当在招标文件中明确最高投标限价或者最高投标限价的计算方法。招标人不得规定最低投标限价。

(3)国有资金投资的工程，招标人编制并公布的招标控制价相当于招标人的采购预算，同时要求其不能超过批准的概算，因此，招标控制价是招标人在工程招标时能接受投标人报价的最高限价。国有资金中的财政性资金投资的工程在招标时还应符合《中华人民共和国政府采购法》相关条款的规定。如该法第 36 条规定："在招标采购中，出现下列情形之一的，应予废标……(三)投标人的报价均超过了采购预算，采购人不能支付的。"所有国有资金投资的工程，投标人的投标报价不能高于招标控制价，否则，其投标将被拒绝。

4. 招标控制价的编制依据

《建筑工程施工发包与承包计价管理办法》(中华人民共和国建设部令第 107 号)第 6 条规定，招标控制价编制的依据如下：

(1)《建设工程工程量清单计价规范》。

(2)国家或省级、行业建设主管部门颁发的计价定额和计价办法。

(3)建设工程设计文件及相关资料。

(4)招标文件中的工程量清单及有关要求。

(5)与建设项目相关的标准、规范、技术资料。

(6)工程造价管理机构发布的工程造价信息；工程造价信息没有发布的参照市场价。

(7)其他相关资料。主要指施工现场情况、工程特点及常规施工方案等。

按上述依据进行招标控制价编制，应注意以下事项：

(1)使用的计价标准、计价政策应是国家或省级、行业建设主管部门颁布的计价定额和相关政策规定。

(2)采用的材料价格应是工程造价管理机构通过工程造价信息发布的材料单价，工程造价信息未发布材料单价的材料，其材料价格应通过市场调查确定。

(3)国家或省级、行业建设主管部门对工程造价计价中费用或费用标准有规定的，应按规定执行。

5. 招标控制价的编制方法

招标控制价应在招标文件中注明，不应上调或下浮，招标人应将招标控制价及有关资料报送工程所在地工程造价管理机构备查。招标控制价超过批准的概算时，招标人应将其报原概算审批部门审核。投标人的投标报价高于招标控制价的，其投标应予拒绝。招标控制价的编制方法如下：

(1)分部分项工程费应根据招标文件中的分部分项工程量清单项目的特征描述及有关要求，按规定确定综合单价进行计算。综合单价中应包括招标文件中要求投标人承担的风险费用。若招标文件提供了暂估单价的材料，按暂估的单价计入综合单价。

(2)措施项目费应按招标文件中提供的措施项目清单确定，措施项目采用分部分项工程综合单价形式进行计价的工程量，应按措施项目清单中的工程量，并按规定确定综合单价。以“项”为单位的方式计价的，按规定确定除规费、税金以外的全部费用。措施项目费中的安全文明施工费应当按照国家或省级、行业建设主管部门的规定标准计价。

(3)其他项目费应按下列规定计价：

1)暂列金额。暂列金额由招标人根据工程特点，按有关计价规定进行估算确定。为保证工程施工建设的顺利实施，在编制招标控制价时应对施工过程中可能出现的各种不确定因素对工程造价的影响进行估算，列出一笔暂列金额。暂列金额可根据工程的复杂程度、设计深度、工程环境条件(包括地质、水文、气候条件等)进行估算，一般可按分部分项工程费的10%～15%作为参考。

2)暂估价。暂估价包括材料暂估价和专业工程暂估价。暂估价中的材料单价应按照工程造价管理机构发布的工程造价信息或参考市场价格确定。暂估价中的专业工程暂估价应分不同专业，按有关计价规定估算。

3)计日工。计日工包括计日工人工、材料和施工机械。在编制招标控制价时，对计日工中的人工单价和施工机械台班单价应按省级、行业建设主管部门或其授权的工程造价管理机构公布的单价计算；材料应按工程造价管理机构发布的工程造价信息中的材料单价计算，工程造价信息未发布材料单价的材料，其价格应按市场调查确定的单价计算。

4)总承包服务费。招标人应根据招标文件中列出的内容和向总承包人提出的要求，参照下列标准计算：①招标人仅要求对分包的专业工程进行总承包管理和协调时，按分包的专业工程估算造价的1.5%计算；②招标人要求对分包的专业工程进行总承包管理和协调，并同时要求提供配合服务时，根据招标文件中列出的配合服务内容和提出的要求，按分包的专业工程估算造价的3%～5%计算；③招标人自行供应材料的，按招标人供应材料价值的1%计算。

(4)招标控制价的规费和税金必须按国家或省级、行业建设主管部门的规定计算。

招标控制价编制的注意事项如下：

(1)招标控制价的作用决定了招标控制价不同于标底，无须保密。为体现招标的公平、公正，防止招标人有意抬高或压低工程造价，招标人应在招标文件中如实公布招标控制价，不得对所编制的招标控制价进行上浮或下调。招标人在招标文件中公布招标控制价时，应公布招标控制价各组成部分的详细内容，不得只公布招标控制价总价。同时，招标人应将招标控制价报工程所在地的工程造价管理机构备查。

(2)投标人经复核认为招标人公布的招标控制价未按照《建设工程工程量清单计价规范》(GB 50500—2013)的规定进行编制的，应在开标前5 d向招投标监督机构或(和)工程造价管理机构投诉。

招投标监督机构应会同工程造价管理机构对投诉进行处理，发现确有错误的，应责成招标人修改。

3.2.3 编写招标文件的注意事项

招标文件除了常规内容，业主在编制招标文件时应该重点注意以下几个方面的问题。

1. 需求分析

(1)对要招标的建筑物的特点进行分析，建筑物的规模、结构、施工难度、地理位置、周边环境等都需要分析，这是做好招标文件的第一步。

(2)对业主自身对建筑物的需求进行分析，这里主要分析时间要求、功能要求、质量要求等。

(3)业主自身的能力分析，例如是否具有建设项目的管理能力等。

2. 发包形式

招标方首先要考虑是与一个承包商签订总的施工承包合同，还是将部分专业工程划出，分别与各个专业承包商签订合同。

如果一个投资项目很大，其中，有许多复杂的专业项目，而自身的专业管理能力又不够强，则应该考虑选择总承包的形式。这样做可能会使总投资难以压下来，但是可以避免各专业之间协调配合不当，造成返工浪费、工期延误等风险。反之，若专业不多，且多为常规项目，则可以考虑由招标方直接与各专业承包商签订分包合同。这样有利于业主控制总投资。也还可以考虑以补偿给主要承包商一笔管理费的形式，将协调配合的责任转移给主要承包商。

招标方在需要对大型工程项目划分标段时要注意标段划分不宜太小，这样会增加业主的管理成本。标段大小应与承包商大小成正比的关系。

3. 保函或保证金的应用

保函或保证金是为了保证投标人能够认真投标和忠实履行合同而设置的保证措施，业主应该很好地加以利用。比较常用的有投标保函(或保证金)、履约保函(或保证金)、质量担保保函(或保证金)、材料设备供应保函(或保证金)等。

当然，根据有关规定，投标方也有权利要求招标方提供相应的工程款支付担保。但是，招标方也要注意，大量的或者高额的保函或保证金的使用，将会提高投标方的投标门槛，对投标方造成很大的资金压力，从而限制许多中小承包商的投标，也就有可能抬高中标的价格。因此，招标方应当根据工程项目的性质，例如超高、超大型建筑，工期要求紧迫，大量采用新技术、新工艺、新材料，自身的资金情况等因素，确定如何设置各种保函或保证金。

4. 选择报价形式

在我国现阶段较常采用两种报价形式，即工程量清单报价和施工图预算报价。

(1)工程量清单报价由招标方提供工程的全部工程量清单，由承包商根据自身实力、市场条件和竞争对手的情况等因素，确定各个施工项目的清单项报价，并计算措施项目费用及其他项目费用，最终形成投标报价。

目前，住房和城乡建设部在全国范围内实行《建设工程工程量清单计价规范》(GB

50500—2013)，规范执行后，国有投资都将采用这种形式。更多的涉外投资采用国际通用的FIDIC合同条款。

《建设工程工程量清单计价规范》(GB 50500—2013)及相应的工程量计算规范规定了统一的项目编码、统一的项目划分、统一的工程量计算规则和统一的计量单位，为投标方进行投标统一相同的环境。

采用这种报价形式，最大的好处就是通过清单报价方式所创造出来的市场化竞争环境，便于业主在评标时分析比较各投标报价之间的差异，可以为业主节约投资成本，也可以节约招标时间，同时也节约了承包商的投标成本。对于那些项目投资巨大、建设周期长、管理难度大、施工图纸设计深度不够而业主又希望能够尽早开工的项目特别适用。要注意，采用这种报价形式，也一定要向承包商提供施工图纸。这样承包商才能够编制出有针对性的施工组织设计和技术方案，同时，避免出现对工程量清单某些项目理解上的歧义，从而造成清单项目报价偏低或偏高，或对施工项目的技术难度估计不足。

采用工程量清单报价模式的关键在于对业主的造价能力要求提高，因为在清单环境下，招标方也要承担风险，其主要指的是招标方要对自己提供的招标书的内容承担风险，而在清单环境下，工程量清单本身如果出现问题而被投标方钻了空子，将给业主带来不利的影响。所以，如果业主本身不具备较高的造价能力或者没有造价能力，必须要雇佣有经验的中介咨询机构来帮助业主制作清单，或者代理招标。因为工程量清单本身的制作就需要较高的综合能力(造价、施工技术等)，例如，清单项目如何划分比较有利于报价，有利于结算；清单项目的描述应该如何做，才能减少投标方理解难度，同时最大限度地体现业主要求，保护业主的利益。这些都需要投资方思考。

(2)施工图预算报价是由业主提供发包工程的设计文件和施工图纸等资料，并在招标文件中给出明确的施工范围和报价口径，由投标人自行计算全部施工项目的工程量，确定单价，综合考虑各种可能出现的情况，计算出全部费用，形成投标报价。

5. 招标方需要对工程量承担的责任

在工程量清单环境下招标、投标，招标、投标双方分别承担工程中的风险。招标方承担工程量的风险，投标方承担价格的风险。在招标方计算工程量清单的时候，如果没有在招标文件中注明处理方式，则所有的后果由招标方来承担。

目前国外比较流行的是固定总价模式，即将清单工程量与招标图纸实际工程量之间的误差风险由承包商来承担。但是此种方式的先决条件是他们有专业测量师已做了大量工程量测算工作，在工程量基本已确定的前提下的风险已被控制在最小范围内。国内比较流行的是投标单位应该计算图纸，对于工程量的错误应该提出，招标人给以确认，按照新的工程量报价，如果不予调整，投标人应当综合考虑。

因此，招标方在编制招标文件的时候，一定要注意对工程量错误的处理方式的说明，规定投标方应审核工程量，在何种情况可以在单项报价中综合考虑，在何种情况下应该向招标方提出修改。

6. 材料设备的采购供应

一般来讲，除了业主擅长的专业范围内的材料和设备，或者为了保证某些材料和设备的质量或使用效果，可以由业主提供部分材料设备外，其他材料设备均应由承包商自行采购供应。因为在大多数情况下，业主不可能得到比承包商更低的价格，还不如把这部分利润留给承包商。这样可以减少采购、卸货、交接、仓储等麻烦，还可以防止材料的超定额含量浪费问题，避免出现想节约反而浪费的情况发生。

业主可以通过在合同中设置约束性条款，如材料设备的采购需经业主方认可质量和价格，要有合格证、质保书等要求，来对承包商使用的材料设备进行控制。

7. 对质量、工期的要求和奖罚

业主应该根据项目的使用要求合理确定施工质量等级和施工工期，以免增加造价造成浪费。业主要在合同中根据确定的质量等级和工期要求，设置相应的惩罚或(奖励)条款，以约束承包商。

8. 其他费用和问题

为了控制造价，减少在施工过程中以及竣工结算时发生额外的费用和索赔，业主要在招标文件中明确要求投标人应通过设计文件、施工图纸、现场踏勘，以及对周围环境的自行调查等资料，充分了解可能发生的所有情况和一切费用，包括市政、市容、环保、交通、治安、绿化、消防、土方外运，以及水文、地质、气候、地下障碍物清除等各种影响因素和费用，各分项单列报价，并汇入总报价。

对于有关工程质量、工期、费用结算办法等主要的合同条款一定要列在招标文件中，中标后再谈容易引起争议和反复。

另外，业主在招标文件中确定的投标有效期要留有一定的余量，以免因为意外事件延期而给招标工作造成被动。

3.3 建设工程施工招标文件实例

3.3.1 招标公告实例

招 标 公 告

1. 招标条件

本招标项目____________(项目名称)已由____________(项目审批、核准或备案机关名称)以____________(批文名称及编号)批准建设，招标人(项目业主)为____________，建设资金来自____________(资金来源)，项目出资比例为____________。项目已具备招标条件，现对该项目的施工进行公开招标。

2. 项目概况与招标范围

____________[说明本招标项目的建设地点、规模、合同估算价、计划工期、招标范围、标段划分(如果有)等]。

3. 投标人资格要求

(1)本次招标要求投标人须具备____________资质，____________(类似项目描述)业绩，并在人员、设备、资金等方面具有相应的施工能力，其中，投标人拟派项目经理须具备____________专业____________级注册建造师执业资格，具备有效的安全生产考核合格证书，且未担任其他在施建设工程项目的项目经理。

(2)本次招标________(接受或不接受)联合体投标。联合体投标的，应满足下列要求：________。

(3)各投标人均可就本招标项目上述标段中的________(具体数量)个标段投标，但最多允许中标________(具体数量)个标段(适用于分标段的招标项目)。

4. 投标报名

凡有意参加投标者，请于______年______月______日至______年______月______日(法定公休日、法定节假日除外)，每日上午______时至______时，下午______时至______时(北京时间，下同)，在________(有形建筑市场/交易中心名称及地址)报名。

5. 招标文件的获取

(1)凡通过上述报名者，请于______年______月______日至______年______月______日(法定公休日、法定节假日除外)，每日上午______时至______时，下午______时至______时，在________(详细地址)持单位介绍信购买招标文件。

(2)招标文件每套售价________元，售后不退。图纸押金________元，在退还图纸时退还(不计利息)。

(3)邮购招标文件的，需另加手续费(含邮费)________元。招标人在收到单位介绍信和邮购款(含手续费)后________日内寄送。

6. 投标文件的递交

(1)投标文件递交的截止时间(投标截止时间，下同)为______年______月______日______时______分，地点为________(有形建筑市场交易中心名称及地址)。

(2)逾期送达的或者未送达指定地点的投标文件，招标人不予受理。

7. 发布公告的媒介

本次招标公告同时在________(发布公告的媒介名称)上发布。

8. 联系方式

招 标 人：________	招标代理机构：________
地 址：________	地 址：________
邮 编：________	邮 编：________
联 系 人：________	联 系 人：________
电 话：________	电 话：________
传 真：________	传 真：________
电子邮件：________	电子邮件：________
网 址：________	网 址：________
开户银行：________	开户银行：________
账 号：________	账 号：________

________年______月______日

3.3.2 ×××建设工程施工招标文件实例

封面(略)

第一章　投标须知

投标须知见表3-1。

表3-1　投标须知

工程名称			
建设地点			
联　系　人		联系电话	
		手　　机	
招标方式			
招标范围			
标段划分			
建设面积	m^2	结构类型及层数	
承包方式		工程类别	
定额工期	________天	工期要求	________天
工期提前率	________%	投标保证金	________元人民币
现场踏勘			
投标有效期	投标截止日后________日内有效		
投标文件份数	一套正本________套副本		
投标文件递交	递交地点：同以下开标地点。 地址：××省××市××路××号 接收人：________________________(招标人名称) 投标截止时间：同以下开标时间		
开　　标	时间：________年_____月_____日_____时 地点：××市建设工程交易中心二楼第____会议室		
评标办法			

一、总　　则

(一)工程概况

1. 现场施工条件

(1)建设用地面积____。

(2)场地拆迁及平整情况________________________________。

(3)施工用水、电____。

(4)有关勘探资料____。

(5)其他____。

2. 工程资金来源______________________________。

3. 工程资金落实情况______________________________。

(二)投标费用

不管投标结果如何，投标人应承担其编制投标文件与递交投标文件所涉及的一切费用。

(三)两个或两个以上投标人组成的联合体投标时，应该符合以下要求：

1. 投标人的投标文件及中标后签署的合同协议书，对联合体每一成员均构成法律约束。

2. 应该指定一家联合体成员作为主办人，由联合体各成员法定代表人签署提交一份授权书，证明其主办人资格。

3. 联合体主办人应该被授权代表所有联合体成员承担责任和接受指令。并且由联合体主办人负责整个合同的全面实施，包括只有主办人可以支付费用等。

4. 所有联合体成员应该按合同条件的规定，为实施合同共同和分别承担责任。在联合体授权书中，以及在投标文件和中标后签署的合同协议书中应该对此作相应的声明。

5. 联合体各成员之间签订的联合体协议书副本应该随投标文件一起递交。

6. 参加联合体的各成员不得再以自己的名义单独投标，也不得同时参加两个和两个以上的联合体投标。如有违反将取消该联合体及联合体各成员的投标资格。

二、招标文件

(四)招标文件的组成

1. 招标文件包括本文件及所有按第(六)条发出的修改澄清通知。

2. 投标人应认真审阅招标文件所有的内容，如果投标人的投标文件不能实质性地响应招标文件要求，责任由投标人自负。

3. 本招标文件所指的实质性要求和条件是______________________________。

(五)招标文件的澄清

1. 本工程招标文件的澄清采用下列第__________种方式：

(1)投标人在收到招标文件(含工程量清单)和踏勘现场后，若有疑问需要澄清，应于收到招标文件后__________日内(一般7天以上)以书面形式(包括书面文字、传真、电子邮件等)向招标人提出，招标人将以书面形式予以解答。

(2)投标人在收到招标文件和踏勘现场后，若有疑问需要澄清，应于收到招标文件后__________日内以书面形式(包括书面文字、传真、电子邮件等)向招标人提出，招标人将以书面形式予以解答。其中，工程量清单在投标截止前不需要投标人进行澄清和修改，工程量清单数量如有误，招标人将在发出中标通知书后进行修正。

2. 所有问题的解答，将在3日内提供给所有投标人。由此而产生的对招标文件内容的修改，以修改通知的方式发出。

(六)招标文件的修改

1. 在投标截止日期15天前，招标人都可能会以书面通知的方式修改招标文件。修改通知作为招标文件的组成部分，对投标人起同等约束作用。

2. 为使投标人在编制投标文件时把修改通知内容考虑进去，招标人可以酌情延长递交投标文件的截止日期。具体时间将在修改通知中写明，修改通知将送达每一位投标人。

3. 当招标文件、修改通知内容相互矛盾时，以最后发出的通知为准。

三、投标报价

(七)投标报价

1. 投标报价应是招标文件所确定的招标范围内的全部工作内容的价格体现。其应包括施工设备、劳务、管理、材料、安装、维护、利润、税金及政策性文件规定的各项应有费用。

2. 投标报价的计价方法按《建设工程工程量清单计价规范》(GB 50500—2013)执行。

3. 可参考的工程计价表和有关文件

(1)××省相关工程计价表(《××省建筑与装饰工程计价表》《××省建设工程工程量清单计价项目指引》等)。

(2)____。

4. 投标报价编制要求

(1)不可竞争的费用计取执行《关于××市贯彻2014年××省工程量清单计价办法的通知》(××建基字〔2014〕240号文)。

(2)____。

四、投标文件的编制

(八)投标文件的组成

1. 投标人应当按照招标文件要求编制投标文件,投标文件应对招标文件提出的实质性要求和条件做出响应。

2. 投标人的投标文件应包括下列内容:

(1)投标函。

(2)投标担保。

(3)法定代表人资格证明书。

(4)法定代表人委托代理人的委托书。

(5)投标报价(包括报价汇总表,工程量清单报价表)。

(6)辅助资料表。

(7)其他资料(如各种奖励证书或处罚决定等)。

3. 投标人应当使用投标文件第六章中所提供的文件格式填写,如不够用时,投标人可按同样格式自行编制和添补。

(九)投标担保

1. 本工程投标担保方式采用:□投标保函;□投标保证金。

2. 投标人应当按照招标文件要求的金额提交投标保函或者投标保证金。投标人可于开标前向招标人递交投标保证金,并将付款凭证或复印件放入投标文件中。

3. 投标保证金可采用但不限于以下方式:现金;支票;本票;银行汇票等。若投标人随投标文件密封提交投标保证金,银行支票应明确填写出票日期、收款人名称、付款行名称、出票人账号、保证金金额(大、小写),加盖齐全的付款人印鉴,否则该保证金无效(放入投标文件中或单独封装均可)。

4. 投标人若提交第三方出具的投标担保(除现金外),必须同时提供第三方同意出具担保的证明材料,否则视为无效。

(十)勘查现场

1. 投标人可以对工程施工现场和周围环境进行勘察，以获取编制投标文件和签署合同所需的所有资料。勘查现场所发生的费用由投标人承担。

2. 招标人向投标人提供的有关施工现场的资料和数据是招标人现有的能使投标人利用的资料。招标人对投标人由此而做出的推论、理解和结论概不负责。

(十一)投标文件的份数和签署

1. 投标人必须编制一份投标文件“正本”和前附表所要求份数的“副本”，并明确标明“正本”和“副本”。投标文件正本和副本如有不一致之处，以正本为准。

2. 投标文件正本与副本均应使用不能擦去的墨水书写或打印，由投标人加盖公章和法定代表人或法定代表人委托的代理人印鉴或签字。

3. 全套投标文件应无涂改和行间插字，除非这些删改是根据招标人的指示进行的，或者是投标人造成的必须修改的错误。修改处应由投标文件签署人加盖印鉴。

五、投标文件的递交

(十二)投标文件的密封与标志

1. 密封：投标人必须将投标文件密封提交，可将投标文件统一密封或将正本和副本分别密封。

2. 标志：投标人可在封袋上正确标明“正本”或“副本”，所有封袋上都可以写明招标人名称和工程名称以及投标人的名称。

(十三)投标截止期

1. 投标人应在投标须知中规定的时间之前将投标文件递交到指定地点。招标人在接到投标文件时将在投标文件上注明收到的日期和时间，并当面开具接受清单。

2. 招标人可以按本文件第(六)条规定以修改通知的方式，酌情延长递交投标文件的截止日期。在上述情况下，招标人与投标人以前的投标截止期方面的全部权力、责任和义务，将适用于延长后新的投标截止期。

3. 超过投标截止期送达的投标文件将被拒绝并原封退给投标人。

4. 提交投标文件的投标人少于三个的，招标人将依法重新招标。

(十四)投标文件的修改与撤回

1. 投标人可以在递交投标文件以后，在规定的投标截止期之前，以书面形式向招标人递交补充、修改、替代或撤回其投标文件的通知。在投标截止期以后，不得更改投标文件。

2. 投标人的补充、修改、替代或撤回通知，应按本文件第(十二)条规定的要求编制、密封、标志和递交，密封袋上应标明“补充”“修改”“替代”或“撤回”字样。

3. 投标截止以后，在投标有效期内，投标人不得撤回投标文件，否则其投标保证金将被没收。

六、开标

(十五)开标

1. 开标由招标人主持，邀请所有投标人参加。

2. 开标时，由投标人推选的代表或招标人委托的公证机构检查投标文件的密封情况，投标文件未按照招标文件的要求予以密封的，将作为无效投标文件，退回投标人。经确认无误后，由工作人员当众拆封，宣读投标人名称、投标价格和其他招标人认为有必要的内容。采用综合评分法时还将同时宣读所有投标人参与评分所报的企业及项目经理业绩内容。

3. 招标人在招标文件要求提交投标文件的截止时间前收到的所有投标文件，开标时都将当众予以拆封、宣读、记录。

4. 唱标顺序按各投标人送达投标文件时间先后的逆顺序进行。

5. 投标文件有下列情形之一的，招标人不予受理：

(1)逾期送达的或者未送达指定地点的。

(2)未按招标文件要求密封的。

投标文件有下列情形之一的，由评标委员会初审后按废标处理：

(1)无单位盖章并无法定代表人或法定代表人授权的代理人签字或盖章的。

(2)未按规定的格式填写，内容不全或关键字迹模糊、无法辨认的。

(3)投标人递交两份或多份内容不同的投标文件，或在一份投标文件中对同一招标项目报有两个或多个报价，且未声明哪一个有效，按招标文件规定提交备选投标方案的除外。

(4)投标人名称或组织结构与资格预审时不一致的。

(5)未按招标文件要求提交投标保证金的。

(6)联合体投标未附联合体各方共同投标协议的。

七、评标

(十六)评标

1. 评标活动

(1)评标活动在有关行政监督管理部门的监督下，由评标委员会组织进行。

(2)评标委员会由招标人负责组建，评标委员会的专家成员将从《××省房屋建筑和市政基础设施工程招标投标评标专家名册》中采用电脑随机抽签方式确定。

2. 本工程采用下列第__________种方式进行评标。

(1)经评审的最低投标价法：是指在投标文件能够满足招标文件实质性要求的投标人中，评审出投标价格最低的投标人，但投标价格低于其企业成本的除外。

(2)综合评估法：是指对投标文件提出的工程质量、施工工期、投标价格、施工组织设计或者施工方案、投标人及项目经理业绩等，能否最大限度地满足招标文件中规定的各项要求和评价标准进行评审和比较，择优选定中标单位。

具体采用：综合评估法。

具体细则为：(具体评标细则)。

(十七)投标文件的澄清

1. 为了有助于投标文件的审查、评价和比较，评标委员会可以书面方式要求投标人对投标文件中含义不明确、对同类问题表述不一致或者有明显文字和计算错误的内容作必要的澄清、说明或者补正。投标人的澄清、说明或者补正应以书面方式进行并不得超出投标文件的范围或者改变投标文件的实质性内容。

2. 评标委员会在对实质上响应招标文件要求的投标进行报价评估时，除招标文件另有约定外，将按下述原则进行修正：

(1)用数字表示的数额与用文字表示的数额不一致时，以文字数额为准。

(2)单价与工程量的乘积与总价之间不一致时，以单价为准。若单价有明显的小数点错位，应以总价为准，并修改单价。

按前款规定调整后的报价经投标人确认后产生约束力。

投标文件中没有列入的价格和优惠条件在评标时不予考虑。

(十八)在评标过程中，评标委员会若发现投标人以他人的名义投标、串通投标、以行贿手段谋取中标或者以其他弄虚作假方式投标的，该投标人的投标将作废标处理。

(十九)在评标过程中，评标委员会若发现投标人的报价明显低于其他投标报价或者在设有标底时明显低于标底，使得其投标报价可能低于其个别成本的，将要求该投标人做出书面说明并提供相关证明材料。投标人不能合理说明或者不能提供相关证明材料的，由评标委员会认定该投标人以低于成本报价竞标，其投标将作废标处理。

(二十)投标人资格条件不符合国家有关规定和招标文件要求的，或者拒不按照要求对投标文件进行澄清、说明或者补正的，评标委员会可以否决其投标。

(二十一)评标委员会将审查每一投标文件是否对招标文件提出的所有实质性要求和条件做出响应。未能在实质上响应的投标，将作废标处理。

(二十二)投标文件有下述情形之一的，属于重大偏差，视为未能对招标文件做出实质性响应，并按前条规定作废标处理：

1. 没有按照招标文件要求提供投标担保或者所提供的投标担保有瑕疵。

2. 提交的投标文件正、副本份数不符合招标文件要求的。

3. 投标文件载明的招标项目完成期限超过招标文件规定的期限。

4. 明显不符合技术规格、技术标准的要求。

5. 投标文件载明的检验标准和方法等不符合招标文件的要求或已被废止的。

6. 投标文件附有招标人不能接受的条件。

7. 投标人资质、投标的项目经理及主要技术负责人等在通过资格预审后发生实质性变化的。

8. 不符合招标文件中规定的其他实质性要求的[本招标文件第(四)条第3款]。

9. 其他：____________________。

评标委员会根据规定否决不合格投标或者界定为废标后，因有效投标不足三个使得投标明显缺乏竞争的，评标委员会可以否决全部投标。所有投标被否决的，招标人依法重新招标。

(二十三)评标和定标将在投标有效期结束日30个工作日前完成。不能在投标有效期结束日30个工作日前完成评标和定标的，招标人将通知所有投标人延长投标有效期。拒绝延长投标有效期的投标人有权收回投标保证金。同意延长投标有效期的投标人应当相应延长其投标担保的有效期，但不得修改投标文件的实质性内容。因延长投标有效期造成投标人损失的，招标人将给予补偿，但因不可抗力需延长投标有效期的除外。

八、授予合同

(二十四)中标

1. 确定中标单位后，招标人将在南京市建设工程信息网和南京市建设工程交易中心进行中标公示，公示两个工作日，如无异议，招标人向中标单位发出中标通知书，并同时将中标结果通知所有未中标的投标人。中标通知书将成为合同的组成部分。

2. 中标单位收到中标通知书后，应在30日内与招标人签订施工合同。中标人不与招标人订立合同的，投标保证金不予退还并取消其中标资格，给招标人造成的损失超过投标保证金数额的，应当对超过部分予以赔偿；没有提交投标保证金的，应当对招标人的损失承担赔偿责任。

(二十五)合同签订

1. 招标人与中标人将根据《中华人民共和国合同法》的规定，依据招标文件和投标文件签订施工合同。

2. 施工合同签订前，中标人必须向招标人提交合同总价__________%的银行保函或合同总价__________%的由具有独立法人资格的经济实体企业出具的履约担保书，作为履约保证金，共同地和分别地承担责任；同时，招标人将向中标人提供合同总价__________%的银行保函作为工程款支付担保。

3. 招标人与中标单位签订合同后5日内，招标人将向中标人和未中标人退还投标保证金。

第二章　合　　同

第一部分　协议书格式

发包人(全称)：______________________________

承包人(全称)：______________________________

根据《中华人民共和国合同法》《中华人民共和国建筑法》及有关法律规定，遵循平等、自愿、公平和诚实信用的原则，双方就____工程施工及有关事项协商一致，共同达成如下协议。

一、工程概况

1. 工程名称：______________________________。

2. 工程地点：______________________________。

3. 工程立项批准文号：______________________________。

4. 资金来源：______________________________。

5. 工程内容：______________________________。

群体工程应附《承包人承揽工程项目一览表》(附件1)。

6. 工程承包范围：

____。

二、合同工期

计划开工日期：__________年______月______日。

计划竣工日期：__________年______月______日。

工期总日历天数：_____________天。工期总日历天数与根据前述计划开竣工日期计算的工期天数不一致的，以工期总日历天数为准。

三、质量标准

工程质量符合______________________________标准。

四、签约合同价与合同价格形式

1. 签约合同价为：

人民币(大写)________________(¥____________元)。

其中：

(1)安全文明施工费：

人民币(大写)________________(¥____________元)。

(2)材料和工程设备暂估价金额：

人民币(大写)________________(¥____________元)。

(3)专业工程暂估价金额：

人民币(大写)________________(¥____________元)。

(4)暂列金额：

人民币(大写)________________(¥____________元)。

2. 合同价格形式：____________________________。

五、项目经理

承包人项目经理：__________________________。

六、合同文件构成

本协议书与下列文件一起构成合同文件：

(1)中标通知书(如果有)；

(2)投标函及其附录(如果有)；

(3)专用合同条款及其附件；

(4)通用合同条款；

(5)技术标准和要求；

(6)图纸；

(7)已标价工程量清单或预算书；

(8)其他合同文件。

在合同订立及履行过程中形成的与合同有关的文件均构成合同文件组成部分。

上述各项合同文件包括合同当事人就该项合同文件所做出的补充和修改，属于同一类内容的文件，应以最新签署的为准。专用合同条款及其附件须经合同当事人签字或盖章。

七、承诺

1. 发包人承诺按照法律规定履行项目审批手续、筹集工程建设资金并按照合同约定的期限和方式支付合同价款。

2. 承包人承诺按照法律规定及合同约定组织完成工程施工，确保工程质量和安全，不进行转包及违法分包，并在缺陷责任期及保修期内承担相应的工程维修责任。

3. 发包人和承包人通过招标投标形式签订合同的，双方理解并承诺不再就同一工程另行签订与合同实质性内容相背离的协议。

八、词语含义

本协议书中词语含义与第二部分通用合同条款中赋予的含义相同。

九、签订时间

本合同于__________年_____月_____日签订。

十、签订地点

本合同在____签订。

十一、补充协议

合同未尽事宜，合同当事人另行签订补充协议，补充协议是合同的组成部分。

十二、合同生效

本合同自____生效。

十三、合同份数

本合同一式__________份，均具有同等法律效力，发包人执__________份，承包人执__________份。

发包人：（公章）

法定代表人或其委托代理人：

（签字）

组织机构代码：____________________

地　　　址：____________________

邮 政 编 码：____________________

法定代表人：____________________

委托代理人：____________________

电　　　话：____________________

传　　　真：____________________

电 子 信 箱：____________________

开 户 银 行：____________________

账　　　号：____________________

承包人：（公章）

法定代表人或其委托代理人：

（签字）

组织机构代码：____________________

地　　　址：____________________

邮 政 编 码：____________________

法定代表人：____________________

委托代理人：____________________

电　　　话：____________________

传　　　真：____________________

电 子 信 箱：____________________

开 户 银 行：____________________

账　　　号：____________________

第二部分　通用条款

此部分采用《建设工程施工合同（示范文本）》（GF-2013-0201）中《第二部分　通用条款》。

第三部分　专用条款

此部分采用《建设工程施工合同（示范文本）》（GF-2013-0201）中《第三部分　专用条款》的统一格式。

附件1（表3-2）：

表3-2　承包人承揽工程项目一览表

单位工程名称	建设规模	建筑面积/m^2	结构形式	层数	生产能力	设备安装内容	合同价格/元	开工日期	竣工日期

附件 2(表 3-3)：

表 3-3　发包人供应材料设备一览表

序号	材料设备品种	规格型号	单位	数量	单价	质量等级	供应时间	送达地点	备注

附件 3：

工程质量保修书

发包人(全称)：________________________________

承包人(全称)：________________________________

发包人和承包人根据《中华人民共和国建筑法》和《建设工程质量管理条例》，经协商一致就________________(工程全称)签订工程质量保修书。

一、工程质量保修范围和内容

承包人在质量保修期内，按照有关法律规定和合同约定，承担工程质量保修责任。

质量保修范围包括地基基础工程、主体结构工程、屋面防水工程、有防水要求的卫生间、房间和外墙面的防渗漏、供热与供冷系统、电气管线、给排水管道、设备安装和装修工程以及双方约定的其他项目。具体保修的内容，双方约定如下：

____

____

____。

二、质量保修期

根据《建设工程质量管理条例》及有关规定，工程的质量保修期如下：

1. 地基基础工程和主体结构工程为设计文件规定的工程合理使用年限。
2. 屋面防水工程、有防水要求的卫生间、房间和外墙面的防渗为________年。
3. 装修工程为________年。
4. 电气管线、给排水管道、设备安装工程为________年。
5. 供热与供冷系统为________个采暖期、供冷期。
6. 住宅小区内的给排水设施、道路等配套工程为________年。
7. 其他项目保修期限约定如下：

____

____

____

____。

质量保修期自工程竣工验收合格之日起计算。

三、缺陷责任期

工程缺陷责任期为＿＿＿＿个月，缺陷责任期自工程竣工验收合格之日起计算。单位工程先于全部工程进行验收，单位工程缺陷责任期自单位工程验收合格之日起算。

缺陷责任期终止后，发包人应退还剩余的质量保证金。

四、质量保修责任

1. 属于保修范围、内容的项目，承包人应当在接到保修通知之日起7天内派人保修。承包人不在约定期限内派人保修的，发包人可以委托他人修理。

2. 发生紧急事故需抢修的，承包人在接到事故通知后，应当立即到达事故现场抢修。

3. 对于涉及结构安全的质量问题，应当按照《建设工程质量管理条例》的规定，立即向当地建设行政主管部门和有关部门报告，采取安全防范措施，并由原设计人或者具有相应资质等级的设计人提出保修方案，承包人实施保修。

4. 质量保修完成后，由发包人组织验收。

五、保修费用

保修费用由造成质量缺陷的责任方承担。

六、双方约定的其他工程质量保修事项

＿＿＿＿＿＿＿＿＿＿＿＿＿＿＿＿＿＿＿＿＿＿＿＿＿＿＿＿＿＿

＿＿＿＿＿＿＿＿＿＿＿＿＿＿＿＿＿＿＿＿＿＿＿＿＿＿＿＿＿＿

＿＿＿＿＿＿＿＿＿＿＿＿＿＿＿＿＿＿＿＿＿＿＿＿＿＿＿＿＿。

工程质量保修书由发包人、承包人在工程竣工验收前共同签署，作为施工合同附件，其有效期限至保修期满。

发包人(公章)：＿＿＿＿＿＿	承包人(公章)：＿＿＿＿＿＿
地　址：＿＿＿＿＿＿	地　址：＿＿＿＿＿＿
法定代表人(签字)：＿＿＿＿＿＿	法定代表人(签字)：＿＿＿＿＿＿
委托代理人(签字)：＿＿＿＿＿＿	委托代理人(签字)：＿＿＿＿＿＿
电　话：＿＿＿＿＿＿	电　话：＿＿＿＿＿＿
传　真：＿＿＿＿＿＿	传　真：＿＿＿＿＿＿
开户银行：＿＿＿＿＿＿	开户银行：＿＿＿＿＿＿
账　号：＿＿＿＿＿＿	账　号：＿＿＿＿＿＿
邮政编码：＿＿＿＿＿＿	邮政编码：＿＿＿＿＿＿

附件4(表3-4)：

表3-4　主要建设工程文件目录

文件名称	套数	费用/元	质量	移交时间	责任人

附件5(表3-5):

表3-5 承包人用于本工程施工的机械设备表

序号	机械或设备名称	规格型号	数量	产地	制造年份	额定功率/kW	生产能力	备注

附件6(表3-6):

表3-6 承包人主要施工管理人员表

名称	姓名	职务	职称	主要资历、经验及承担过的项目
一、总部人员				
项目主管				
其他人员				
二、现场人员				
项目经理				
项目副经理				
技术负责人				
造价管理				
质量管理				
材料管理				
计划管理				
安全管理				
其他人员				

附件7(表3-7):

表3-7 分包人主要施工管理人员表

名称	姓名	职务	职称	主要资历、经验及承担过的项目
一、总部人员				
项目主管				
其他人员				

续表

名称	姓名	职务	职称	主要资历、经验及承担过的项目
二、现场人员				
项目经理				
项目副经理				
技术负责人				
造价管理				
质量管理				
材料管理				
计划管理				
安全管理				
其他人员				

附件8：

履约担保

______________________________（发包人名称）：

鉴于______________________________（发包人名称，以下简称“发包人”）与____________________（承包人名称，以下称“承包人”）于________年______月______日就______________________________（工程名称）施工及有关事项协商一致共同签订《建设工程施工合同》。我方愿意无条件地、不可撤销地就承包人履行与你方签订的合同，向你方提供连带责任担保。

1. 担保金额人民币（大写）____________________元（￥____________________）。

2. 担保有效期自你方与承包人签订的合同生效之日起至你方签发或应签发工程接收证书之日止。

3. 在本担保有效期内，因承包人违反合同约定的义务给你方造成经济损失时，我方在收到你方以书面形式提出的在担保金额内的赔偿要求后，在7天内无条件支付。

4. 你方和承包人按合同约定变更合同时，我方承担本担保规定的义务不变。

5. 因本保函发生的纠纷，可由双方协商解决。协商不成的，任何一方均可提请仲裁委员会仲裁。

6. 本保函自我方法定代表人（或其授权代理人）签字并加盖公章之日起生效。

担 保 人：______________________________（盖单位章）

法定代表人或其委托代理人：____________________（签字）

地 址：______________________________

邮政编码：______________________________

电　　话：______________________

传　　真：______________________

______年______月______日

附件 9：

预付款担保

______________（发包人名称）：

根据______________（承包人名称，以下称“承包人”）与______________（发包人名称，以下简称“发包人”）于______年______月______日签订的______（工程名称）《建设工程施工合同》，承包人按约定的金额向你方提交一份预付款担保，即有权得到你方支付相等金额的预付款。我方愿意就你方提供给承包人的预付款为承包人提供连带责任担保。

1. 担保金额人民币（大写）______________元（￥______________）。

2. 担保有效期自预付款支付给承包人起生效，至你方签发的进度款支付证书说明已完全扣清止。

3. 在本保函有效期内，因承包人违反合同约定的义务而要求收回预付款时，我方在收到你方的书面通知后，在 7 天内无条件支付。但本保函的担保金额，在任何时候不应超过预付款金额减去你方按合同约定在向承包人签发的进度款支付证书中扣除的金额。

4. 你方和承包人按合同约定变更合同时，我方承担本保函规定的义务不变。

5. 因本保函发生的纠纷，可由双方协商解决，协商不成的，任何一方均可提请仲裁委员会仲裁。

6. 本保函自我方法定代表人（或其授权代理人）签字并加盖公章之日起生效。

担 保 人：______________________（盖单位章）

法定代表人或其委托代理人：______________（签字）

地　　址：______________________

邮政编码：______________________

电　　话：______________________

传　　真：______________________

______年______月______日

附件 10：

支付担保

______________（承包人）：

鉴于你方作为承包人已经与______________（发包人名称，以下称“发包人”）于______年______月______日签订了______________（工程名称）《建设工程施工合同》(以下称“主合同”)，应发包人的申请，我方愿就发包人履行主合同约定的工程款支付义务以保证的方式向你方提供如下担保：

一、保证的范围及保证金额

1. 我方的保证范围是主合同约定的工程款。

2. 本保函所称主合同约定的工程款是指主合同约定的除工程质量保证金以外的合同价款。

3. 我方保证的金额是主合同约定的工程款的____________%，数额最高不超过人民币____________元(大写：______________)。

二、保证的方式及保证期间

1. 我方保证的方式为：连带责任保证。

2. 我方保证的期间为：自本合同生效之日起至主合同约定的工程款支付完毕之日后__________日内。

3. 你方与发包人协议变更工程款支付日期的，经我方书面同意后，保证期间按照变更后的支付日期做相应调整。

三、承担保证责任的形式

我方承担保证责任的形式是代为支付。发包人未按主合同约定向你方支付工程款的，由我方在保证金额内代为支付。

四、代偿的安排

1. 你方要求我方承担保证责任的，应向我方发出书面索赔通知及发包人未支付主合同约定工程款的证明材料。索赔通知应写明要求索赔的金额，支付款项应到达的账号。

2. 在出现你方与发包人因工程质量发生争议，发包人拒绝向你方支付工程款的情形时，你方要求我方履行保证责任代为支付的，需提供符合相应条件要求的工程质量检测机构出具的质量说明材料。

3. 我方收到你方的书面索赔通知及相应的证明材料后7 d内无条件支付。

五、保证责任的解除

1. 在本保函承诺的保证期间内，你方未书面向我方主张保证责任的，自保证期间届满次日起，我方保证责任解除。

2. 发包人按主合同约定履行了工程款的全部支付义务的，自本保函承诺的保证期间届满次日起，我方保证责任解除。

3. 我方按照本保函向你方履行保证责任所支付金额达到本保函保证金额时，自我方向你方支付(支付款项从我方账户划出)之日起，保证责任即解除。

4. 按照法律法规的规定或出现应解除我方保证责任的其他情形的，我方在本保函项下的保证责任亦解除。

5. 我方解除保证责任后，你方应自我方保证责任解除之日起____________个工作日内，将本保函原件返还我方。

六、免责条款

1. 因你方违约致使发包人不能履行义务的，我方不承担保证责任。

2. 依照法律法规的规定或你方与发包人的另行约定，免除发包人部分或全部义务的，我方亦免除其相应的保证责任。

3. 你方与发包人协议变更主合同的，如加重发包人责任致使我方保证责任加重的，需征得我方书面同意，否则我方不再承担因此而加重部分的保证责任，但主合同第10条〔变更〕约定的变更不受本款限制。

4. 因不可抗力造成发包人不能履行义务的，我方不承担保证责任。

七、争议解决

因本保函或本保函相关事项发生的纠纷，可由双方协商解决。协商不成的，按下列第______种方式解决：

(1)向______________________________仲裁委员会申请仲裁；

(2)向______________________________人民法院起诉。

八、保函的生效

本保函自我方法定代表人(或其授权代理人)签字并加盖公章之日起生效。

担 保 人：______________________(盖章)

法定代表人或委托代理人：____________________(签字)

地　　址：______________________

邮政编码：______________________

传　　真：______________________

__________年__________月__________日

附件11(表3-8～表3-10)：

表3-8　材料暂估价表

序号	名称	单位	数量	单价/元	合价/元	备注

表3-9　工程设备暂估价表

序号	名称	单位	数量	单价/元	合价/元	备注

表3-10　专业工程暂估价表

序号	名称	单位	数量	单价/元	合价/元	备注

第三章 计价规范和技术规范

一、本工程采用的计价规范

《建设工程工程量清单计价规范》(GB 50500—2013)

二、本工程采用的主要技术规范

《建筑工程施工质量验收统一标准》(GB 50300—2013)

1. 地基基础：

(1)《建筑地基基础工程施工质量验收规范》(GB 50202—2002)；

(2)《建筑桩基技术规范》(JGJ 94—2008)；

(3)《建筑基坑支护技术规程》(JGJ 120—2012)；

(4)____。

2. 混凝土结构工程：

(1)《混凝土结构工程施工质量验收规范》(GB 50204—2015)；

(2)《混凝土质量控制标准》(GB 50164—2011)；

(3)____。

3. 钢结构工程：

(1)《钢结构工程施工质量验收规范》(GB 50205—2001)；

(2)____。

4. 砌体结构工程：

(1)《砌体工程施工质量验收规范》(GB 50203—2011)；

(2)____。

5. 屋面及设备安装工程：

(1)《屋面工程质量验收规范》(GB 50207—2012)；

(2)《建筑电气工程施工质量验收规范》(GB 50303—2015)；

(3)《通风与空调工程施工质量验收规范》(GB 50243—2016)；

(4)____。

6. 其他：

《建筑装饰装修工程质量验收规范》(GB 50210—2001)；

………

____。

三、对材料的质量和试验要求

(1)《普通混凝土用砂、石质量及检验方法标准》(JGJ 52—2006)；

(2)《通用硅酸盐水泥》(GB 175—2007)；

………

____。

四、对施工工艺的特殊要求

第四章　工程量清单

一、封面(略)

二、填表须知

(1)工程量清单及其计价格式中所有要求签字、盖章的地方，由规定的单位和人员签字、盖章。

(2)工程量清单及其计价格式中的任何内容不得随意删除或涂改。

(3)工程量清单计价格式中列明的所有需要填报的单价和合价，投标人均应填报。未填报的单价和合价，视为此项费用已包含在工程量清单的其他单价和合价中。

(4)金额(价格)均应以____________表示。

三、总说明(表 3-11)

表 3-11　总说明

工程名称：

(本说明内容供招标人参考，招标人根据工程具体情况取舍) 建设规模 工程特征 定额工期(按省调整后的工期执行) 要求工期 工程招标范围与另行发包范围 清单编制依据 工程质量等级要求 工程取费类别 工程施工安全要求 施工供水、电情况 施工道路情况 材料堆放场地 排水、降水情况 环保要求 材料与施工特殊要求 预拌混凝土及预拌砂浆要求 招标人自行采购材料、设备、数量、单价、金额 预留金 暂定项目 施工注意事项 其他须说明的问题 ……

四、分部分项工程量清单(表 3-12)

表 3-12　分部分项工程量清单

工程名称：

序号	项目编码	项目名称	项目特征	计量单位	工程量计算规则	工程内容	工程数量

五、措施项目清单(表 3-13)

表 3-13　措施项目清单

工程名称：

序号	项目名称	计算单位	工程数量
1	（环境保护费）	项	1
2	（现场安全文明施工措施费）	项	1
3	（临时设施费）	项	1
4	（夜间施工增加费）	项	1
5	（二次搬运费）	项	1
6	（大型机械设备进出场及安拆）	项	1
7	（混凝土、钢筋混凝土模板及支架）	项	1
8	（脚手架费）	项	1
9	（已完工程及设备保护）	项	1
10	（施工排水、降水）	项	1
11	（垂直运输机械费）	项	1
12	（室内空气污染测试）	项	1
13	（检验试验费）	项	1
14	（赶工措施费）	项	1
15	（工程按质论价）	项	1
16	（特殊条件下施工增加费）	项	1
17	……		

六、其他项目清单(表 3-14)

表 3-14　其他项目清单

工程名称：

序号	项目名称	计量单位	工程数量
1	(总承包服务费)	项	1
2	(预留金)	元	
3			
4			
5	……		

七、零星工作项目清单(表 3-15)

表 3-15　零星工作项目清单

工程名称：

序号	名称	计量单位	数量
1	人工 (木工) (油漆工) ……	 工日 工日	
2	材料 ……		
3	机械 (载重汽车 4 t) ……	 台班 台班	

第五章　图纸和技术资料(另附)

第六章　投标文件(格式)

见项目 4 投标文件实例。

项目小结

在工程招标条件已经具备的基础之上，建设工程招标的准备工作主要是组建招标机构或选择工程招标代理机构。

建设工程招标的方式包括公开招标、邀请招标和综合性招标。建设工程招标形式有建设工程全过程招标、建设工程勘察设计招标、建设工程材料和设备供应招标、建设工程施工招标、建设工程监理招标等。

建设工程招标文件应包括投标须知，合同条件和合同协议条款，合同格式，技术规范，图纸、技术资料及附件投标文件的参考格式等几个方面的内容。

业主在编制招标文件时应该重点注意需求分析，发包形式，保函或保证金的应用，选择报价形式，招标方需要对工程量承担的责任，材料设备的采购供应，对质量、工期的要求和奖罚、其他费用和问题等几个方面的问题。

学生在了解建筑工程招标基本知识的基础上，应实际参与(或模拟参与)建筑工程招标工作，能够独立编制和识读建设工程招标文件，为以后参加工作打下基础。

同步测试

3—1　招标机构的主要职责有哪些?

3—2　工程招标应具备哪些条件?

3—3　工程招标的方式和方法有哪些?

3—4　何谓招标代理机构? 招标代理机构的主要职责有哪些?

3—5　工程招标的程序有哪几步?

3—6　何为工程招标的资格预审?

3—7　建设工程招标文件由哪几部分构成?

3—8　建设工程招标文件编制有哪些注意事项?

专项实训

施工招标文件的编制

实训目的：体验工程招标程序，熟悉工程招标文件的内容、要求及编制。

材料准备：①工程有关批准文件。

②工程施工图纸。

③工程概算或施工图预算。

④模拟工程现场。

⑤模拟工程招标现场。

实训步骤：划分小组成立招标组织机构→分发工程有关批准文件、工程施工图纸及概预算→进行工程招标的准备工作→进行工程招标文件的编制。

实训结果：①独立完成。在教师的指导下独立地完成招标文件的编制。

②采用国家统一的标准及规格。

③时间要求。在教学规定的实训时间内完成全部内容。

注意事项：①招标文件应尽量详细和完善。

②尽量采用标准的专业术语。

③充分发挥学生的积极性、主动性与创造性。

项目4　建设工程施工投标

项目描述

本项目主要介绍建设工程投标人所具备的条件、投标程序、投标技巧、建设工程投标报价、投标文件的编制、招标投标法等内容。

技能目标

通过本项目的学习，学生能够了解建设工程投标的条件和一般程序，掌握投标的策略与技巧，熟练进行投标报价及投标文件的编制，能够利用招标投标法指导实际工程招标投标活动。

项目导入

建设工程招标投标是以建筑产品作为商品进行交换的一种交易形式，它由唯一的买主设定标的，招请若干个卖主通过秘密报价进行竞争，买主从中选择优胜者并与之达成交易协议，随后按照协议实现招标。

4.1　工程投标的主要工作

4.1.1　投标的前期工作

投标的前期工作包括获取招标信息、前期投标决策和筹建投标小组三项内容。

1. 获取招标信息

目前投标人获得招标信息的渠道很多，最普遍的是通过大众媒体所发布的招标公告获取招标信息。投标人必须认真分析验证所获信息的真实可靠性，并证实其招标项目确实已立项批准和资金已经落实等。

2. 前期投标决策

投标人在证实招标信息真实可靠后，同时还要对招标人的信誉、实力等方面进行了解。根据了解到的情况，正确做出投标决策，以减少工程实施过程中承包方的风险。

3. 筹建投标小组

在确定参加投标活动后，为了确保在投标竞争中获得胜利，投标人在投标前应建立专门的投标小组，负责投标事宜。投标小组中的人员应包括施工管理、技术、经济、财务、法律法规等方面的人员。投标小组中的人员业务上应精干，经验丰富，且受过良好培训，有娴熟的投标技巧，并能合理运用投标策略；素质上应工作认真，对企业忠诚，对报价保密。

4.1.2 参加资格预审

资格预审是投标人投标过程中首先要通过的第一关，资格预审一般按招标人所编制的资格预审文件内容进行审查。一般要求被审查的投标人提供如下资料：

(1)投标企业概况。

(2)财务状况。

(3)拟投入的主要管理人员情况。

(4)目前剩余劳动力和施工机械设备情况。

(5)近三年承建的工程情况。

(6)目前正在承建的工程情况。

(7)两年来涉及的诉讼案件情况。

(8)其他资料(如各种奖励和处罚等)。

招标人根据投标人所提供的资料，对投标人进行资格审查。在这个过程中，投标人应根据资格预审文件，积极准备和提供有关资料，并随时注意信息跟踪工作，发现不足部分，应及时补送，争取通过资格预审，只有经审查合格的投标人，才具备参加投标的资格。

4.1.3 购买和分析招标文件

1. 购买招标文件

投标人在通过资格预审后，就可以在规定的时间内向招标人购买招标文件。购买招标文件时，投标人应按招标文件的要求提供投标保证金、图纸押金等。

2. 分析招标文件

购买到招标文件之后，投标人应认真阅读招标文件中的所有条款。注意投标过程中的各项活动的时间安排，明确招标文件中对投标报价、工期、质量等的要求。同时，对招标文件中的合同条款、无效标书的条件等主要内容应认真进行分析，理解招标文件隐含的含义。对可能发生疑义或不清楚的地方，应向招标人书面提出。

4.1.4 收集资料、准备投标

招标文件购买后，投标人就应进行具体的投标准备工作，投标准备工作包括参加现场踏勘，计算和复核招标文件中提供的工程量，参加投标预备会，询问了解市场情况等内容。

1. 参加现场踏勘

投标人在领到招标文件后，除对招标文件进行认真研读分析之外，还应按照招标文件规定的时间，对拟施工的现场进行考察，尤其是当我国逐渐实行工程量清单报价模式后，投标人所投报的单价一般被认为是在经过现场踏勘的基础上编制而成的。报价单报出后，投标者就无权因为现场踏勘不周、情况了解不细或因素考虑不全而提出修改标价或提出索赔等要求。现场踏勘应由招标人组织，投标人自费自愿参加。现场踏勘时应从以下五个方面详细了解工程的有关情况，为投标工作提供第一手资料：

(1)工程的性质以及与其他工程之间的关系。

(2)投标人投标的那一部分工程与其他承包商之间的关系。

(3)工地地貌、地质、气候、交通、电力、水源、有无障碍物等情况。

(4)工地附近有无住宿条件、料场开采条件、其他加工条件、设备维修条件等。

(5)工地附近治安情况。

2. 参加投标预备会

投标预备会又称为答疑会或标前会议，一般在现场踏勘之后的1～2天内举行。其目的是解答投标人对招标文件及现场踏勘中所提出的问题，并对图纸进行交底和解释。投标人在对招标文件进行认真分析和对现场进行踏勘之后，应尽可能多地将投标过程中可能遇到的问题向招标人提出疑问，争取得到招标人的解答，为下一步投标工作的顺利进行打下基础。

3. 复核工程量

现阶段我国进行工程施工投标时，招标人一般给出具体的工程量清单，供投标人报价时使用。这种情况下，投标人在进行投标时，应根据图纸等资料对给定工程量的准确性进行复核，为投标报价提供依据。在工程量复核过程中，如果发现某些工程量有较大的出入或遗漏，应向招标人提出，要求招标人更正或补充。如果招标人不作更正或补充，投标人投标时应注意调整单价，以减少实际实施过程中由于工程量调整带来的风险。

4. 市场调查

投标文件编制时，投标报价是一个很重要的环节。为了能够准确确定投标报价，投标时应认真调查了解工程所在地的人工工资标准、材料来源、价格、运输方式、机械设备租赁价格等和报价有关的市场信息，为准确报价提供依据。

5. 确定施工方案

施工方案也是招标内容中很重要的部分，是招标人了解投标人的施工技术、管理水平、机械装备的途径。编制施工方案的主要内容包括：①选择和确定施工方法；②对大型复杂工程则要考虑几种方案，进行综合对比；③选择施工设备和施工设施；④编制施工进度计划。

6. 工程报价决策

工程报价决策是投标活动中最关键的环节，直接关系到能否中标。工程报价决策是在预算的基础上，由施工的难易程度、竞争对手的水平、工程风险、企业目前经营状况等多方面因素决定的，是投标活动的核心内容。

4.1.5 编制和提交投标文件

经过前期的准备工作后，投标人开始进行投标文件的编制工作。投标人编制投标文件时，应按照招标文件的内容、格式和顺序要求进行。投标文件编写完成后，应按招标文件中规定的时间、地点提交投标文件。

4.1.6 出席开标会议

投标人在编制和提交完投标文件后，应按时参加开标会议。开标会议由投标人的法定代表人或其授权代理人参加。如果是法定代表人参加，一般应持有法定代表人资格证明书；如果是委托代理人参加，一般应持有授权委托书。许多地方规定，不参加开标会议的投标人，其投标文件将不予启封。

4.1.7 接受中标通知书，提供履约担保，签订工程承包合同

经过评标，投标人被确定为中标人后，应接受招标人发出的中标通知书。中标人在收到中标通知书后，应在规定的时间和地点与招标人签订合同。我国规定招标人和中标人应当自中标通知书发出之日起 30 日内订立书面合同，合同内容应依据招标文件、投标文件的要求和中标的条件签订。招标文件要求中标人提交履约保证金的，中标人应按招标人的要求提供。合同正式签订之后，应按要求将合同副本分送有关主管部门备案。

4.2 投标文件的编制内容、步骤及要求

4.2.1 工程投标文件的编制内容

工程投标文件是工程投标人单方面阐述自己响应招标文件要求，旨在向招标人提出愿意订立合同的意思表示，是投标人确定、修改和解释有关投标事项的各种书面表达形式的统称。

投标人在投标文件中必须明确向招标人表示愿以招标文件的内容订立合同的意思；必须对招标文件提出的实质性要求和条件做出响应，不得以低于成本的报价竞标；必须由有资格的投标人编制；必须按照规定的时间、地点递交给招标人，否则该投标文件将被招标人拒绝。

投标文件一般由下列内容组成：

(1)投标函。

(2)投标函附录。

(3)投标保证金。

(4)法定代表人资格证明书。

(5)授权委托书。

(6)具有标价的工程量清单与报价表。

(7)辅助资料表。

(8)资格审查表(资格预审的不采用)。

(9)对招标文件中的合同协议条款内容的确认和响应。

(10)施工组织设计。

(11)招标文件规定提交的其他资料。

投标人必须使用招标文件提供的投标文件表格格式，但表格可以按同样的格式扩展。招标文件中拟定的供投标人投标时填写的一套投标文件格式，主要有投标函及其附录、工程量清单与报价表、辅助资料表等。

4.2.2 工程投标文件的编制步骤

投标人在领取招标文件以后，就要进行投标文件的编制工作。

编制投标文件的一般步骤如下：

(1)熟悉招标文件、图纸、资料，对图纸、资料有不清楚、不理解的地方，可以用书面或口头方式向招标人询问、澄清。

(2)参加招标人施工现场情况介绍和答疑会。

(3)调查当地材料供应和价格情况。

(4)了解交通运输条件和有关事项。

(5)编制施工组织设计，复查图纸工程量。

(6)编制或套用投标单价。

(7)计算取费标准或确定采用取费标准。

(8)计算投标造价。

(9)核对调整投标造价。

(10)确定投标报价。

4.2.3 工程投标文件的编制要求

(1)投标人编制投标文件时必须使用招标文件提供的投标文件表格格式，但表格可以按同样格式扩展。投标保证金、履约保证金的方式，按招标文件有关条款的规定可以选择。投标人根据招标文件的要求和条件填写投标文件的空格时，凡要求填写的空格都必须填写，不得空着不填，否则即被视为放弃意见。实质性的项目或数字如工期、质量等级、价格等未填写的，将被作为无效或作废的投标文件处理。将投标文件按规定的日期送交招标人，等待开标、决标。

(2)应当编制的投标文件"正本"仅一份，"副本"则按招标文件前附表所述的份数提供，同时要明确标明"投标文件正本"和"投标文件副本"字样。投标文件正本和副本如有不一致之处，以正本为准。

(3)投标文件正本与副本均应使用不能擦去的墨水打印或书写，各种投标文件的填写都要字迹清晰、端正，补充设计图纸要整洁、美观。

(4)所有投标文件均由投标人的法定代表人签署、加盖印鉴，并加盖法人单位公章。

(5)填报投标文件应反复校核，保证分项和汇总计算均无错误。全套投标文件均应无涂改和行间插字，除非这些删改是根据招标人的要求进行的，或者是投标人造成的必须修改的错误。修改处应由投标文件签字人签字证明并加盖印鉴。

(6)如招标文件规定投标保证金为合同总价的某百分比时，开投标保函不要太早，以防泄漏己方报价。但有的投标商提前开出并故意加大保函金额，以麻痹竞争对手的情况也是存在的。

(7)投标人应将投标文件的正本和每份副本分别密封在内层包封，再密封在一个外层包封中，并在内包封上正确标明"投标文件正本"和"投标文件副本"。内层和外层包封都应写明招标人名称和地址、合同名称、工程名称、招标编号，并注明开标时间以前不得开封。在内层包封上还应写明投标人的名称与地址、邮政编码，以便投标出现逾期送达时能原封退回。如果内外层包封没有按上述规定密封并加写标志，招标人将不承担投标文件错放或提前开封的责任，由此造成的提前开封的投标文件将被拒绝，并退还给投标人。投标文件递交至招标文件前附表所述的单位和地址。

投标文件有下列情形之一的，在开标时将被作为无效或作废的投标文件，不能参加评标：

1)投标文件未按规定标志、密封的。

2)未经法定代表人签署或未加盖投标人公章或未加盖法定代表人印鉴的。

3)未按规定的格式填写，内容不全或字迹模糊辨认不清的。

4)投标截止时间以后送达的投标文件。

投标人在编制投标文件时应特别注意，以免被判为无效标而前功尽弃。

4.3 投标文件中商务标的编制

4.3.1 工程施工投标报价的编制标准

工程报价是投标的关键性工作，也是整个投标工作的核心。它不仅是能否中标的关键，而且对中标后盈利多少，在很大程度上起着决定性的作用。

1. 工程投标报价的编制原则

(1)必须贯彻执行国家的有关政策和方针，符合国家的法律、法规和公共利益。

(2)认真贯彻等价有偿的原则。

(3)工程投标报价的编制必须建立在科学分析和合理计算的基础之上，要较准确地反映工程价格。

2. 影响投标报价计算的主要因素

认真计算工程价格，编制好工程报价是一项很严肃的工作。采用何种计算方法进行计价应视工程招标文件的要求。但不论采用何种方法，都必须抓住编制报价的主要因素。

(1)工程量。工程量是计算报价的重要依据。多数招标单位在招标文件中均附有工程实物量。因此，必须进行全面的或者重点的复核工作，核对项目是否齐全、工程做法及用料是否与图纸相符，重点核对工程量是否正确，以求工程量数字的准确性和可靠性。在此基础上再进行套价计算。

(2)单价。工程单价是计算标价的又一个重要依据，同时，又是构成标价的第二个重要因素。单价的正确与否，直接关系到标价的高低。因此，必须十分重视工程单价的制订或套用。制订的依据：一是国家或地方规定的预算定额、单位估价表及设备价格等；二是人工、材料、机械使用费的市场价格。

(3)其他各类费用的计算。这是构成报价的第三个主要因素。这个因素占总报价的比重很大，少者占20%～30%、多者占40%～50%。因此，应重视其计算。

为了简化计算，提高工效，可以把所有的各种费用都折算成一定的系数计入报价中，计算出直接费后再乘以这个系数就可以得出总报价了。

工程报价计算出来以后，可用多种方法进行复核和综合分析。然后，认真详细地分析风险、利润、报价让步的最大限度，而后参照各种信息资料以及预测的竞争对手情况，最终确定实际报价。

4.3.2 工程施工投标报价的编制

根据自2013年7月1日起实施的《建设工程工程量清单计价规范》(GB 50500—2013)进

行投标报价。依据招标人在招标文件中提供的工程量清单计算投标报价。

1. 工程量清单计价投标报价的构成

工程量清单计价的投标报价应包括按招标文件规定完成工程量清单所列项目的全部费用，包括分部分项工程费、措施项目费、其他项目费、规费和税金。

工程报价＝分部分项工程费＋措施项目费＋其他项目费＋规费＋税金

工程量清单应采用综合单价计价。综合单价是指完成一个规定计量单位的工程所需的人工费、材料费、机械使用费、企业管理费和利润，并考虑风险因素。

(1)分部分项工程费是指完成“分部分项工程量清单”项目所需的工程费用。投标人根据企业自身的技术水平、管理水平和市场情况填报分部分项工程量清单计价表中每个分项的综合单价，每个分项的工程数量与综合单价的乘积即为合价，再将合价汇总就是分部分项工程费。

(2)措施项目费用是指为完成工程项目施工，发生于该工程施工前和施工过程中技术、生活、安全等方面的非工程实体项目所需的费用。措施项目见表 4-1。

表 4-1 措施项目一览表

序号	项目名称
	1 通用项目
1.1	环境保护
1.2	文明施工
1.3	安全施工
1.4	临时设施
1.5	夜间施工
1.6	二次搬运
1.7	大型机械设备进出场及安拆
1.8	混凝土、钢筋混凝土模板及支架
1.9	脚手架
1.10	已完工程及设备保护
1.11	施工排水、降水
	2 建筑工程
2.1	垂直运输机械
	3 装饰装修工程
3.1	垂直运输机械
3.2	室内空气污染测试
	4 安装工程
……	……
	5 市政工程
……	……

其金额应根据拟建工程的施工方案或施工组织设计及其综合单价确定。

(3)其他项目费是指分部分项工程费和措施项目费以外的在工程项目施工过程中可能发生的其他费用。其他项目清单包括招标人部分和投标人部分。

1)招标人部分：预留金、材料购置费等。这是招标人按照估算金额确定的。

预留金指招标人为可能发生的工程量变更而预留的金额。

2)投标人部分：总承包服务费、零星工作项目费等。

总承包服务费是指为配合协调招标人进行的工程分包和材料采购所需的费用。其应根据招标人提出的要求所发生的费用确定。零星工作项目费是指完成招标人提出的，不能以实物量计量的零星工作项目所需的费用。其金额应根据"零星工作项目计价表"确定。

(4)规费和税金。规费和税金是指政府机关按照有关规定应收取的费用，是工程造价的组成部分。

2. 工程投标报价计算的依据

(1)招标文件，包括工程范围、质量、工期要求等。

(2)施工图设计图纸和说明书、工程量清单。

(3)施工组织设计。

(4)现行的国家、地方的概算指标或定额和预算定额、取费标准、税金等。

(5)材料预算价格、材差计算的有关规定。

(6)工程量计算的规则。

(7)施工现场条件。

(8)各种资源的市场信息及企业消耗标准或历史数据等。

3. 工程量清单计价投标报价表的编制

(1)封面及扉页。

1)封面形式：

______________________工程

工程量清单报价表

投标人：______________________(单位签字盖章)

法定代表人：______________________(签字盖章)

造价工程师及注册证书号：____________(签字盖执业专用章)

编制时间：______________________

2)扉页形式：

投标总价

建设单位：______________________

工程名称：______________________

投标总价(小写)：______________________

(大写)：______________________

投标人：______________________(单位签字盖章)

法定代表人：______________________(签字盖章)

编制时间：______________________

(2)工程项目总价表(表 4-2)。

表 4-2　工程项目总价表

工程名称：　　　　　　　　　　　　　　　　　　　　　　　　　　　　第　页共　页

序号	单项工程名称	金额/元
	合计	

(3)单项工程费汇总表(表 4-3)。

表 4-3　单项工程费汇总表

工程名称：　　　　　　　　　　　　　　　　　　　　　　　　　　　　第　页共　页

序号	单位工程名称	金额/元
	合计	

(4)单位工程费汇总表(表 4-4)。

表 4-4　单位工程费汇总表

工程名称：　　　　　　　　　　　　　　　　　　　　　　　　　　　　第　页共　页

序号	项目名称	金额/元
1	分部分项工程量清单计价合计	
2	措施项目清单计价合计	
3	其他项目清单计价合计	
4	规费	
5	税金	
	合计	

(5)分部分项工程量清单计价表(表 4-5)。

表 4-5　分部分项工程量清单计价表

序号	项目编码	项目名称	计量单位	工程数量	金额/元	
					综合单价	合价
		本页合计				
		合计				

(6)措施项目清单计价表(表 4-6)。

表 4-6　措施项目清单计价表

工程名称：　　　　　　　　　　　　　　　　　　　　　　　　　第　页共　页

序号	项目名称	金额/元
	合计	

(7)其他项目清单计价表(表 4-7)。

表 4-7　其他项目清单计价表

工程名称：　　　　　　　　　　　　　　　　　　　　　　　　　第　页共　页

序号	项目名称	金额/元
1	招标人部分	
	小计	
2	投标人部分	
	小计	
	合计	

(8)零星工作项目计价表(表 4-8)。

表 4-8　零星工作项目计价表

工程名称：　　　　　　　　　　　　　　　　　　　　　　　　　第　页共　页

序号	名称	计量单位	数量	金额/元	
				综合单价	合价
1	人工				
	小计				
2	材料				
	小计				
3	机械				
	小计				
	合计				

(9)分部分项工程量清单综合单价分析表(表4-9)。

表 4-9　分部分项工程量清单综合单价分析表

工程名称：　　　　　　　　　　　　　　　　　　　　　第　页共　页

序号	项目编码	项目名称	工程内容	综合单价组成					综合单价
				人工费	材料费	机械使用费	管理费	利润	

(10)措施项目费分析表(表4-10)。

表 4-10　措施项目费分析表

工程名称：　　　　　　　　　　　　　　　　　　　　　第　页共　页

序号	措施项目名　称	单位	数量	金额/元					
				人工费	材料费	机械使用费	管理费	利润	小计
	小计								

(11)主要材料价格表(表4-11)。

表 4-11　主要材料价格表

工程名称：　　　　　　　　　　　　　　　　　　　　　第　页共　页

序号	材料编码	材料名称	规格、型号等特殊要求	单位	单价/元

4. 工程量清单计价格式填写规定

(1)工程量清单计价格式应由投标人填写。

(2)封面应按规定内容填写、签字、盖章。

(3)投标总价应按工程项目总价表合计金额填写。

(4)工程项目总价表。

1)表中单项工程名称应按单项工程费汇总表的工程名称填写。

2)表中金额应按单项工程费汇总表的合计金额填写。

(5)单项工程费汇总表。

1)表中单位工程名称应按单位工程费汇总表的工程名称填写。

2)表中金额应按单位工程费汇总表的合计金额填写。

(6)单位工程费汇总表。表中的金额应分别按照分部分项工程量清单计价表、措施项目清单计价表和其他项目清单计价表的合计金额和按有关规定计算的规费、税金填写。

(7)分部分项工程量清单计价表。表中的序号、项目编码、项目名称、计量单位、工程数量必须按分部分项工程量清单中的相应内容填写。

(8)措施项目清单计价表。

1)表中的序号、项目名称必须按措施项目清单中的相应内容填写。

2)进行措施项目计价时，投标人可根据施工组织设计采取的措施增加项目。

(9)其他项目清单计价表。

1)表中的序号、项目名称必须按其他项目清单中的相应内容填写。

2)招标人部分的金额必须按招标人提出的数额填写。

(10)零星工作项目计价表。表中的人工、材料、机械名称、计量单位和相应数量应按零星工作项目表中相应的内容填写，工程竣工后零星工作费应按实际完成的工程量所需费用结算。

(11)分部分项工程量清单综合单价分析表和措施项目费分析表，应由招标人根据需要提出要求后填写。

(12)主要材料价格表。

1)招标人提供的主要材料价格表应包括详细的材料编码、材料名称、规格型号和计量单位等。

2)所填写的单价必须与工程量清单计价中采用的相应材料的单价一致。

4.4 投标文件中技术标的编制

投标文件中的技术标一般是指施工组织设计，用以评价投标人的技术实力和建设经验。招标文件中对技术文件的编写内容及格式均有详细要求，应当认真按照规定填写，包括技术方案、产品技术资料、实施计划等。

4.4.1 施工组织设计的基本概念

施工组织设计是指导拟建工程施工全过程各项活动的技术、经济和组织的综合性文件。

施工组织设计应根据国家的有关技术政策和规定、业主的要求、设计图纸和组织施工的基本原则，从拟建工程施工全局出发，结合工程的具体条件，合理地组织安排，采用科学的管理方法，不断地改进施工技术，有效地使用人力、物力，安排好时间和空间，以期达到耗工少、工期短、质量高和造价低的最优效果。

在投标过程中，必须编制施工组织设计，这项工作对于投标报价影响很大。但此时所编制的施工组织设计的深度和范围都比不上接到施工任务后由项目部编制的施工组织设计，因此，是初步的施工组织设计。如果中标，再编制详细而全面的施工组织设计。初步的施工组织设计一般包括进度计划和施工方案等。招标人将根据施工组织设计的内容评价投标人是否采取了充分和合理的措施，保证按期完成工程施工任务。另外，施工组织设计对投标人自己也是十分重要的，因为进度安排是否合理、施工方案选择是否恰当，与工程成本与报价有密切关系。

编制一个好的施工组织设计可以大大降低标价，提高竞争力。编制的原则是在保证工期和工程质量的前提下，尽可能使工程成本最低，投标价格合理。

4.4.2 施工组织设计的编制原则和编制依据

1. 施工组织设计的编制原则

在编制施工组织设计时，应根据施工的特点和以往积累的经验，遵循以下几项原则：

(1)认真贯彻国家对工程建设的各项方针和政策，严格执行建设程序。

实践经验表明：凡是遵循基本建设程序，基本建设就能顺利进行，否则不但会造成施工的混乱，影响工程质量，而且还可能会造成严重的浪费或工程事故。因此，认真执行基本建设程序，是保证建筑安装工程顺利进行的重要条件。另外，在工程建设过程中，必须认真贯彻执行国家对工程建设的有关方针和政策。

(2)科学地编制进度计划，严格遵守招标文件中要求的工程竣工及交付使用期限。

(3)遵循建筑施工工艺和技术规律，合理安排工程施工程序和施工顺序。

(4)在选择施工方案时，要积极采用新材料、新设备、新工艺和新技术，努力为新结构的推行创造条件；要注意结合工程特点和现场条件，使技术的先进适用性和经济合理性相结合，防止单纯追求先进而忽视经济效益的做法；还要符合施工验收规范、操作规程的要求和遵守有关防火、保安及环卫等规定，确保工程质量和施工安全。

(5)对于那些必须进入冬、雨期施工的工程项目，应落实季节性施工措施，保证全年的施工生产的连续性和均衡性。

(6)尽量利用正式工程、已有设施，减少各种临时设施；尽量利用当地资源，合理安排运输、装卸与储存作业，减少物资运输量，避免二次搬运；精心进行场地规划布置，节约施工用地，不占或少占农田。

(7)必须注意根据构件的种类、运输和安装条件以及加工生产的水平等因素，通过技术经济比较，恰当地选择预制方案或现场浇筑方案。确定预制方案时，应贯彻工厂预制与现场预制相结合的方针，取得最佳的经济效果。

(8)充分利用现有机械设备，扩大机械化施工范围，提高机械化程度。

在选择施工机械过程中，要进行技术经济比较，使大型机械和中、小型机械结合起来，使机械化和半机械化结合起来，尽量扩大机械化施工范围，提高机械化施工程度。同时要充分发挥机械设备的生产率，保持作业的连续性，提高机械设备的利用率。

(9)要贯彻“百年大计、质量第一”和预防为主的方针，制订质量保证的措施，预防和控制影响工程质量的各种因素。

(10)要贯彻安全生产的方针，制订安全保证措施。

2. 施工组织设计的编制依据

施工组织设计应以工程对象的类型和性质、建设地区的自然条件和技术经济条件及企业收集的其他资料等作为编制依据。其主要包括以下几项：

(1)工程施工招标文件，复核了的工程量清单及开工、竣工的日期要求。

(2)施工组织总设计对所投标工程的有关规定和安排。

(3)施工图纸及设计单位对施工的要求。

(4)建设单位可能提供的条件和水、电等的供应情况。

(5)各种资源的配备情况，如机械设备来源、劳动力来源等。

(6)施工现场的自然条件、现场施工条件和技术经济条件资料。

(7)有关现行规范、规程等资料。

4.4.3 施工组织设计的编制程序

施工组织设计是施工企业控制和指导施工的文件，必须结合工程实体，内容要科学合理。在编制前应会同各有关部门及人员，共同讨论和研究施工的主要技术措施和组织措施。施工组织设计的编制程序如图 4-1 所示。

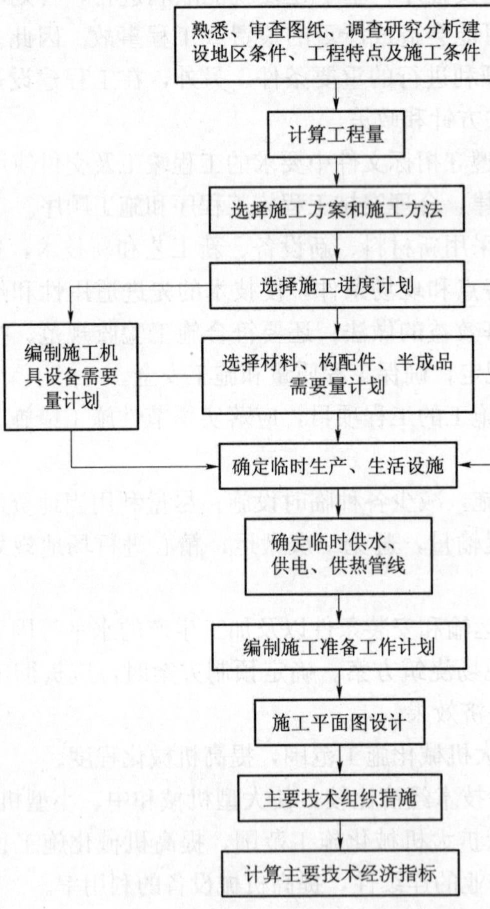

图 4-1 施工组织设计的编制程序

4.4.4 施工组织设计的主要内容

施工组织设计的主要内容有工程概况、施工方案、施工进度计划、施工平面图和各项保证措施等。

投标文件中的施工组织设计一般应包括：综合说明；施工现场平面布置项目管理团队主要管理人员；劳动力计划；施工进度计划；施工进度施工工期保证措施；主要施工机械设备；基础施工方案和方法；基础质量保证措施；基础排水和防沉降措施；地下管线、地上设施、周围建筑物保护措施；主体结构主要施工方法或方案和措施；主体结构质量保证措施；新工艺专利技术；各种管道、线路等非主体结构质量保证措施；各工序的协调措施；

冬雨期施工措施；施工安全保证措施；现场文明施工措施；施工现场保护措施；施工现场维护措施；工程交验后服务措施等内容。

4.4.5 施工组织设计编写应注意的问题

在投标阶段编制的进度计划不是施工阶段的工程施工计划，可以粗略一些，一般用横道图表示即可，除招标文件专门规定必须用网络图以外，不一定采用网络计划。但应考虑和满足以下要求：

(1)总工期符合招标文件的要求，如果合同要求分期、分批竣工交付使用，应标明分期、分批交付使用的时间和数量。

(2)表示各项主要工程的开始和结束时间，例如房屋建筑中的土方工程、基础工程、混凝土结构工程、屋面工程、装修工程、水电安装工程等的开始和结束时间。

(3)体现主要工序相互衔接的合理安排。

(4)有利于基本上均衡地安排劳动力，尽可能避免现场劳动力数量急剧起落，这样可以提高工效和节省临时设施。

(5)有利于充分有效地利用施工机械设备，减少机械设备占用周期。

(6)便于编制资金流动计划，有利于降低流动资金占用量，节省资金利息。

施工方案的制订要从工期要求、技术可行性、保证质量、降低成本等方面综合考虑。选择和确定各项工程的主要施工方法和适用、经济的施工方案。

4.5 建设工程投标策略和技巧

由算标人员算出初步的报价之后，应当对这个报价进行多方面的分析和评估；其目的是分析报价的经济合理性，以便做出最终报价决策。报价的分析与评估应从以下几个方面进行。

4.5.1 标价的宏观审核分析

标价的宏观审核是依据长期的工程实践中积累的大量的经验数据，用类比的方法，从宏观上判断计算标价水平的高低和合理性。可采用下列宏观指标和评审方法：

(1)首先分项统计计算书中的汇总数据，并计算其比例指标。

以一般房屋建筑工程为例：

1)统计建筑总面积与各单项建筑物面积。

2)统计材料费总价及各主要材料数量和分类总价，计算单位面积的总材料费用指标和各主要材料消耗指标和费用指标；计算材料费占标价的比重。

3)统计总劳务费及主要生产工人、辅助工人和管理人员的数量；算出单位建筑面积的用工数和劳务费；算出按规定工期完成工程时、生产工人和全员的平均人月产值和人年产值；计算劳务费占总标价的比重。

4)统计临时工程费用、机械设备使用费及模板脚手架和工具等费用，计算它们占总标价的比重。

5)统计各类管理费用，计算它们占总标价的比重，特别是计划利润、贷款利息的总数和所占比例。

(2)分析各类指标及其比例关系，从宏观上分析标价结构的合理性。

例如，分析总直接费和总的管理费的比例关系，劳务费和材料费的比例关系，临时设施和机具设备费与总的直接费用的比例关系，利润、流动资金及其利息与总标价的比例关系等。承包过类似工程的有经验的承包人不难从这些比例关系判断标价的构成是否基本合理。如果发现有不合理的部分，应当初步探讨其原因。首先研究本工程与其他类似工程是否存在某些不可比因素。如果考虑了不可比因素的影响后，仍存在不合理的情况，就应当深入探索其原因，并考虑调整某些基价、定额或分摊系数的合理性。

(3)探讨上述平均人月产值和人年产值的合理性和实现的可能性。如果从本公司的实践经验角度判断这些指标过高或过低，就应当考虑所采用定额的合理性。

(4)参照同类工程的经验，扣除不可比因素后，分析单位工程价格及用工、用料量的合理性。

(5)从上述宏观分析得出初步印象后，对明显不合理的标价构成部分进行微观方面的分析检查。重点是在提高工效、改变施工方案、降低材料设备价格和节约管理费用等方面提出可行措施，并修正初步计算标价。

4.5.2 标价的动态分析

标价的动态分析是假定某些因素发生变化，测算标价的变化幅度，特别是这些变化对工程计划利润的影响。

1. 工期延误的影响

由于承包人自身的原因，如材料设备交货拖延、管理不善造成工程延误、质量问题造成返工等，承包人可能会增加管理费、劳务费、机械使用费以及占用的资金与利息，这些费用的增加不可能通过索赔得到补偿，而且还会导致误期罚款。一般情况下，可以测算工期延长某一段时间，上述各种费用增加的数额及其占总标价的比率。这种增加的开支部分只能用风险费和计划利润来弥补。因此，可以通过多次测算，得知工期拖延多久，利润将全都丧失。

2. 物价和工资上涨的影响

通过调整标价计算中材料设备和工资上涨系数，测算其对工程计划利润的影响。同时，切实调查工程物资和工资的升降趋势和幅度，以便做出恰当判断。通过这一分析，可以得知投标计划利润对物价和工资上涨因素的承受能力。

3. 其他可变因素的影响

影响标价的可变因素很多，而有些是投标人无法控制的，如贷款利率的变化、政策法规的变化等。通过分析这些可变因素的变化，可以了解投标项目计划利润的受影响程度。

4.5.3 标价的盈亏分析

初步计算标价经过宏观审核与进一步分析检查，可能对某些分项的单价作必要的调整，然后形成基础标价，再经盈亏分析，提出可能的低标价和高标价，供投标报标决策时选择。盈亏分析包括盈余分析和亏损分析两个方面。

1. 盈余分析

盈余分析是从标价组成的各个方面挖掘潜力、节约开支，计算出基础标价可能降低的数额，即所谓“挖潜盈余”，进而算出低标价。盈余分析主要从下列几个方面进行：

(1)定额和效率，即工料、机械台班消耗定额以及人工、机械效率分析。

(2)价格分析，即对劳务、材料设备、施工机械台班(时)价格三方面进行分析。

(3)费用分析，即对管理费、临时设施费等方面逐项分析。

(4)其他方面，如流动资金与贷款利息，保险费、维修费等方面逐项复核，找出有潜可挖之处。

考虑到挖潜不可能百分之百实现，尚需乘以一定的修正系数(一般取0.5～0.7)，据此求出可能的低标价，即

低标价＝基础标价－(挖潜盈余×修正系数)

2. 亏损分析

亏损分析是分析在算标时由于对未来施工过程中可能出现的不利因素考虑不周和估计不足，可能产生的费用增加和损失。主要从以下几个方面分析：

(1)人工、材料、机械设备价格。

(2)自然条件。

(3)管理不善造成质量、工作效率等问题。

(4)建设单位、监理工程师方面问题。

(5)管理费失控。

以上分析估计出的亏损额，同样乘以修正系数(0.5～0.7)，并据此求出可能的高标价，即

高标价＝基础标价＋(估计亏损×修正系数)

4.5.4 报价决策与技巧

报价决策是投标人召集算标人员和本公司有关领导或高级咨询人员共同研究，就上述标价计算结果，标价宏观审核、动态分析及盈亏分析进行讨论，做出有关投标报价的最后决定。

为了在竞争中取胜，决策者应当对报价计算的准确度、期望利润是否合适、报价风险及本公司的承受能力、当地的报价水平，以及对竞争对手优势的分析评估等进行综合考虑，才能决定最后的报价金额。在报价决策中应注意以下问题：

(1)作为决策的主要资料依据应当是本公司算标人员的计算书和分析指标。报价决策不是干预算标人员的具体计算，而是由决策人员同算标人员一起，对各种影响报价的因素进行分析，并做出果断和正确的决策。

(2)各公司算标人员获得的基础价格资料是相近的，因此从理论上分析，各投标人报价同标底价格都应当相差不远。之所以出现差异，主要是由于以下原因：①各公司期望盈余(计划利润和风险费)不同；②各自拥有不同优势；③选择的施工方案不同；④管理费用有差别。鉴于以上情况，在进行报价决策研讨时，应当正确分析本公司和竞争对手的情况，并进行实事求是的对比评估。

(3)报价决策也应考虑招标项目的特点，一般来说对于下列情况报价可高一点：①施工条件差、工程量小的工程；②专业水平要求高的技术密集型工程，而本公司在这方面有专长、声望高；③支付条件不理想的工程。对于与上述情况相反且投标对手多的工程，报价应低一些。

(4)寻求一个好的报价的技巧。报价的技巧研究，其实是在保证工程质量与工期条件下，为了中标并获得期望的效益，投标程序全过程几乎都要研究投标报价技巧问题。

1. 不平衡报价

不平衡报价是指在总价基本确定的前提下，如何调整内部各个子项的报价，以期既不影响总报价，又在中标后投标人可尽早收回垫支于工程中的资金和获取较好的经济效益。但要注意避免畸高畸低现象，避免失去中标机会。通常采用的不平衡报价有下列几种情况：

(1)对能早期结账收回工程款的项目(如土方、基础等)的单价可报以较高价，以利于资金周转；对后期项目(如装饰、电气设备安装等)单价可适当降低。

(2)估计今后工程量可能增加的项目，其单价可提高，而工程量可能减少的项目，其单价可降低。

但上述两点要统筹考虑。对于工程量数量有错误的早期工程，如不可能完成工程量表中的数量，则不能盲目抬高单价，需要具体分析后再确定。

(3)图纸内容不明确或有错误，估计修改后工程量要增加的，其单价可提高；而工程内容不明确的，其单价可降低。

(4)没有工程量只填报单价的项目(如疏浚工程中的开挖淤泥工作等)，其单价宜高。这样既不影响总的投标报价，又可多获利。

(5)对于暂定项目，其实施的可能性大的项目，价格可定高价；估计不一定实施的项目，价格可定低价。

2. 多方案报价法

多方案报价法是利用工程说明书或合同条款不够明确之处，以争取达到修改工程说明书和合同为目的的一种报价方法。当工程说明书或合同条款有些不够明确之处时，往往使投标人承担较大风险。为了减少风险就必须扩大工程单价，增加“不可预见费”，但这样做又会因报价过高而增加被淘汰的可能性，多方案报价法就是为对付这种两难局面而出现的。

其具体做法是在标书上报两价目单价，一是按原工程说明书合同条款报一个价；二是加以注解，“如工程说明书或合同条款可作某些改变时”，可降低多少的费用，使报价成为最低，以吸引业主修改说明书和合同条款。

还有一种方法是对工程中一部分没有把握的工作，注明按成本加若干酬金结算的办法。但是，如有规定，政府工程合同的方案是不容许改动的，这个方法就不能使用。

3. 增加建议方案

有时招标文件中规定，可以提一个建议方案，即可以修改原设计方案，提出投标者的方案。

投标人这时应抓住机会，组织一批有经验的设计和施工工程师，对原招标文件的设计和施工方案仔细研究，提出更合理的方案以吸引业主，促成自己的方案中标。这种新的建议方案可以降低总造价或提前竣工或使工程运用更合理，但要注意的是，对原招标方案一定也要报价，以供业主比较。

增加建议方案时，不要将方案写得太具体，保留方案的技术关键，防止业主将此方案交给其他承包商，同时要强调的是，建议方案一定要比较成熟，或过去有实践经验，因为投标时间不长，如果仅为中标而匆忙提出一些没有把握的方案，可能留有后患。

4. 突然降价法

报价是一件保密的工作，但是对手往往通过各种渠道、手段来刺探情况；因之在报价时可以采取迷惑对方的手法，即先按一般情况报价或表现出自己对该工程兴趣不大，到快投标截止时，再突然降价。如鲁布革水电站引水系统工程招标时，日本大成公司知道它的主要竞争对手是前田公司，因而在临近开标前把总报价突然降低 8.04%，取得最低标，为以后中标打下基础。

采用这种方法时，一定要在准备投标报价的过程中考虑好降价的幅度，在临近投标截止日期前，根据情报信息与分析判断，再做最后决策。

如果由于采用突然降价法而中标，因为开标只降总价，在签订合同后可采用不平衡报价的思想调整工程量表内的各项单价或价格，以期取得更高的效益。

5. 先亏后盈法

有的承包商，为了打进某一地区，依靠国家、某财团或自身的雄厚资本实力，而采取一种不惜代价，只求中标的低价投标方案。应用这种手法的承包商必须有较好的资信条件，并且提出的施工方案也是先进可行的，同时要加强对公司情况的宣传，否则即使低标价，也不一定被业主选中。

6. 开口升级法

将工程中的一些风险大、花钱多的分项工程或工作抛开，仅在报价单中注明，由双方再度商讨决定。这样大大降低了报价，用最低价吸引业主，取得与业主商谈的机会，而在议价谈判和合同谈判中逐渐提高报价。

7. 无利润算标

缺乏竞争优势的承包商，在不得已的情况下，只好在算标中根本不考虑利润去夺标。这种办法一般在以下条件时采用：

(1)有可能在得标后，将大部分工程分包给索价较低的一些分包商。

(2)对于分期建设的项目，先以低价获得首期工程，而后赢得机会创造第二期工程中的竞争优势，并在以后的实施中赚得利润。

(3)较长时间内，承包商没有在建的工程项目，如果再不得标，就难以维持生存。因此，虽然本工程无利可图，只要能有一定的管理费维持公司的日常运转，就可设法度过暂时困难，以图将来东山再起。

投标报价的技巧还可以再举出一些。聪明的承包商在多次投标和施工中还会摸索总结出对付各种情况的经验，并不断丰富完善。国际上知名的大牌工程公司都有自己的投标策略和编标技巧，其属于其商业机密，一般不会见诸公开刊物。承包商只有通过自己的实践，积累总结，才能不断提高自己的编标报价水平。

4.6 建设工程投标文件实例

某工程招标文件格式如下。

一、投标函及投标函附录

(一)投标函

招标人：＿＿＿＿＿＿＿＿＿＿

(1)根据已收到的招标编号为＿＿＿＿＿＿的＿＿＿＿＿＿工程的招标文件，我单位经考察现场和研究上述工程招标文件的投标须知、合同条件、技术规范、图纸、工程量清单和其他有关文件后，我方愿以人民币________元的总价，按上述合同条件、技术规范、图纸、工程量清单的条件承包上述工程的施工、竣工和保修。

(2)一旦我方中标，我方保证在________天(日历日)内竣工并移交整个工程。

(3)如果我方中标，我方将按照规定提交上述总价________%的银行保函或上述总价________%的由具有独立法人资格的经济实体企业出具的履约担保书，作为履约保证金，共同地和分别地承担责任。

(4)如果我方中标，将派出________(项目经理姓名)作为本工程的项目经理。

(5)我方接受招标文件中的工程款预付及支付条件。

(6)我方同意所递交的投标文件在“投标须知”前附表规定的投标有效期内有效，在此期间内我方的投标有可能中标，我方将受此约束。

(7)除非另外达成协议并生效，你方的中标通知书和本投标文件将构成约束双方的合同。

(8)我方金额为人民币________元的投标保证金与本投标书同时递交。

投标人：(盖章)

单位地址：

法定代表人或委托代理人：(盖章或签字)

邮政编码：

电话：

传真：

开户银行名称：

银行账号：

开户行地址：

电话：

日期：________年________月________日

(二)投标保证金银行保函

鉴于(下称“投标人”)于________年________月________日参加________(下称“招标人”)________工程的投标。

________银行(下称“本银行”)在此承担向招标人支付总金额人民币________元的责任。

本责任的条件是：

如果投标人在招标文件规定的投标有效期内撤回其投标；或如果投标人在投标有效期内收到招标人的中标通知书后：不能或拒绝按投标须知的要求签署合同协议书；或不能或拒绝按投标须知的规定提交履约保证金。

只要招标人指明投标人出现上述情况的条件，则本银行在接到招标人的通知就支付上述数额之内的任何金额，并不需要招标人申述和证实他的要求。

本保函在投标有效期后或招标人在这段时间内延长的投标有效期28天内保持有效，本银行不要求得到延长有效期的通知，但任何索款要求应在有效期内送到本银行。

银行名称：(盖章)

法定代表人或委托代理人：（签字或盖章）
银行地址：
邮政编码：
电话：

日期：__________年______月______日

（三）法定代表人资格证明书

单位名称：
地址：
姓名：　　　　性别：　　　　年龄：　　　　职务：

系____________________的法定代表人。为施工、竣工和保修____________________的工程，签署上述工程的投标文件、进行合同谈判、签署合同和处理与之有关的一切事务。

特此证明。

投标人：（盖章）

日期：__________年______月______日

（四）授权委托书

本授权委托书声明：我__________（姓名）系__________（投标人名称）的法定代表人，现授权委托__________（单位名称）的__________（姓名）为我公司代理人，参加__________（招标人）的__________工程的投标活动。代理人在投标、开标、评标、合同谈判过程中所签署的一切文件和处理与之有关的一切事务，我均予以承认。

代理人无转委权。特此委托！

代理人：　　　　性别：　　　　年龄：
单位：　　　　部门：　　　　职务：
投标人：（盖章）
法定代表人：（签字或盖章）

日期：__________年______月______日

二、工程量清单报价表

工程量清单报价格式

1. 封面
2. 投标总价
3. 工程项目总价表
4. 单项工程费汇总表
5. 单位工程费汇总表
6. 分部分项工程量清单计价表
7. 措施项目清单计价表
8. 其他项目清单计价表
9. 零星工作项目计价表

10. 分部分项工程量清单综合单价分析表
11. 措施项目费分析表
12. 甲供设备材料表(数量、单价)
13. 乙供材料表(数量、单价)

三、辅助资料表

(一)项目经理简历表(表 4-12)

表 4-12 项目经理简历表

姓名		性别		年龄		
职务		职称		学历		
参加工作时间			从事项目经理年限			
项目经理业绩(主要针对业绩评分内容填写)						
项目名称	建设规模	开、竣工程日期	结构类型	层数及高度	中标价	其他情况

(二)投标人(企业)业绩表(表 4-13)

表 4-13 投标人(企业)业绩表

投标人业绩(主要针对业绩评分内容填写)						
项目名称	建设规模	开、竣工日期	结构类型	层数及高度	中标价	其他情况

(三)主要施工管理人员表(表 4-14)

表 4-14 主要施工管理人员表

名称	姓名	职务	职称	主要资历、经验及承担过的项目
一、总部				
1. 项目主管				
2. 其他人员				
……				
二、现场				
1. 项目经理				
2. 项目副经理				
3. 质量管理				
4. 材料管理				
5. 计划管理				
6. 安全管理				
……				

(四)主要施工机械设备表(表 4-15)

表 4-15　主要施工机械设备表

序号	机械或设备名称	型号规格	数量	国别产地	制造年份	额定功率/kW	生产能力	备注

(五)项目拟分包情况表(表 4-16)

表 4-16　项目拟分包情况表

分包项目	主要内容	估算价格	分包单位名称、地址	做过同类工程的情况

(六)劳动力计划表(表 4-17)

投标人应按所列格式提交包括分包人在内的估计的劳动力计划表。本计划表是以每班八小时工作制为基础。

表 4-17　劳动力计划表　　单位：人

工种、级别	按工程施工阶段投入劳动力情况						

(七)施工方案或施工组织设计

投标人应递交完整的施工方案或施工组织设计，说明各分部分项工程的施工方法和布置，提交包括临时设施和施工道路的施工总布置图及其他必需的图表、文字说明书等资料，至少应包括：

1. 各分部分项工程完整的施工方案，保证质量的管理计划；
2. 施工机械的进场计划；
3. 工程材料的进场计划；
4. 施工现场平面布置图及施工道路平面图；
5. 冬、雨期施工措施；

6. 地下管线及其他地上地下设施的加固措施；

7. 保证安全生产，文明施工，减少扰民降低环境污染和噪音的管理计划。

(八)计划开、竣工日期和施工进度计划

投标人应提交初步的施工进度表，说明按招标文件要求的工期进行施工的各个关键日期。中标的投标人还要按合同条件有关条款的要求提交详细的施工进度计划。

初步施工进度表可采用横道图(或关键线路网络图)表示，说明计划开工日期和各分项工程各阶段的完工日期和分包合同签订的日期。

施工进度计划应与施工方案或施工组织设计相适应。

(九)临时设施布置及临时用地表

1. 临时设施布置

投标人应提交一份施工现场临时设施布置图表并附文字说明，说明临时设施、加工车间、现场办公、设备及仓储、供电、供水、卫生、生活等设施的情况和布置。

2. 临时用地表(表 4-18)

表 4-18　临时用地表

用途	面积/m^2	位置	需用时间
合计			

注：1. 投标人应逐项填写本表，指出全部临时设施用地面积以及详细用途。
　　2. 若本表不够，可加附页。

(十)联营体协议书和授权书

附联营体协议书副本和各成员法定代表授权书。

项目小结

投标的前期工作包括获取招标信息、筹建投标小组和前期投标决策三项内容。

资格预审是投标人投标过程中首先要通过的第一关，资格预审一般按招标人所编制的资格预审文件内容进行审查。

工程投标文件是工程投标人单方面阐述自己响应招标文件要求，旨在向招标人提出愿意订立合同的意思表示，是投标人确定、修改和解释有关投标事项的各种书面表达形式的统称。

投标文件一般由下列内容组成：投标函；投标函附录；投标保证金；法定代表人资格证明书；授权委托书；具有标价的工程量清单与报价表；辅助资料表；资格审查表(资格预审的不采用)；对招标文件中的合同协议条款内容的确认和响应；施工组织设计；招标文件规定提交的其他资料。

学生在了解建筑工程投标基本知识的基础上，应实际参与(或模拟参与)建筑工程投标工作，能够独立编制和识读建设工程投标文件，为以后参加工作打下基础。

同步测试

4—1　投标程序是什么？

4—2　投标时决策的依据是什么？

4—3　常用的投标技巧有哪几种？

4—4　投标报价的编制方法有哪几种？

4—5　投标报价由哪些内容组成？

4—6　如何对投标报价进行审核？

4—7　建设工程投标文件由哪些内容构成？

4—8　简述建设工程投标文件编制时应注意的事项。

专项实训

建设工程施工投标文件的编制

实训目的：体验工程投标程序，熟悉工程投标文件的内容、要求与编制。

材料准备：①工程有关批准文件。

②工程施工图纸。

③工程概算或施工图预算。

④模拟工程现场。

⑤模拟工程投标现场。

实训步骤：划分小组成立投标单位→分发工程招标文件、工程施工图纸→进行工程投标的准备工作→进行工程现场踏勘与答疑会→进行工程招标文件的编制→进行投标文件的密封与送达。

实训结果：①独立完成。在教师的指导下独立地完成投标文件的编制。

②采用国家统一的标准及规格。

③时间要求。在教学规定的实训时间内完成全部内容。

注意事项：①投标文件应尽量详细和完善。

②投标文件应符合招标文件的要求。

③尽量采用标准的专业术语。

④充分发挥学生的积极性、主动性与创造性。

项目5　建设工程开标、评标与定标

项目描述

本项目主要介绍有关建设工程开标及其要求，开标、评标和中标的程序及内容，评标标准及方法，工程定标等内容。

技能目标

通过本项目的学习，学生能够了解建设工程开标、评标和定标的一般程序，掌握评标方法，熟练进行工程评标与定标，能够参与实际工程的开标评标活动。

项目导入

一般来说，招标投标需经过招标、投标、开标、评标与定标等程序。开标应当按照招标文件规定的时间、地点和程序以公开方式进行。开标由招标人或者招标投标中介机构主持，邀请评标委员会成员、投标人代表和有关单位代表参加。投标人检查投标文件的密封情况，确认无误后，由有关工作人员当众拆封、验证投标资格，并宣读投标人名称、投标价格以及其他主要内容。投标人可以对唱标作必要的解释，但所作的解释不得超过投标文件记载的范围或改变投标文件的实质性内容。开标应当做记录，存档备查。

5.1　建设工程开标、评标和定标的内容及组织

招标投标活动经过了招标阶段、投标阶段，就进入了开标阶段。

5.1.1　建设工程开标及其要求

1. 开标(揭标)

开标是公开投标人的所有投标文件，即指招标人在截标后依法定程序启封所有投标人报价以揭晓其内容的环节。开标由招标人或者招标代理机构的负责人主持，邀请所有投标人参加。

2. 开标地点

开标地点是指一种程序性但是涉及投标人一定利害关系的法定地点，即在招标文件中预先确定的地点(可以改变，但是必须通知所有投标人)。

3. 开标人

开标人是指开标的主持人。他(她)可以是招标人，也可以是招标人的代理人(招标代理

机构的负责人)。开标人员至少由主持人、开标人、监标人、唱标人、记录人组成,上述人员对开标负责。

4. 建设工程开标要求

建设工程开标是指在招标文件确定的投标截止时间的同一时间,招标人依招标文件规定的地点,开启投标人提交的投标文件,并公开宣布投标人的名称、投标报价、工期等主要内容的活动。它是招标投标的一项重要程序,因而其有以下要求:

(1)提交投标文件截止之时,即为开标之时,无间隔时间,以防不端行为有可乘之机。

(2)开标的主持人和参加人。主持人是招标人或招标代理机构,并负责开标全过程的工作。参加人除评标委员会成员外,还应当邀请所有投标人参加,一方面使投标人得以了解开标是否依法进行,起到监督的作用;另一方面了解其他人的投标情况,做到知己知彼,以衡量自己中标的可能性,或者衡量自己是否在中标的短名单之中。

5.1.2 评标委员会的组成、工作内容及要求

评标委员会依法组建,负责评标活动,向招标人推荐中标候选人或者根据招标人的授权直接确定中标人。评标委员会由招标人负责组建。评标委员会成员名单一般应于开标前确定。评标委员会成员名单在中标结果确定前应当保密。

1. 评标委员会的组成

评标与定标工作主要由评标委员会主持进行。评标委员会由招标人或其委托的招标代理机构熟悉相关业务的代表,以及有关技术、经济等方面的专家组成,成员人数为 5 人以上单数,其中,技术、经济等方面的专家不得少于成员总数的 2/3。

评标委员会设负责人的,评标委员会负责人由评标委员会成员推举产生或者由招标人确定。评标委员会负责人与评标委员会的其他成员有同等的表决权。

评标委员会的专家成员应当从依法组建的专家库内的相关专家名单中确定。

按前款规定确定评标专家,可以采取随机抽取或者直接确定的方式。一般项目,可以采取随机抽取的方式;技术复杂、专业性强或者国家有特殊要求的招标项目,采取随机抽取方式确定的专家难以保证胜任的,可以由招标人直接确定。

评标专家应符合下列条件:

(1)从事相关专业领域工作满八年并具有高级职称或者同等专业水平。

(2)熟悉有关招标投标的法律法规,并具有与招标项目相关的实践经验。

(3)能够认真、公正、诚实、廉洁地履行职责。

有下列情形之一的,不得担任评标委员会成员:

(1)投标人或者投标主要负责人的近亲属。

(2)项目主管部门的人员或者行政监督部门的人员。

(3)与投标人有经济利益关系,可能影响对投标公正评审的。

(4)曾因在招标、评标以及其他与招标投标有关的活动中从事违法行为而受过行政处罚或刑事处罚的。

评标委员会成员有前款规定情形之一的,应当主动提出回避。

2. 评标委员会的评标工作内容

(1)负责评标，向招标人推荐中标候选人或根据招标人的授权直接确定中标人。

(2)如果所有投标都不符合招标文件的要求，或者有效投标少于三家，可以否决所有投标。

(3)评标委员会完成评标后，应当向招标人提出书面评标报告。

3. 对评标委员会的要求

(1)评标委员会成员应当客观、公正地履行职责，遵守职业道德，对所提出的评审意见承担个人责任。

(2)评标委员会成员不得与任何投标人或者与招标结果有利害关系的人私下接触，不得收受投标人、中介人、其他利害关系人的财物或者其他好处，不得向招标人征询其确定中标人的意向，不得接受任何单位或者个人明示或者暗示提出的倾向或者排斥特定投标人的要求，不得有其他不客观、不公正履行职务的行为。

(3)评标委员会成员和与评标活动有关的工作人员不得透露对投标文件的评审和比较、中标候选人的推荐情况以及与评标有关的其他情况。与评标活动有关的工作人员，是指评标委员会成员以外的因参与评标监督工作或者事务性工作而知悉有关评标情况的所有人员。

5.1.3 评标原则

评标活动应在招投标监管部门及监察部门的监督下在有形市场内进行，任何单位和个人不得干扰招标评标、定标工作。评标活动应遵循以下原则：

(1)评标活动应遵循公平、公正、科学、择优的原则。

(2)评标活动依法进行，任何单位和个人不得非法干预或者影响评标过程和结果。

(3)招标人应当采取必要措施，保证评标活动在严格保密的情况下进行。

(4)评标活动及其当事人应当接受依法实施的监督。

有关行政监督部门依照国务院或者地方政府的职责分工，对评标活动实施监督，依法查处评标活动中的违法行为。

5.2 建设工程开标、评标和定标的程序及要求

5.2.1 建设工程开标的程序

建设工程开标是招标人、投标人和招标代理机构等共同参与的一项重要活动，也是建设工程招标、投标活动中的决定性时刻，建设工程的开标工作程序如图 5-1 所示。

1. 开标的前期准备工作

开标的前期准备工作包括开标大会监督申请、选择开标地点和专家评委邀请等工作。

(1)开标大会监督申请。为保证工程开标的公开、公平、公正的原则，开标大会应在政府主管部门监督下进行，开标前，应向当地招标办公室申请监督。

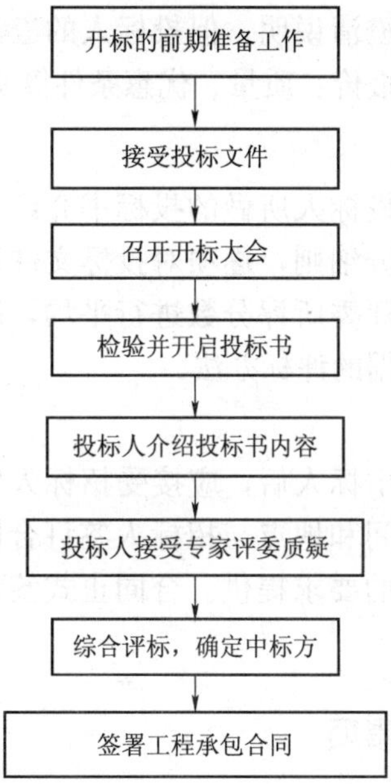

图 5-1　建设工程开标程序

(2)选择开标地点。一般情况下，开标地点可以选择招标人单位、招标代理机构以及建筑市场专设开标会议室等场所。可根据工程性质、地方有关规定选择。

(3)专家评委邀请。公开招标的开标前，所有的专家评委应该在有关的信息网上随机抽取，发出邀请函，邀请获取评标专家资格认证的评委参加开标大会。

2. 接受投标文件

经过开标前期的准备工作之后，招标人按招标文件中规定的时间地点接受投标人提交的投标文件。

3. 召开开标会议

根据招标文件的规定，招标人在接受投标文件后，应按时组织开标会议，投标人应准时参加。开标会议由投标人的法定代表人或其授权代理人参加。如果是法定代表人参加，一般应持有法定代表人资格证明书；如果是委托代理人参加，一般应持有授权委托书。

4. 检验并开启投标书

在开标大会上，招标人在评委检查投标书符合要求的基础上(一般包括密封完好、两章齐全等内容)，当众开启投标书。一般规定，不参加开标会议的投标人，其投标文件将不予启封。

5. 投标人介绍投标书内容

一般情况下，根据开标程序要求，投标方应选择代表人介绍投标企业概况、投标书主要内容(一般包括报价、工期、质量等级、施工组织设计等)。要求介绍声音清晰洪亮、简练、明确、有条理，并在规定的时间内完成。

6. 投标人接受专家评委质疑

在开标过程中，评标组织根据情况可以对投标文件中含义不明确的内容作必要的质疑询问，这时投标人应积极地予以澄清说明。但投标人的澄清说明，不得超出投标文件的范围或者改变投标文件中的工期、报价、质量、优惠条件等实质性内容。

7. 综合评标，确定中标方

评标委员会所有成员在听取投标人所做的投标书介绍、施工组织设计介绍，并进行质疑询问后，应按照招标文件的评分细则，逐项对投标文件进行评分，为体现评标的公平公正性，一般评分应公开进行。各评委所评分数进行平均，所得分数最高者即为中标方。当然，也有以单项成绩作为中标依据的评标办法。

8. 签署工程承包合同

经过评标，投标人被确定为中标人后，应接受招标人发出的中标通知书。中标人在收到中标通知书后，应在规定的时间和地点与招标人签订合同。招标文件要求中标人提交履约保证金的，中标人应按招标人的要求提供。合同正式签订之后，应按要求将合同副本分送有关主管部门备案。

5.2.2 建设工程开标注意事项

(1)开标前，首先由投标人或推选的代表检查投标文件密封情况(一般要求密封纸尽量少接缝或按统一包装格式进行，所有接缝加盖企业公章和法人章)，确认投标文件完好。也可以由招标人委托的公证机构检查并公证。

(2)检验投标书封面是否符合要求。

(3)经确认密封及封面无误后，由开标主持人以招标文件递交的先后顺序当众拆封、宣读。

(4)开标主持人在开标时，开标主持人要高声朗读每个投标人名称、投标报价、工期等主要内容。

(5)在宣读的同时，对所读的每一项内容要记录在案，以存档备查，最后由主持人和其他工作人员签字确认。

5.2.3 评标程序

1. 评标准备

(1)认真研究招标文件，熟悉以下内容：

1)招标的目标。

2)招标工程项目的范围和性质。

3)招标文件中规定的主要技术要求、标准和商务条款。

4)招标文件规定的评标标准、评标方法和在评标过程中考虑的相关因素。

(2)编制供评标使用的各种表格资料。

招标人或者其委托的招标代理机构应当向评标委员会提供评标所需的重要信息和数据，但不得带有明示或者暗示倾向或者排斥特定投标人的信息。

招标人设有标底的，标底在开标前应当保密，并在评标时作为参考。

2. 初步评审

初步评审是指从所有的投标书中筛选出符合最低要求标准的合格投标书，剔除所有无效投标书和严重违法的投标书，以减少详细评审的工作量，保证评审工作的顺利进行。

初步评审的工作主要包括以下几项：

(1)认真研究投标文件，进行投标文件的符合性鉴定。所谓符合性鉴定，是检查投标文件是否实质上响应招标文件的要求，实质上响应的含义是其投标文件应该与招标文件的所有条款、条件规定相符，无显著差异或保留。符合性鉴定一般包括下列内容：

1)投标文件的有效性。

①投标人以及联合体形式投标的所有成员是否已通过资格预审，获得投标资格。

②投标文件中是否提交了承包人的法人资格证书及投标负责人的授权委托证书；如果是联合体，是否提交了合格的联合体协议书以及投标负责人的授权委托证书。

③投标保证的格式、内容、金额、有效期、开具单位是否符合招标文件的要求。

④投标文件是否按要求进行了有效的签署等。

2)投标文件的完整性。投标文件中是否包括招标文件规定应递交的全部文件，如标价的工程量清单、报价汇总表、施工进度计划、施工方案、施工人员和施工机械设备的配备等，以及应该提供的必要的支持文件和资料。

3)与招标文件的一致性。

①凡是招标文件中要求投标人填写的空白栏目是否全部填写，做出明确的回答，如投标书及其附录是否完全按要求填写。

②对于招标文件的任何条款、数据或说明是否有任何修改、保留和附加条件。

通常符合性鉴定是初步评审的第一步，如果投标文件实质上不响应招标文件的要求，将被列为废标予以拒绝，并不允许投标人通过修正或撤销其不符合要求的差异或保留，使之成为具有响应性的投标。

(2)评标委员会应当按照投标报价的高低，或者招标文件规定的其他方法对投标文件排序。以多种货币报价的，应当按照中国银行在开标日公布的汇率中间价换算成人民币，以人民币作为投标报价的统一币种。

招标文件应当对汇率标准和汇率风险做出规定，未作规定的，汇率风险由投标人承担。

(3)评标委员会可以书面方式要求投标人澄清或补正疑点问题，通常有以下几个方面的问题需澄清或补正：

1)对投标文件中含义不明确。

2)对同类问题表述不一。

3)表达中有明显文字和计算错误。

4)投标书中存在细微偏差。所谓细微偏差是指实质上响应了招标文件的要求，但个别处有漏洞，或技术信息和数据不完整，经补正后不会造成不公平结果。

5)评标委员会发现某投标人的投标报价明显低于其他投标报价或明显低于标底。

6)投标人资格条件不符合国家规定、项目要求和招标文件的规定。

对于上述疑点问题，投标人应按照评标委员会的要求做出书面回答。如果投标人对上述问题“5)”不能合理说明或不能提供相关证明材料，由评标委员会认定该投标人以低于成本报价竞标，其投标应作废标处理；对上述问题“6)”拒不按照要求对投标文件进行澄清、说明或者补正的，评标委员会可以否决其投标。对于细微偏差，评标委员会应当书面要求投标人在评标结束前予以补正。拒不补正的，在详细评审时可以对细微偏差作不利于该投标人的量化，量化标准应在招标文件中规定。

在澄清或补正问题时应注意两个原则：其一，澄清或补正应以书面形式进行并不得超出投标文件的范围或者改变投标文件的实质性内容；其二，处理投标文件中不一致或错误的原则是：投标文件中的大写金额和小写金额不一致时，以大写金额为准；总价金额与单价金额不一致时，以单价金额为准，但单价金额小数点有明显错误的除外；对不同文字文本投标文件的解释发生异议的，以中文文本为准。

(4)评标委员会根据招标文件的要求，审查并逐项列出投标文件的全部投标偏差。投标偏差分为重大偏差和细微偏差。所谓重大偏差，是指投标文件未能对招标文件做出实质性响应者，对其应依《评标委员会和评标方法暂行规定》作废标或无效投标书处理。

投标文件中常见的重大偏差有如下情况：

1)没有按照招标文件要求提供投标担保或者所提供的投标担保有瑕疵。

2)投标文件没有投标人授权代表签字和加盖公章。

3)投标文件载明的招标项目完成期限超过招标文件规定的期限。

4)明显不符合技术规格、技术标准的要求。

5)投标文件载明的货物包装方式、检验标准和方法等不符合招标文件的要求。

6)投标文件附有招标人不能接受的条件。

7)不符合招标文件中规定的其他实质性要求。

投标文件有上述情形之一的，为未能对招标文件做出实质性响应，按规定作否决投标处理。招标文件对重大偏差另有规定的，从其规定。

细微偏差是指投标文件在实质上响应招标文件要求，但在个别地方存在漏项或者提供了不完整的技术信息和数据等情况，并且补正这些遗漏或者不完整以使之不会对其他投标人造成不公平的结果。细微偏差不影响投标文件的有效性。

评标委员会应当书面要求存在细微偏差的投标人在评标结束前予以补正。拒不补正的，在详细评审时可以对细微偏差作不利于该投标人的量化，量化标准应当在招标文件中规定。

评标委员会根据规定否决不合格投标后，因有效投标不足三个使得投标明显缺乏竞争的，评标委员会可以否决全部投标。

投标人少于三个或者所有投标被否决的，招标人在分析招标失败的原因并采取相应措施后，应当依法重新招标。

(5)查处招标投标过程中的违法行为。《评标委员会和评标方法暂行规定》中规定："在评标过程中，评标委员会发现投标人以他人的名义投标、串通投标；以行贿手段谋取中标或者以其他弄虚作假方式投标的，该投标人的投标应作废标处理。"不仅如此，违法的当事人根据情节轻重还须承担相关的法律责任。

所谓串通投标，包括投标人之间串通投标和招标人与投标人串通投标两种情况，问题主要出在报价问题上。

前者如：

1)投标人之间相互约定抬高或压低投标报价。

2)投标人之间相互约定，在招标项目中分别以高、中、低价位报价。

3)投标人之间先进行内部竞价，内定中标人，然后再参加投标。

后者如：

1)招标人在开标前开启投标文件，并将投标情况告知其他投标人，或者协助投标人撤换投标文件，更改报价。

2)招标人向投标人泄露标底。

3)招标人与投标人商定，投标时压低或抬高标价，中标后再给投标人或招标人额外补偿。

4)招标人预先内定中标人。

根据目前建筑市场严重存在的情况，《评标委员会和评标方法暂行规定》特别强调：投标人不得以他人名义投标，即指投标人挂靠其他施工单位，或从其他单位通过转让或租借的方式获取资格或资质证书，或者由其他单位及法定代表人在自己编制的投标文件上加盖印章和签字等行为。

3. 详细评审

(1)详细评审的对象。经初步评审合格的投标文件，评标委员会应当根据招标文件确定的评标标准和方法，对其技术部分和商务部分作进一步评审、比较。

(2)详细评审的主要方法。包括经评审的最低投标价法、综合评估法或者法律、行政法规允许的其他评标方法。

1)经评审的最低投标价法一般适用于具有通用技术、性能标准或者招标人对其技术、性能没有特殊要求的招标项目。根据经评审的最低投标价法，能够满足招标文件的实质性要求，并且经评审的最低投标价的投标，应当推荐为中标候选人。

采用经评审的最低投标价法的，评标委员会应当根据招标文件中规定的评标价格调整方法，以所有投标人的投标报价以及投标文件的商务部分作必要的价格调整。采用经评审的最低投标价法的，中标人的投标应当符合招标文件规定的技术要求和标准，但评标委员会无需对投标文件的技术部分进行价格折算。根据经评审的最低投标价法完成详细评审后，评标委员会应当拟定一份“标价比较表”，连同书面评标报告提交招标人。“标价比较表”应当载明投标人的投标报价、对商务偏差的价格调整和说明以及经评审的最终投标价。

2)不宜采用经评审的最低投标价法的招标项目，一般应当采取综合评估法进行评审。根据综合评估法，最大限度地满足招标文件中规定的各项综合评价标准的投标，应当推荐为中标候选人。衡量投标文件是否最大限度地满足招标文件中规定的各项评价标准，可以采取折算为货币的方法、打分的方法或者其他方法。需量化的因素及其权重应当在招标文件中明确规定。评标委员会对各个评审因素进行量化时，应当将量化指标建立在同一基础或者同一标准上，使各投标文件具有可比性。对技术部分和商务部分进行量化后，评标委员会应当对这两部分的量化结果进行加权，计算出每一投标的综合评估价或者综合评估分。

根据综合评估法完成评标后，评标委员会应当拟定一份“综合评估比较表”，连同书面评标报告提交招标人。“综合评估比较表”应当载明投标人的投标报价、所作的任何修正、对商务偏差的调整、对技术偏差的调整、对各评审因素的评估以及对每一投标的最终评审结果。

根据招标文件的规定，允许投标人投备选标的，评标委员会可以对中标人所投的备选标进行评审，以决定是否采纳备选标。不符合中标条件的投标人的备选标不予考虑。

对于划分有多个单项合同的招标项目，招标文件允许投标人为获得整个项目合同而提出优惠的，评标委员会可以对投标人提出的优惠进行审查，以决定是否将招标项目作为一个整体合同授予中标人。将招标项目作为一个整体合同授予的，整体合同中标人的投标应当最有利于招标人。

(3)详细评审的期限。评标和定标应当在投标有效期内完成。不能在投标有效期结束日30个工作日前完成评标和定标的，招标人应当通知所有投标人延长投标有效期。拒绝延长投标有效期的投标人有权收回投标保证金。同意延长投标有效期的投标人应当相应延长其投标担保的有效期，但不得修改投标文件的实质性内容。因延长投标有效期造成投标人损失的，招标人应当给予补偿，但因不可抗力需延长投标有效期的除外。

招标文件应当载明投标有效期。投标有效期从提交投标文件截止日起计算。

4. 编写评标报告

评标委员会在评标过程中发现的问题，应当及时作出处理或者向招标人提出处理建议，并作书面记录。评标委员会完成评标后，应当向招标人提出书面评标报告，并抄送有关行政监督部门。评标报告应当如实记载以下内容：

(1)基本情况和数据表。

(2)评标委员会成员名单。

(3)开标记录。

(4)符合要求的投标一览表。

(5)否决投标的情况说明。

(6)评标标准、评标方法或者评标因素一览表。

(7)经评审的价格或者评分比较一览表。

(8)经评审的投标人排序。

(9)推荐的中标候选人名单与签订合同前要处理的事宜。

(10)澄清、说明、补正事项纪要。

评标报告由评标委员会全体成员签字。对评标结论持有异议的评标委员会成员可以书面方式阐述其不同意见和理由。评标委员会成员拒绝在评标报告上签字且不陈述其不同意见和理由的，视为同意评标结论。评标委员会应当对此作出书面说明并记录在案。

向招标人提交书面评标报告后，评标委员会应将评标过程中使用的文件、表格以及其他资料即时归还招标人。

5. 推荐中标候选人

评标委员会推荐的中标候选人应当限定在1～3人，并标明排列顺序。招标人不得与投标人就投标价格、投标方案等实质性内容进行谈判。

国有资金占控股或者主导地位的项目，招标人应当确定排名第一的中标候选人为中标人。排名第一的中标候选人放弃中标、因不可抗力提出不能履行合同，或者招标文件规定应当提交履约保证金而在规定的期限内未能提交，或者被查实存在影响中标结果的违法行为等情形，不符合中标条件的，招标人可以按照评标委员会提出的中标候选人名单排序依次确定其他中标候选人为中标人。依次确定其他中标候选人与招标人预期差距较大，或者对招标人明显不利的，招标人可以重新招标。

招标人可以授权评标委员会直接确定中标人。国务院对中标人的确定另有规定的，从其规定。

5.2.4 评标的标准、内容和方法

1. 评标的标准

《招标投标法》规定：中标人的投标应当符合下列条件之一：

(1)能够最大限度地满足招标文件中规定的各项综合评价标准。

(2)能够满足招标文件的实质性要求，并且经评审的投标价格最低，但是投标价格低于成本的除外。

这一规定既说明了评标的标准，又说明了评标的主要方法。它们都应由招标人在招标文件中列明。

所谓评标标准，包括价格标准和非价格标准。非价格标准应该尽可能地、客观地按货币形式定量化，并规定相对的权数，以便与价格标准综合，求得综合评价标准。

非价格标准在工程招投标评标方面，主要有工期、质量与安全、人员技术水平和经验；在服务方面主要有服务的资格条件、经验与信誉、专业和管理能力；在提供货物方面主要有支付计划、交货期、运营成本、货物的安全可靠性和配套性、服务提供的能力。

2. 评标的内容

(1)技术评估。

1)技术评估的目的。确认和比较投标人完成本工程的技术能力，以及他们的施工组织设计和施工质量保证的可靠性。

2)技术评估的内容。

①主要技术人员和项目经理的素质和经验。

②施工总体布置的合理性，如施工作业面的布置、料场和加工场的布置、施工交通运输的安排、仓储及废料的处理等布局和安排是否合理等。

③施工方案的可行性，特别是关键工作的可行性。

④施工进度计划与工期的可靠性。

⑤施工方法和技术措施的保障性。

⑥工程材料和机械设备的质量与性能。

⑦采用先进技术、新工艺和新材料的情况。

⑧施工质量保证体系的情况。

⑨分包商的技术能力和施工经验情况。

(2)商务评估。

1)商务评估的目的。通过分析投标报价以鉴别各投标人的报价的合理性、准确性和风险等情况，从而确定合格的中标人选和避免评标的风险。

2)商务评估的内容。

①分析报价构成的合理性。通过分析工程报价中的企业管理费、规费、利润和其他费用的比例关系，主体工程各专业工程价格的比例关系等，宏观判断报价的合理性。同时，应注意工程量清单中的单价有无严重脱离实际价格的情况。

②分析前期工程价格提高的幅度。

③分析投标书中所附资金流量表的合理性。

④分析投标人提出的财务或付款方面的建议和优惠条件。《评标委员会和评标方法暂行

规定》规定："投标文件中没有列入的价格和优惠条件在评标时不予考虑。"这一规定必须引起投标人和评标委员会人员的注意。

⑤合同条款中涉及商务内容的其他内容。

3. 评标的方法

评标的方法主要有以下两种：

(1)综合评估法。综合评估法是指通过分析比较找出能够最大限度地满足招标文件中规定的各项综合评价标准的投标，并推荐为中标候选人的方法。

由于综合评估施工项目的每一投标需要综合考虑的因素很多，它们的计量单位各不相同，因此不能直接用简单的代数求和的方法进行综合评估比较，需要将多种影响因素统一折算为分数或者折算为货币的方法。这种方法的要点如下：

1)评标委员会根据招标项目的特点和招标文件中规定的需要量化的因素及权重(评分标准)，将准备评审的内容进行分类，各类中再细化成小项，并确定各类及小项的评分标准。如某建筑工程招标，评标采用百分制计算，评标要素和分值分配见表 5-1。

表 5-1　某建筑工程评标要素和分值分配表

分类	满分	一级评审要素		二级评审要素		备注
		评分内容	标准分	评分内容	标准分	
商务标	60	报价	50	按开标后计算的工程造价期望值为标准，依据报价的偏离程度计算各标书得分		
技术标	40	施工组织设计	20	施工技术方案措施	10	
				质量管理计划	2	
				进度管理计划	2	
				职业健康安全与环境管理计划	2	
				施工机械配置合理程度	2	
				施工组织管理体系合理性	2	
		施工总工期	3	投标工期等于招标文件要求工期	3	
				投标工期短于招标文件要求工期	提前一天加 0.1 分	
				投标工期大于招标文件要求工期	0	
		质量登记	3	承诺一次验收达到合格标准	3	
		项目经理	2	一级建造师	2	
				二级建造师	1	
		企业信誉	12	获 ISO 9000 质量体系认证	2	
				获鲁班奖	5	
				获省级优良	3	
				获市级优良	2	
合计						

2)评分标准确定后，每位评标委员会委员独立地对投标书分别打分，各项分数统计之

和即为该投标书的得分。

3)综合评分。如报价以标底价为标准，报价低于标底5%范围内为满分(假设为50分)，比标底每增加1%或比95%的标底每减少1%均扣减2分，同样报价以技术价为标准进行类似评分。

综合以上得分情况后，最终以得分的多少排出顺序，作为综合评分的结果。

4)评标委员会拟定“综合评估比较表”，表中载明以下内容：投标人的投标报价、对商务偏差的调整值、对技术偏差的调整值、最终评审结果等。可见综合评估法是一种定量的评标办法，在评定因素较多而且繁杂的情况下，可以综合地评定出各投标人的素质情况和综合能力，它适用于大型复杂的工程施工评标。

(2)经评审的最低投标价法。经评审的最低投标价法，简称为最低投标价法，是指能够满足招标文件的实质性要求，并经评审的投标价格最低(低于成本的例外)应推荐为中标人的方法。

所谓最低投标价，它既不是投标人中的最低投标价，也不是中标价，它是将一些因素折算为价格，然后依此价格评定投标书的次序，然后确定次序中价格最低的投标为中标候选人。中标候选人应当限定在1～3人。

由于评标中涉及因素繁多，如质量、工期、施工组织设计、施工组织机构、管理体系、人员素质、安全施工等。其中，某些因素如技术水平等是不能或不宜折算为价格指标的，因此，采用这种方法的前提条件是：投标人通过了资格预审，具有质量保证的可靠基础。其适用范围是：具有通用技术、性能标准，或者招标人对其技术、性能标准没有特别要求的项目。

最低投标价法(也称评标价法)的要点如下：

1)根据招标文件规定的评标要素折算为货币的价值，进行价格量化工作，一般可以折算为价格的评审要素包括：

①投标书承诺的工期，工期提前，可以从该投标人的报价中扣减提前工期折算成的货币。

②合理化建议，特别是技术方面的，可按招标文件规定的量化标准折算为价格，再在投标价内减去此值。

③承包人在实施过程中如果发生严重亏损，而此亏损在投标时有明显漏项时，招标人或发包人可能有两种选择。其一，给予相应的补项，并将此费用加到评标价中，这样也可防止承包商的部分风险转移至发包人的情况；其二，解除合同，另物色承包人。这种选择对发包人也是有风险的，它既延误了预定的竣工日期，使发包人收益延期，同时，与后续承包人订立的合同价格往往高于原合同价，导致工程费用增加。

④投标书内提供了优惠条件的情况。

2)价格量化工作完毕进行全面统计工作，由评标委员会拟定“标价比较表”。表中载明：投标人的投标报价，商务偏差的价格调整和说明，经评审的最终投标价。

5.2.5 中标

《招标投标法》有关中标的法律规定如下：

(1)在确定中标人前，招标人不得与投标人就投标价格、投标方案等实质性内容进行谈判。

(2)中标人确定后，招标人应当向中标人发出中标通知书，并同时将中标结果通知所有未中标的投标人。

中标通知书对招标人和中标人具有法律效力。中标通知书发出后，招标人改变中标结果的或者中标人放弃中标项目的，应当依法承担法律责任。

(3)招标人和中标人应当自中标通知书发出之日起30日内，按照招标文件和中标人的投标文件订立书面合同。招标人和中标人不得再行订立背离合同实质性内容的其他协议。

招标文件要求中标人提交履约保证金的，中标人应当提交。

(4)中标人应当按照合同约定履行义务，完成中标项目。中标人不得向他人转让中标项目，也不得将中标项目肢解后分别向他人转让，但中标人按照合同约定或者经招标人同意，可以将中标项目的部分非主体、非关键性工作分包给他人完成。接受分包的人应当具备相应的资格条件，并不得再次分包。

中标人应当就分包项目向招标人负责，接受分包的人就分包项目承担连带责任。

(5)评标委员会经评审，认为所有投标都不符合招标文件要求的，可以否决所有投标。

依法必须进行招标的项目所有投标被否决的，招标人应当依照《招标投标法》重新招标。重新招标后投标人少于3个的，属于必须审批的工程建设项目，报经原审批部门批准后可以不再进行招标。其他工程建设项目，招标人可自行决定不再进行招标。

5.3 建设工程施工招标评标案例

【案例1】

背景资料： 某商业办公楼的招标大会上，共有8家单位来进行投标，在开标大会上共有两家单位废标，甲单位因为交通堵塞投标时间迟到2分钟，被禁止入场；乙单位因为投标书中综合报表中缺少“质量等级”一栏，被评标委员会查出，当场退出开标大会现场。剩余6家经过激烈竞争，最后一家单位胜出中标。

问题：

1. 投标文件中一般包括哪些内容？

2. 何为废标？这两家单位因何原因被废标，后果如何？

3. 剩余6家进行竞争，是否符合招标投标法？

【评析】

问题1：

投标文件组成：

(1)投标书。

(2)投标书附件。

(3)投标保证金。

(4)法定代表人资格证明书。

(5)授权委托书。

(6)具有标价的工程量清单与报价表。

(7)施工组织设计。

(8)辅助资料表。

(9)资格审查表(经资格预审时，此表从略)。

(10)对招标文件中的合同协议条款内容的确认和响应。

(11)按招标文件规定提交的其他资料。

问题 2：

废标又称作无效标书，是指投标书失去投标资格，无权参加开标大会的标书。

《评标委员会和评标办法暂行规定》中规定：①投标文件逾期送达；②未按规定的格式填写，内容不全或关键字迹模糊、无法辨认的，作废标或无效投标书处理。甲、乙单位分别违背了以上两条规定，因此被废标。

废标以后，甲、乙双方将失去投标资格，同时也失去了竞标的机会。

问题 3：

根据《招标投标法》规定，参加投标的单位不少于 3 家，故剩余 6 家进行竞争，符合《招标投标法》的规定，开标结果有效。

【案例 2】

背景资料：某商品住宅小区建设的招标大会上，共有 6 家单位来进行投标。在开标大会上，最后评分环节中，某实力强大的单位仅获得 87.5 分，而胜出并中标单位获得了 96.8 分。在分析原因时发现：在评分标准中，“信誉分”评分规定中，以同类工程获奖证书为依据，其中“省优”以上每项 3 分，限 15 分；“市优”以上每项 2 分，限 10 分；“优良”以上每项 1 分，限 10 分。而该单位经营人员认为“省优”是在“优良”的基础上评定的，为证实自己的实力，在投标书中附上了“鲁班奖”3 项，“省优”15 项，“市优”10 项，而未附上“优良”项目(单位有“优良”奖项上百件)。在评定时，评标委员会以其缺项为由，扣去其 10 分。从而失去了中标的机会。

问题：

1. 工程评标一般包括哪些内容?

2. 某单位因何原因被扣分，后果如何?

【评析】

问题 1：

工程评标一般包括技术评估和商务评估。技术评估是为了确认和比较投标人完成本工程的技术能力，以及他们的施工组织设计和施工质量保证的可靠性。商务评估是通过分析投标报价以鉴别各投标人的报价的合理性、准确性和风险等情况，从而确定合格的中标人选和避免评标的风险。

问题 2：

某单位因错误理解招标文件中的评标办法，盲目自大，无视投标中的风险，缺乏竞争意识，而丧失了这次中标机会。

项目小结

招标投标活动经过了招标阶段、投标阶段，就进入了开标阶段。

开标是公开投标人的所有投标文件，即指招标人在截标后依法定程序启封所有投标人报价以揭晓其内容的环节。由招标人或者招标代理机构的负责人主持，邀请所有投标人参加。

评标与定标工作主要由评标委员会主持进行。评标委员会由招标人依法组建，包括招标人的代表和有关技术、经济方面的专家。成员人数为5人以上单数，其中，技术、经济等方面的专家不得少于成员总数的2/3。

评标活动应在招投标监管部门及监察部门的监督下在有形市场内进行，任何单位和个人不得干扰招标评标、定标工作。

评标活动应遵循以下原则：评标活动应遵循公平、公正、科学、择优的原则。评标活动应严格遵守招标文件所规定的评标办法。在评标活动过程中，可要求投标人对其投标文件中含义不明的内容，通过评标委员会集体询标澄清。

评标标准包括价格标准和非价格标准。非价格标准应该尽可能地、客观地按货币形式定量化，并规定相对的权数，以便与价格标准综合，求得综合评价标准。

学生在了解建筑工程开标基本知识的基础上，应实际参与(或模拟参与)建筑工程开标大会工作，能够独立组织开标、评标、定标等工作，为以后参加工作打下基础。

同步测试

5—1　建设工程的开标程序是什么？

5—2　建设工程开标的注意事项有哪些？

5—3　对建设工程评标委员会有哪些基本要求？

5—4　何谓初步评审？初步评审的内容有哪些？

5—5　何谓评标标准？评标标准有哪些？

5—6　常用的评标方法有哪些？

5—7　何谓中标？关于中标有何法律规定？

专项实训

模拟某建筑施工招标项目的开标会

实训目的：体验工程招标与投标活动氛围，熟悉工程招标与投标活动过程。

材料准备：①工程招标文件。

②工程施工图纸。

③工程施工图预算。

④投标书。

⑤模拟工程开标大会现场。

实训步骤：划分小组成立投标单位→分发工程招标文件、施工图纸→进行工程预算书、投标书制订→模拟工程投标→模拟工程开标→模拟工程评标与定标。

实训结果：①熟悉工程招标与投标程序。

②掌握工程招标与投标技巧。

③了解工程评标办法。

注意事项：①投标单位(小组)不少于三家。

②投标前针对图纸举行答疑会。

③充分发挥学生的积极性、主动性与创造性。

项目6　建设工程施工合同的订立

项目描述

本项目主要介绍有关建设工程合同的概念和分类，合同法律关系，合同法，合同的签订，合同谈判等内容。

技能目标

通过本项目的学习，学生能够了解建设工程合同的概念和分类，合同法律关系，合同法的基本知识，掌握合同的签订，合同谈判技巧，能够参与实际工程合同的签订和合同谈判活动。

项目导入

建设工程施工合同是指发包方(建设单位)和承包方(施工人)为完成商定的施工工程，明确相互权利、义务的协议。依照施工合同，施工单位应完成建设单位交给的施工任务，建设单位应按照规定提供必要条件并支付工程价款。建设工程施工合同是承包人进行工程建设施工，发包人支付价款的合同，是建设工程的主要合同，同时也是工程建设质量控制、进度控制、投资控制的主要依据。施工合同的当事人是发包方和承包方，双方是平等的民事主体。

6.1　建设工程施工合同概述

6.1.1　合同的概念与分类

1. 建设工程承包合同的概念

建设工程承包合同是承包人进行工程建设，发包人支付价款的合同。我国建设领域习惯上把建设工程承包合同的当事人双方称为发包方和承包方。双方当事人应当在合同中明确各自的权利和义务，但主要是承包人进行工程建设，发包人支付工程款。进行工程建设的行为包括勘察、设计、施工。建设工程实行监理的，发包人也应当与监理人采用书面形式订立委托监理合同。建设工程承包合同是一种诺成合同，合同订立生效后双方应当严格履行。建设工程承包合同也是一种双务、有偿合同，当事人双方在合同中都有各自的权利和义务，在享有权利的同时必须履行义务。

从合同理论上讲，建设工程承包合同是广义的承揽合同的一种，也是承揽人(承包人)按照定作人(发包人)的要求完成工作(工程建设)，交付工作成果(竣工工程)，定作人给付报酬的合同。但由于工程建设合同在经济活动、社会生活中的重要作用，以及在国家管理、合同标的等方面均有别于一般的承揽合同，我国一直将建设工程承包合同列为单独的一类重要合同。但考虑到建设工程承包合同毕竟是从承揽合同中分离出来的。《合同法》规定，建设工程承包合同中没有规定的，适用承揽合同的有关规定。

2. 建设工程承包合同的类型

(1)按照工程建设阶段分。建设工程的建设过程大体上经过勘察、设计、施工三个阶段，围绕不同阶段订立相应合同。

1)工程勘察合同。工程勘察合同是指根据建设工程的要求，查明、分析、评价建设场地的地质地理环境特征和岩土工程条件，编制建设工程勘察文件的活动。建设工程勘察合同即发包人与勘察人就完成商定的勘察任务明确双方权利义务的协议。

2)建设工程设计合同。建设工程设计合同是指根据建设工程的要求，对建设工程所需的技术、经济、资源、环境等条件进行综合分析、论证，编制建设工程设计文件的活动。建筑工程设计合同即发包人与设计人就完成商定的工程设计任务明确双方权利义务的协议。

3)建设工程施工合同。建设工程施工合同是指根据建设工程设计文件的要求，对建设工程进行新建、扩建、改建的活动。建筑工程施工合同即发包人与承包人为完成商定的建设工程项目的施工任务明确双方权利义务的协议。

(2)按照承发包方式分。建设工程合同按照承发包方式可分为勘察设计施工总承包合同、单位工程施工承包合同、工程项目总承包合同、BOT 合同。

1)勘察、设计或施工总承包合同。发包人将全部勘察设计或施工的任务分别发包给一个勘察设计单位或一个施工单位作为总承包人，经发包人同意，总承包人可以将勘察、设计或施工任务的一部分分包给其他符合资质的分包人。据此明确各方权利义务的协议即为勘察、设计或施工总承包合同。

2)单位工程施工承包合同。在一些大型、复杂的建设工程中，发包人可以将专业性很强的单位工程发包给不同的承包人，与承包人分别签订土木工程施工合同、电气与机械工程承包合同，这些承包人之间为平行关系。单位工程施工承包合同常见于大型工业建筑安装工程。

3)工程项目总承包合同。建设单位将包括工程设计、施工、材料和设备采购等一系列工作全部发包给一家承包单位，由其进行实质性设计、施工和采购工作，最后向建设单位交付具有使用功能的工程项目。工程项目总承包实施过程可依法将部分工程分包。

4)BOT 合同(又称特许权协议书)。BOT 合同是指由政府或政府授权的机构授予承包人在一定的期限内，以自筹资金建设项目并自费经营和维护，向东道国出售项目产品或服务，收取价款或酬金，期满后将项目全部无偿移交东道国政府的工程承包模式。

(3)按照承包工程计价方式分。建设工程合同按照承包工程计价方式可分为总价合同、单价合同和成本加酬金合同。

1)总价合同。总价合同一般要求投标人按照招标文件要求报一个总价，在这个价格下完成合同规定的全部项目。总价合同还可以分为固定总价合同、调价总价合同等。

2)单价合同。单价合同是指根据发包人提供的资料，双方在合同中确定每一单项工程单价，结算则按实际完成工程量乘以每项工程单价计算。单价合同还可以分为估计工程量单价合同、纯单价合同、单价与包干混合式合同等。

3)成本加酬金合同。成本加酬金合同是指成本费按承包人的实际支出由发包人支付，发包人同时另外向承包人支付一定数额或百分比的管理费和商定的利润。

3. 合同双方的主要合同关系

(1)业主的主要合同关系。业主作为工程或服务的买方，是工程的所有者，可能是政府、企业、其他投资者、几个企业的组合、政府与企业的组合(例如合资项目，BOT 项目的业主)。业主投资一个项目，通常委派一个代理人(或代表)以业主的身份进行工程的经营管理。业主可能与有关单位签订如下合同：

1)咨询(监理)合同。即业主与咨询(监理)公司签订的合同，咨询(监理)公司负责工程的可行性研究、设计监理、招标和施工阶段监理等某一项或几项工作。

2)勘察设计合同。即业主与勘察设计单位签订的合同，勘察设计单位负责工程的地质勘查和技术设计工作。

3)供应合同。对由业主负责提供的材料和设备，业主必须与有关的材料和设备供应单位签订供应(采购)合同。

4)工程施工合同。即业主与工程承包商签订的工程施工合同，一个或几个承包商分别承包土建、机械安装、电气安装、装饰、通信等工程施工。

5)贷款合同。即业主与金融机构签订的合同，后者向业主提供资金保证，按照资金来源的不同，有贷款合同、合资合同或 BOT 合同等。

按照工程承包方式和范围的不同，业主可能订立几十份合同，例如将工程分专业、分阶段委托，将材料和设备供应分别委托，也可能将上述委托以各种形式合并，如把土建和安装委托给一个承包商，把整个设备供应委托给一个成套设备供应企业。当然，业主还可以与一个承包商订立一个总承包合同，由该承包商负责整个工程的设计、供应、施工，甚至管理等工作。因此，一份合同的工程范围和内容会有很大区别。

(2)承包商的主要合同关系。承包商是工程施工的具体实施者，是工程承包合同的执行者。承包商通过投标接受业主的委托，签订工程总承包合同。承包商要完成承包合同的责任，包括由工程量表所确定的工程范围的施工、竣工和保修，为完成这些工程提供劳动力、施工设备、材料，有时也包括技术设计。承包商常常又有自己复杂的合同关系。

1)分包合同。对于一些大的工程，承包商常常必须与其他承包商合作才能完成总承包合同责任。承包商把从业主那里承接到的工程中的某些分项工程或工作分包给另一承包商来完成，也可能由发包人指定分包商，均由承包商与其签订分包合同。

2)供应合同。承包商为工程所进行的必要的材料和设备的采购和供应，必须与供应商签订供应合同。

3)运输合同。这是承包商为解决材料和设备的运输问题而与运输单位签订的合同。

4)加工合同。即承包商将建筑构配件、特殊构件加工任务委托给加工承揽单位而签订的合同。

5)租赁合同。在建设工程中，承包商需要许多施工设备、运输设备、周转材料。当有些设备、周转材料在现场使用率较低，或自己购置需要大量资金投入而自己又不具备这个经济实力时，可以采用租赁方式，与租赁单位签订租赁合同。

6)劳务供应合同。建筑产品往往要花费大量的人力、物力和财力，承包商不可能全部采用固定工来完成该项工程，为了满足任务的临时需要，往往要与劳务供应商签订劳务供应合同，由劳务供应商向工程提供劳务。

7)保险合同。承包商按施工合同要求对工程进行保险，与保险公司签订保险合同。

另外，在许多大型工程中，尤其是在业主要求全包的工程中，承包商经常是几个企业的联营，即联营承包(最常见的是设备供应商、土建承包商、安装承包商、勘察设计单位的联合投标)，这时承包商之间还需订立联营合同。

4. 建设工程合同体系

按照上述的分析和项目任务的结构分解，得到不同层次、不同种类的合同，它们共同构成如图 6-1 所示的合同体系。

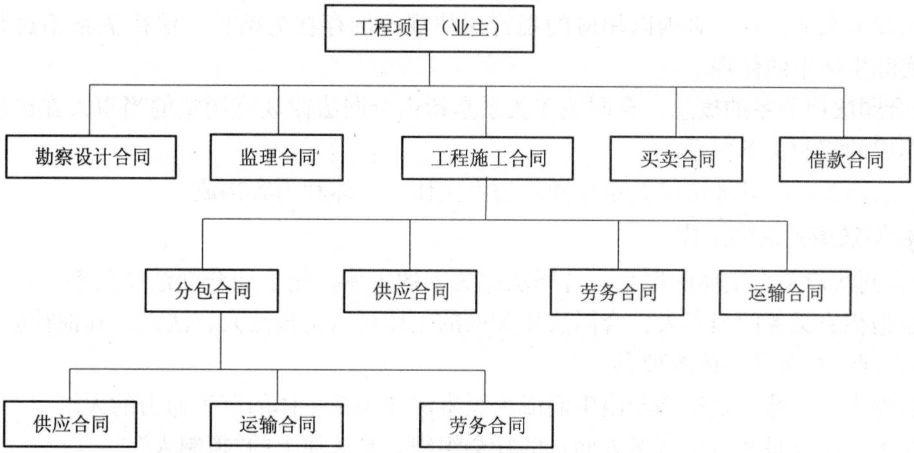

图 6-1　合同体系

在该合同体系中，这些合同都是为了完成业主的工程项目目标，都必须围绕这个目标签订和实施。这些合同之间存在着复杂的内部联系，构成了该工程的合同网络。其中，建设工程施工合同是最有代表性、最普遍，也是最复杂的合同类型，它在建设工程项目的合同体系中处于主导地位，是整个建设工程项目合同管理的重点，无论是业主、监理工程师或承包商，都将它作为合同管理的主要对象。

建设工程项目的合同体系会因项目所采用承包类型和组织管理模式(平行承发包模式、设计—施工总承包模式、项目总承包模式、项目总承包管理模式等)的不同而不同。对整个项目管理的运作有很大的影响，不同形式的合同决定了该合同的实施者在项目组织结构中的不同地位。

建设工程项目的合同体系在项目管理中也是一个非常重要的概念，它从一个角度反映了项目的形象，对整个项目管理的运作有很大的影响，具体如下：

(1)它反映了项目任务的范围和划分方式。

(2)它反映了项目所采用的管理模式(例如监理制度、总包方式或平行承包方式)。

(3)它在很大程度上决定了项目的组织形式，因为不同层次的合同常常决定了该合同的实施者在项目组织结构中的地位。

6.1.2　合同法律关系

1. 合同法律关系的概念

(1)法律关系的概念。法律关系是法律在调整人们行为的过程中形成的特殊的权利和义务关系。法律关系是以法律为前提而产生的社会关系，没有法律的规定，就不可能形成相应的法律关系。法律关系是以国家强制力作为保障的社会关系，当法律关系受到破坏时，国家会动用强制力进行矫正或恢复。

法律关系由三个要素构成，即法律关系的主体、法律关系的客体和法律关系。

(2)法律关系的特征。

1)法律关系是一种思想社会关系，是建立在一定经济基础上的上层建筑。

2)法律关系是以法律上的权利和义务为内容的社会关系。

3)法律关系是由国家强制力保证的社会关系。

4)法律关系的存在，必须以相应的现行法律规范的存在为前提，法律关系不过是法律规范在实际生活中的体现。

(3)合同法律关系的概念。合同法律关系是指由合同法律规范调整的当事人在民事流转过程中形成的权利义务关系。

合同法律关系与其他法律关系相同，均由主体、客体和内容构成。

2. 合同法律关系的主体

(1)合同法律关系主体的概念。合同法律关系的主体，是参加合同法律关系，享有相应权利、承担相应义务的当事人。合同法律关系的主体可以是自然人、法人、其他社会组织。

(2)合同法律关系主体的种类。

1)自然人。自然人是指基于出生而成为民事法律关系主体的有生命力的人。

2)法人。法人是相对于自然人而言的社会组织，是法律上的“拟制人”。

①依法成立。尽管由于法人的性质、业务范围不同，法人的设立程序也有区别，但都必须依法定程序设立。社会组织只有依法成立，才能取得法人资格，这有别于有些法律关系主体，如公民无须经过法定程序即可取得主体资格。

②有必要的财产或者经费。法人必须具有一定的财产或独立经营管理的活动经费，这是法人参与经济活动、完成法人任务、从事经营管理活动的物质基础，也是法人独立承担经济责任的前提。所谓独立支配的财产，包括法人享有独立支配权的财产或者独立所有权的财产。

③有自己的名称、组织机构和场所。法人的名称或字号是代表法人的符号，是使法人特定化、区别于其他法人的标志。法人只有以自己的名义进行经济活动，才能为自己取得经济权利、设定经济义务。法人应当具有健全的组织机构，如法人应有自己的组织章程；有产生法人意志的机关；有实现法人意志的机构等。这些机构相互配合，相互制约，组成一个有机整体。场所是指法人从事生产、经营活动的固定地点，法人要有固定的场所作为其享有权利和承担业务的法定住所地，有利于开展生产经营和服务活动，同时，也有利于国家主管机关进行监督。

④能独立承担民事责任。这要求法人以自己拥有的全部财产对债务负责。除法律有特别规定外，法人的发起人、股东对法人的债务不承担无限连带责任。

3)其他社会组织。其他社会组织是指依据有关法律规定能够独立从事一定范围的生产经营或服务活动，但不具备法人条件的社会组织。

3. 合同法律关系的客体

(1)客体的概念。合同法律关系的客体，又称合同的标的，是指合同法律关系主体的权利和义务共同指向的对象。在通常情况下，合同主体都是为了某一客体，彼此才设立一定的权利和义务，从而产生合同法律关系，这里的权利、义务所指向的事物，就是合同法律关系的客体。客体一般表现为财、物、行为和智力成果。

(2)合同法律关系客体的种类。

1)财。财一般指资金及各种有价证券。

2)物。作为合同法律关系客体的物，是指为人们控制，并具有经济价值的生产资料和消费资料。在工程建设法律关系中，建筑材料、建筑设备、建筑物等都可能成为合同法律关系的客体。

3)行为。行为是指合同法律关系主体意志支配下所实施的具体活动，包括作为和不作为。

4)智力成果。智力成果也称非物质财富，它是指人们脑力劳动所产生的成果。

4. 合同法律关系的内容

合同法律关系内容，即是合同主要条款所规范的主体的权利和义务。

合同法律关系的内容是合同主体的具体要求，决定着合同法律关系的性质，它是连接主体的纽带。

(1)权利。所谓权利，是指权利主体依据法律规定和合同约定，有权按照自己的意志做出某种行为，同时要求义务主体做出某种行为或者不得做出某种行为，以实现自己的合法权益。当其权利受到侵犯时，法律将予以保护。

(2)义务。所谓义务，是指义务主体依据法律规定和权利主体的合法要求，必须做出某种行为或不得做出某种行为，以保证权利主体实现其合法权益，否则要承担法律责任。

5. 合同法律关系的产生、变更与消灭

(1)法律事实。凡能导致合同关系产生、变更、消灭的主客观因素，法学上称之为合同的法律事实。

(2)合同法律关系的产生、变更与消灭。

1)合同法律关系的产生。合同法律关系的产生，是指由于一定客观情况的存在，合同法律关系主体之间形成一定的权利和义务关系，如业主与承包商协商一致，签订了建设工程合同，就产生了合同法律关系。

2)合同法律关系的变更。合同法律关系的变更，是指已经形成的合同法律关系，由于一定的客观情况的出现而引起合同法律关系的主体、客体、内容的变化。

3)合同法律关系的消灭。合同法律关系的消灭，是指合同法律主体之间的权利和义务关系不复存在。

(3)法律事实的分类。

1)事件。事件是指不以合同法律关系主体的主观意志为转移的，能够引起合同法律关系产生、变更、消灭的一种客观事实。

2)行为。行为是指合同法律关系主体有意识的活动，它是以人们的意志为转移的法律事实。

6. 代理

(1)代理的概念和特征。

1)代理的概念。代理是代理人以被代理人的名义，并在其授权范围内向第三人做出的意思表示，所产生的权利和义务直接由被代理人享有和承担的法律行为。

2)代理的法律特征。

①代理人必须在代理权限范围内实施代理行为。无论代理权的产生是基于何种法律事实，代理人都不得擅自变更或扩大代理权限。代理人超越代理权限的行为不属于代理行为，被代理人对此不承担责任。在代理关系中，委托代理中的代理人应根据被代理人的授权范围进行代理，法定代理和指定代理中的代理人也应在法律规定或指定的权限范围内实施代理行为。

②代理人以被代理人的名义实施代理行为。代理人只有以被代理人的名义实施代理行为，才能为被代理人取得权利和设定义务。如果代理人是以自己的名义实施代理行为，这种行为是代理人自己的行为而非代理行为，这种行为所设定的权利和义务只能由代理人自己承受。

③代理人在被代理人的授权范围内独立地表示自己的意志。在被代理人的授权范围内，代理人以自己的意志去积极地为实现被代理人的利益和意愿进行具有法律意义的活动。它具体表现为代理人有权自行解决如何向第三人做出意思表示，或者是否接受第三人的意思表示。

④被代理人对代理行为承担民事责任。代理是代理人以被代理人的名义实施的法律行为。因此，在代理关系中所设定的权利和义务，应当直接归属被代理人享受和承担。被代理人对代理人的代理行为承担民事责任，既包括对代理人在执行代理任务时的合法行为承担民事责任，也包括对代理人的不当行为承担民事责任。

(2)代理的种类。

1)委托代理。委托代理是基于被代理人对代理人的委托授权行为而产生的代理。

2)法定代理。法定代理是指依据法律的直接规定而产生代理权的一种代理。

3)指定代理。指定代理是根据人民法院或有关主管机关指定，而产生代理权的一种代理。

(3)无权代理。

1)无权代理的概念。无权代理是指行为人没有代理权或超越代理权限而进行的“代理”活动。

2)无权代理的表现形式。

①无合法授权的“代理”行为。通常表现为以下两种情况：第一，无合法的授权而以他人名义进行“代理”活动；第二，假冒法定代理人身份代理未成年人或丧失行为能力人参与民事活动。

②代理人超越代理权限所为的“代理”行为。在代理关系产生过程中，关于代理人的代理权限范围都有所界定。特别是在委托代理中，代理权的权限范围必须明确地加以规定，代理人应依据代理权限进行代理活动，超越代理权限进行的活动就属于越权代理。代理人越权代理所进行的民事行为是没有法律依据的。因此，代理人越权代理就属于无权代理。

③代理权终止后的“代理”行为。代理人在代理权已经终止的情况下，仍以他人的名义进行代理活动，也属于无权代理。在实践中，无论委托代理还是法定代理，代理人的代理权都是在特定时间范围内有效的。因此，代理权终止后，代理人的身份也就相应地消灭了，因此，代理人也就无权再进行“代理”活动。

3)无权代理的法律后果。

①“被代理人”的追认权。“被代理人”的追认权，是指“被代理人”对无权代理行为所产

生的法律后果表示同意和认可。按照法律规定，无权代理行为对被代理人不发生法律效力，但是如果被代理人认为无权代理行为对自己有利，则有权追认。“被代理人”行使追认权是一项重要的民事法律行为，当其做出追认的意思表示后，无权代理便产生了与合法的代理行为相同的法律后果。

②“被代理人”的拒绝权。“被代理人”的拒绝权，是指“被代理人”为了维护自身的合法权益，对无权代理行为及其所产生的法律后果，享有拒绝的权利。被拒绝的无权代理行为所产生的法律后果，由行为人承担民事责任。

(4)代理关系的终止。

1)委托代理关系的终止。

①代理期限届满或者代理事项完成。

②被代理人取消委托或代理人辞去委托。

③代理人死亡或丧失民事行为能力。

④作为被代理人或代理人的法人组织终止。

2)指定代理或法定代理关系的终止。

①被代理人取得或者恢复民事行为能力。

②被代理人或代理人死亡。

③指定代理的人民法院或指定单位撤销指定。

④监护关系消灭。

(5)代理制度中的民事责任。

1)委托书授权不明的连带责任。委托授权书直接确定着代理权的权限，而代理权又是委托代理关系产生的基础，它的有无及权限大小直接关系到代理关系的命运。

2)无权代理的民事责任。根据《民法通则》第六十六条第一款规定：“没有代理权、超越代理权或者代理权终止后的行为，如果未经被代理人追认，由行为人承担民事责任。”

3)代理人不履行职责的民事责任。根据《民法通则》第十八条第三款的规定：“监护人不履行监护职责或者侵害被监护人的合法权益的，应承担责任；给被监护人造成财产损失的，应当赔偿损失。”

4)代理人和第三人串通的连带责任。代理人和第三人串通不仅反映了他们主观上有故意，也反映了他们在行为上有联系。

5)代理人违法事项的法律责任。《民法通则》第六十七条规定：“代理人知道被委托代理的事项违法仍然进行代理活动的，或者被代理人知道代理人的代理行为违法不表示反对的，由被代理人和代理人负连带责任。”

6.1.3 合同法简介

1999年3月15日，在九届人大二次会议上审议通过了《中华人民共和国合同法》(以下简称《合同法》)，该法于1999年10月1日生效，原有的《中华人民共和国经济合同法》《中华人民共和国涉外经济合同法》《中华人民共和国技术合同法》同时废止。《合同法》共分为总则、分则和附则三部分，共23章428条：总则主要内容有合同的订立、合同的效力、合同的履行、合同的变更与转让、合同的权利与义务的终止、违约责任和其他规定等；分则主要内容有买卖合同，供电、水、气、热力合同，赠予合同，借款合同，租赁合同，融资租赁合同，承揽合同，建设工程合同，运输合同，技术合同，保管合同，仓储合同，委托合同，行纪合同和居间合同等；附则只有一条，规定了合同法的实施日期。

1. 合同法的基本概念

(1)合同的概念。合同是平等主体的自然人、法人及其他经济组织之间设立、变更、终止民事权利和义务关系的协议。婚姻、收养、监护等有关身份关系的协议，适用其他法律的规定。

(2)合同具有的法律特征。

1)合同是有双方当事人的一种民事法律行为。

2)合同是两个或两个以上当事人意思表示一致而成立。

3)合同的债权债务必须相互对立。

4)合同的缔结由当事人的自由意志支配。

(3)合同法的基本原则。合同当事人在合同活动中和人民法院在审理、仲裁合同纠纷时应当遵循以下原则：

1)平等、自愿原则。当事人法律地位平等，一方不得将自己的意志强加给另一方。当事人依法享有自愿订立合同的权利，任何单位或个人不得非法干预。

《合同法》对自愿原则有以下解释：第一，合同当事人有订立或不订立合同的自由；第二，当事人有权选择合同相对人；第三，合同当事人有权决定合同的内容；第四，合同当事人有权决定合同形式的自由。

2)公平、诚实信用原则。当事人应当遵循公平原则确定各方的权利和义务。当事人行使权利、履行义务应当遵循诚实信用原则。

3)遵守法律、维护社会公共利益的原则。当事人订立、履行合同，应当遵守法律、行政法规，尊重社会公德，不得扰乱社会公共秩序，损害社会公共利益。自愿是以遵守法律、不损害社会公共利益为前提；违反法律、行政法规的强制性规定或损害社会公共利益签订的合同为无效合同。

4)依法成立的合同对当事人具有约束力的原则。依法成立的合同，受法律保护。当事人应当按照约定履行自己的义务，不得擅自变更或解除合同。否则，承担违约责任或受法律制裁。

2. 合同的订立

(1)订立合同主体的资格。当事人订立合同，应当具有相应的民事权利能力和民事行为能力。当事人可依法委托代理人订立合同。

(2)合同订立的基本程序。订立合同的程序是指订立合同的当事人经过平等协商，就合同的内容取得一致意见的过程。这一过程一般包括要约与承诺两个阶段。

1)要约。要约是希望和他人订立合同的意思表示。提出要约的一方为要约人，接受要约的一方为受要约人。要约应符合下列规定：内容具体确定；表明经受要约人承诺，要约人即受该意思表示约束；要约到达受要约人时生效。在实际生活中，要注意要约与要约邀请的区别。要约邀请是希望他人向自己发出要约的意思表示。

2)承诺。承诺是受要约人同意要约的意思表示。承诺应以通知的形式发出，但据交易习惯或要约表明可以通过行为方式做出承诺的除外。承诺通知到达要约人时生效，承诺生效时合同成立。

(3)合同的基本形式。当事人订立的合同有书面形式、口头形式和其他形式。法律、行政法规规定采用书面形式的和当事人约定采用书面形式的，应采用书面形式。书面形式是指合同书、信件的数据电文(电报、传真、电子数据交换、电子邮件等)有形地表现所载内容的形式。

3. 合同的效力

(1)合同生效的条件。依法成立的合同，自成立时生效。法律、行政法规规定应当办理批准、登记等手续生效的，依照其规定。当事人对合同的效力可以约定附条件。附生效条件的合同，自条件成就时生效。附解除条件的合同，自条件成就时失效。

当事人为自己的利益不正当地阻止条件成就的，视为条件已成就；不正当地促成条件成就的，视为条件不成就。

当事人对合同的效力可以约定附期限。附生效期限的合同，自期限截止时生效。附终止期限的合同，自期限届满时失效。

合同生效的条件：

1)行为人具有相应的民事行为能力。

2)意思表示真实。

3)不违反法律和社会公共利益。

4)合同必须具备法律所要求的形式。

(2)效力待定合同。效力待定合同是指合同虽然订立，因其主体资格不完全符合有关合同生效要件的规定，其效力能否发生有待有权人确认的合同。主要有：

1)无行为能力人订立的合同。无民事行为能力人不能订立合同。

2)限制民事行为能力人依法不能独立订立的合同。限制民事行为能力人订立的合同，经法定代理人追认以后，合同有效。

3)因无权代理而订立的合同。行为人没有代理权、超越代理权或者代理权终止后以被代理人的名义订立的合同，未经被代理人追认，对被代理人不发生效力，由行为人承担责任。

(3)无效合同。无效合同是指双方当事人虽经协商一致，并签订了合同，但“合同”本身不具备法律效力的合同。有下列情况之一的合同无效：

1)一方以欺诈、胁迫的手段订立合同，损害国家利益。

2)恶意串通，损害国家、集体或者第三人利益。

3)以合法形式掩盖非法目的。

4)损害社会公共利益。

5)违反法律、行政法规的强制性规定。

(4)可变更、可撤销的合同。可变更或可撤销的合同，是指合同的意思表示不是当事人订立时的真实意思，法律允许受损方依照自己的意思依法变更合同内容或使其合同效力归于消灭的合同。

《合同法》规定，可变更或可撤销的合同受损害方有权请求人民法院或者仲裁机构变更或者撤销。有下列情况之一的合同可变更或撤销：

1)因重大误解订立的。

2)在订立合同时显失公平的。

3)一方以欺诈、胁迫的手段或者乘人之危，使对方在违背真实意思的情况下订立的合同。

合同撤销权的消灭：

1)具有撤销权的当事人自知道或者应当知道撤销事由之日起1年内没有行使撤销权。

2)具有撤销权的当事人知道撤销事由后明确表示或者以自己的行为放弃撤销权。

3)当事人请求变更的，人民法院或者仲裁机构不得撤销。

(5)合同被确认无效或者被撤销的后果。无效的合同或者被撤销的合同自始没有法律约束力。合同无效、被撤销或者终止的，不影响合同中有关解决争议方法的条款的效力。无效或者被撤销合同产生的财产后果按以下三种方法处理。

1)返还财产。合同无效或者被撤销后，因该合同取得的财产，应当予以返还；不能返还或者没有必要返还的，应当折价补偿。

2)赔偿损失。有过错一方应当赔偿对方因此所受到的损失，双方都有过错的，应当各自承担相应的责任。

3)追缴财产。当事人恶意串通，损害国家、集体或者第三人利益的，因此取得的财产收归国家所有或者返还集体或第三人。

4. 合同的履行

(1)合同履行的基本原则。

1)全面履行的原则。合同依法成立后，当事人双方必须严格按照合同约定的标的、数量、质量、价款与酬金、履行期限、履行地点、履行方式等所有条款全面完成各自承担的合同义务。

2)诚实信用的原则。合同双方当事人本着诚实、信用的态度来履行自己的合同义务，欺诈行为和不守信用行为都是合同法所不允许的。

3)公平合理，促进合同履行的原则。合同当事人按照《合同法》的规定，根据合同的性质、目的和交易习惯善意地履行通知、协助、保密等附随义务。

4)当事人一方不得擅自变更合同的原则。合同依法成立，即具有法律约束力，合同主事人任何一方均不得擅自变更合同。

(2)合同履行中应注意的问题。

1)合同某些条款不明确的履行规则。合同生效后，当事人就有关合同内容约定不明确的，可以协议补充。不能达成补充协议的，按照合同有关条款或者交易习惯确定。仍不能确定的，按照下列规定履行：

①质量要求不明确的，按照国家标准、行业标准履行；没有国家标准、行业标准的，按照通常标准或者符合合同目的的特定标准履行。

②价款或者报酬不明确的，按照订立合同时履行地的市场价格履行；依法应当执行政府定价或者政府指导价的，按照规定履行。

③履行地点不明确，给付货币的，在接受货币一方所在地履行；交付不动产的，在不动产所在地履行；其他标的，在履行义务一方所在地履行。

④履行期限不明确的，债务人可以随时履行，债权人也可以随时要求履行，但应当给对方必要的准备时间。履行方式不明确的，按照有利于实现合同目的的方式履行。履行费用的负担不明确的，由履行义务一方负担。

2)合同的价格发生变化的履行规则。执行政府定价或者政府指导价的，在合同约定的交付期限内政府价格调整时，按照交付时的价格计价。逾期交付标的物的，遇价格上涨时，按照原价格执行；价格下降时，按照新价格执行。逾期提取标的物或者逾期付款的，遇价格上涨时，按照新价格执行；价格下降时，按照原价格执行。

3)合同双方当事人的履行顺序。当事人互负债务，没有先后履行顺序的，应当同时履行：一方在对方履行之前有权拒绝其履行要求。一方在对方履行债务不符合约定时，有权拒绝其相应的履行要求。

当事人互负债务，有先后履行顺序，先履行一方未履行的，后履行一方有权拒绝其履行要求。先履行一方履行债务不符合约定的，后履行一方有权拒绝相应的履行要求。

应当先履行债务的当事人，有确切证据证明对方有下列情形之一的，可以中止履行：经营状况严重恶化；转移财产、抽逃资金，以逃避债务；丧失商业信誉；有丧失或者可能丧失履行债务能力的其他情形。当事人没有确切证据中止履行的，应当承担违约责任。

(3)合同的担保。

1)合同担保的概念。合同的担保是指合同的双方当事人为了使合同能够得到全面按约定履行，据法律和行政法规的规定，经双方协商一致而采取的一种具有法律效力的保证措施。

2)合同的担保方式。合同担保的方式有保证、抵押、质押、留置和订金五种。

①保证是指保证人与债权人约定，当债务人不履行债务时，保证人按约定履行债务或者承担责任的法律行为。

②抵押是指债务人或者第三人不转移其抵押财产的占有权，将该财产作为债权的担保。

③质押包括动产质押和权利质押。动产质押是指债务人或者第三人将其动产移交债权人占有，并将该动产作为债权；权利质押是指出质人(债务人或者第三人)将其法定的可以质押的权利凭证交付质权人(债权人)，以担保质权人的债权得以实现的法律行为。

④留置是指合同当事人一方依据法律规定或合同的约定，占有合同中对方的财产，以保护自身合法利益的法律行为。

⑤订金是指合同当事人一方为了证明合同的成立和担保合同的履行，在合同规定应给付的金额内向对方预先给付一定数额的货币。

5. 合同的变更和转让

(1)合同的变更。合同的变更是指合同依法成立后，在尚未履行或尚未完全履行时，当事人依法经过协商对合同的内容进行修订或调整达成的协议。《合同法》规定："当事人协商一致，可以变更合同。法律、行政法规规定变更合同应当办理批准、登记手续的，依照其规定。"

(2)合同的转让。合同转让是指合同当事人将其合同规定享有的权利与承担的义务转让或转移给第三人的行为。

6. 合同权利与义务的终止

合同权利与义务的终止就是合同的消灭，即合同当事人享有的权利与承担的义务的结束。

《合同法》规定合同权利与义务的终止有以下几种情形：

1)债务已按照约定履行。属合同自然终止。

2)合同解除。

3)债务相互抵消。当事人互负到期债务，该债务的标的物种类、品质相同的，任何一方可以将自己的债务与对方的债务抵消，但依照法律规定或者按照合同性质不得抵消的除外。

4)债务人依法将标的物提存。债务人在某种特定情况下难以履行债务(债权人无正当理由拒绝受领，债权人下落不明，债权人死亡未确定继承人等)，债务人可以依法对合同标的物提存，标的物提存后，合同权利与义务终止。

5)债权人免除债务。

6)债权债务同归于一人。但涉及第三人利益的除外。

7)法律规定和当事人约定的其他情形。

7. 违约责任

违约责任是指当事人一方不履行合同义务或者履行合同义务不符合约定的，无论主观上是否有过错，应当承担的法律责任。依照法律规定或者按照约定解决。因当事人一方的违约行为，侵害对方人身、财产权益的，受损害方有权选择《合同法》要求其承担违约责任，或者依照其他法律要求其承担侵权责任。承担违约责任的方式有以下几项：

(1)继续履行。违约人应继续履行没尽到的合同义务。当事人一方未支付价款或者报酬的，对方可以要求支付价款或者报酬。当事人一方不履行非金钱债务或者履行非金钱债务不符合约定的，对方可以要求履行，但有下列情形之一的除外：

1)法律上或事实上不能履行。

2)债务的标底不适于强制履行或者履行费用过高。

3)债权人在合同期限内未要求履行。

(2)采取补救措施。受损害方根据标的性质以及损失的大小，可以合理选择要求对方承担修理、更换、重作、退货、减少价款或者报酬等违约责任。

(3)赔偿损失。当事人一方不履行合同义务或者履行合同义务不符合约定的，在履行义务或者采取补救措施后，对方还有其他损失的，应当赔偿损失。其损失赔偿额应当相当于因违约所造成的损失，包括合同履行后可以获得的利益。但不得超过违反合同一方订立合同时预见到或者应当预见到的因违反合同可能造成的损失。经营者对消费者提供商品或者服务有欺诈行为的，依照《中华人民共和国消费者权益保护法》的规定承担损害赔偿责任。当事人一方违约后，对方应当采取适当措施防止损失扩大；没有采取适当措施致使损失扩大的，不得就扩大的损失要求赔偿。当事人因防止损失扩大而支出的合理费用，由违约方承担。

(4)支付违约金。当事人可以约定一方违约时应当根据违约情况向对方支付一定数额的违约金，也可以约定因违约产生的损失赔偿额的计算方法。约定的违约金低于造成损失的，当事人可以请求人民法院或者仲裁机构予以增加；约定的违约金过分高于造成损失的，当事人可以请求人民法院或者仲裁机构适当减少。当事人就迟延履行约定违约金的，违约方支付违约金后，还应当履行债务。

(5)定金罚则。当事人可以依照《中华人民共和国担保法》约定一方向对方给付定金作为债权的担保。债务人履行债务后，定金应当抵作价款或者收回。给付定金的一方不履行约定的债务的，无权要求返还定金；收受定金的一方不履行约定的债务的，应当双倍返还定金。

当事人既约定违约金又约定定金的，一方违约时，对方可以选择适用违约金或者定金条款。

8. 合同争议的解决

当事人产生合同争议时，可通过以下途径解决争议：

(1)和解。和解方式简便易行，且能维护合同双方的良好合作关系，是解决合同争议的首选方式，也是最好的方式。

(2)调解。调解是在合同争议发生后，当事人双方不能达成和解的，在上级主管部门、合同管理机关等第三者的参与下，以事实、合同条款和法律为根据，通过对当事人的说服，使合同双方自愿地、公平合理地达成解决协议。

(3)仲裁。当事人不愿和解、调解或者和解、调解不成的，可以向仲裁机构申请仲裁。申请仲裁必须达成仲裁协议，提交给共同选择的仲裁委员会进行仲裁。仲裁裁决做出后，当事人应当履行。一方当事人不履行仲裁裁决时，另一方当事人可以依照民事诉讼法的有关规定向当地人民法院申请执行，接受申请的当地人民法院应当执行。

(4)诉讼。诉讼是运用司法程序解决争执，由人民法院受理并行使审判权，对合同双方的争执做出强制性判决。当事人没有订立仲裁协议或者仲裁协议无效的，可以向被告住所地或合同履行地的人民法院起诉。对于建筑工程合同的纠纷一般由工程所在地的人民法院受理。

6.2 合同的签订

6.2.1 建设工程合同订立的条件和原则

1. 订立施工合同应具备的条件

(1)初步设计已经批准。

(2)工程项目已经列入年度建设计划。

(3)有能够满足施工需要的设计文件和有关技术资料。

(4)建设资金和主要建筑材料设备来源已经落实。

(5)招标投标工程，中标通知书已经下达。

2. 订立施工合同应当遵守的原则

(1)遵守国家法律、法规和国家计划原则。订立施工合同，必须遵守国家法律、法规，也应遵守国家的建设计划和其他计划(如贷款计划等)。建设工程施工对经济发展、社会生活有多方面的影响，国家有许多强制性的管理规定，施工合同当事人都必须遵守。

(2)平等、自愿、公平的原则。签订施工合同当事人双方，都具有平等的法律地位，任何一方都不得强迫对方接受不平等的合同条件，合同内容应当是双方当事人真实意思的体现。合同的内容应当是公平的，不能单纯损害一方的利益。对于显失公平的施工合同，当事人一方有权申请人民法院或者仲裁机构予以变更或者撤销。

(3)诚实信用原则。诚实信用原则要求在订立施工合同时要诚实，不得有欺诈行为，合同当事人应当如实将自身和工程的情况介绍给对方。在履行合同时，施工合同当事人要守信用，严格履行合同。

6.2.2 建设工程合同签订前的准备工作

1. 合同文本分析

(1)合同文本的基本要求。通常，当事人双方在选择合同文本时应注意满足以下基本要求：

1)内容齐全，条款完整，不能漏项。合同虽然在工程实施前起草和签订，但应对工程实施过程中各种情况都要做出预测、说明和规定，以防止扯皮和争执。

2)定义清楚、准确。双方工程责任的界限明确，不能含混不清。合同条款应是肯定的、可执行的，对具体问题，各方该做什么、不该做什么，谁负责、谁承担费用，应十分明确。

3)内容具体、详细，不能笼统，不怕条文多。双方对合同条款应有统一的解释。

4)合同应体现双方平等互利原则，即责任和权益、工程(工作)和报酬之间应平衡，合理分配风险，公平地分担工作和责任。

在我国，施工合同文本通常采用示范文本，它能较好地反映上述要求。

(2)合同文本分析的主要内容。通常，施工合同文本分析主要包括以下几个方面：

1)施工合同的合法性分析。具体包括：当事人双方的资格审查；工程项目已具备招标投标、签订和实施合同的一切条件；工程施工合同的内容(条款)和所指行为符合《合同法》和其他各种法律的要求，如劳动保护、环境保护、税赋等法律要求等。

2)施工合同的完备性分析。具体包括：属于施工合同的各种文件(特别是工程技术、环境、水文地质等方面的说明文件和设计文件，如图纸、规范等)齐全；施工合同条款齐全，对各种问题都有规定、不漏项等。

3)合同双方责任和权益及其关系分析。主要分析合同双方的责任和权益是否互为前提条件；同时，还应注意发包人与承包人的责任和权益应尽可能具体、详细，并注意其范围的限定。

4)合同条款之间的联系分析。由于合同条款所定义的合同事件和合同问题具有一定的逻辑关系(如实施顺序关系、空间上和技术上的互相依赖关系、责任和权利的平衡与制约关系、完整性要求等)，使得合同条款之间有一定的内在联系。因此，在合同分析中还应注意合同条款之间的内在联系，同样一种表达方式，在不同的合同环境中，或有不同的上下文，则可能有不同的风险。通过内在联系分析，可以看出合同条款之间的缺陷、矛盾、不足之处和逻辑上的问题等。

5)合同实施的后果分析。如承包人可以分析，在合同实施中可能会出现的情况；这些情况发生后应如何处理；本工程是否过于复杂或范围过大、超过自己的能力；自己如果不能履行合同，应承担的法律责任，后果如何；对方如果不能履行合同，应承担的法律责任等。

2. 合同风险分析

合同风险分析对发包人和承包人来说都十分重要，发包人主要从对承包人的资格考查及合同具体条款的签订上防范风险，这里不多叙述。现仅介绍承包人在建设工程承包过程中的风险分析。

(1)承包人风险管理的主要内容。承包人风险管理的内容主要有以下几个方面：

1)在合同签订前对风险做全面分析和预测。具体主要考虑如下问题：工程实施过程中可能出现的风险类型、种类；风险发生的规律，如发生的可能性、发生的时间及分布规律；风险的影响，即风险发生，对承包人的施工过程、工期、成本等有哪些影响；承包人要承担哪些经济和法律的责任等；各种风险之间的内在联系，如一起发生或伴随发生的可能性。

2)对风险采取有效的对策和计划，即考虑如果风险发生应采取什么措施予以防止，或降低它的不利影响，为风险作组织、技术、资金等方面的准备。

3)在合同实施过程中对可能发生或已经发生的风险进行有效控制。包括采取措施防止或避免风险的发生；有效地转移风险，争取让其他方承担风险造成的损失；降低风险的不利影响，减少自己的损失；在风险发生的情况下进行有效决策，对工程施工进行有效控制，保证工程项目的顺利实施。

(2)承包人承包工程的主要风险。承包工程中常见的风险有如下几类：

1)工程的技术、经济、法律等方面的风险。具体包括：由于现代工程规模大，功能要求高，需要新技术、特殊的工艺、特殊的施工设备，有时发包人将工期限定得太紧，承包人无法按时完成；现场条件复杂，干扰因素多；施工技术难度大，特殊的自然环境，如场地狭小，地质条件复杂，气候条件恶劣，水电供应、建材供应不能保证等；承包人的技术力量、施工力量、装备水平、工程管理水平不足，在投标报价和工程实施过程中会有这样或那样的失误，例如，技术设计、施工方案、施工计划和组织措施存在缺陷和漏洞，计划不周，报价失误等；承包人资金供应不足，周转困难；在国际工程中还常常出现对当地法律、语言不熟悉，对技术文件、工程说明和规范理解不正确或出错的现象。

2)发包人资信风险。属于发包人资信风险的有如下几个方面：发包人的经济情况变化，如经济状况恶化，濒于倒闭，无力继续实施工程，无力支付工程款，工程被迫中止；发包人的信誉差，不诚实，有意拖欠工程款，或对承包人的合理索赔要求不作答复，或拒不支付；发包人为了达到不支付或少支付工程款的目的，在工程中苛刻刁难承包人，滥用权力，施行罚款或扣款；发包人经常改变主意，如改变设计方案、实施方案，打乱工程施工秩序，但又不愿意给承包人以补偿等。

3)外界环境的风险。主要包括：在国际工程中，工程所在国政治环境的变化，如发生战争、禁运、罢工、社会动乱等造成工程中断或终止；经济环境的变化，如通货膨胀、汇率调整、工资和物价上涨；合同所依据的法律的变化，如新的法律颁布，国家调整税率或增加新的税种，新的外汇管理政策等；自然环境的变化，如百年未遇的洪水、地震、台风等以及工程水文、地质条件的不确定性。

4)合同风险。即施工合同中的一般风险条款和一些明显的或隐含着对承包人不利的条款，它们会造成承包人的损失，是进行合同风险分析的重点。具体包括：合同中明确规定的承包人承担的风险，如工程变更的补偿范围和补偿条件，合同价款的调整条件，工程范围的不确定(特别是对固定总价合同)，发包人和工程师对设计、施工、材料供应的认可权及检查权、其他形式的风险型条款等；合同条文的不全面、不完整等，如缺少工期拖延违约金的最高限额的条款或限额太高，缺少工期提前的奖励条款，缺少发包人拖欠工程款的处罚条款等；合同条文不清楚、不细致、不严密，如合同中对一些问题不作具体规定，仅用“另行协商解决”等字眼，再如“承包人为施工方便而设置的任何设施，均由他自己付款”中的“施工方便”即含糊不清；发包人为了转嫁风险提出的单方面约束性、过于苛刻、责权利不平衡的合同条款；其他对承包人苛刻的要求，如要承包人大量垫资承包、工期要求太紧超过常规、过于苛刻的质量要求等。

(3)承包人的合同风险对策。

1)在报价中考虑。主要包括：提供报价中的不可预见风险费；采取一些报价策略；使用保留条件、附加或补充说明等。

2)通过谈判，完善合同条文，双方合理分担风险。主要包括：充分考虑合同实施过程中可能发生的各种情况，在合同中予以详细、具体的规定，防止意外风险；使风险型条款合理化，力争对责权利不平衡条款、单方面约束性条款作修改或限定，防止独立承担风险；将一些风险较大的合同责任推给发包人，以减少风险（这样常常也相应减少收益机会）；通过合同谈判争取在合同条款中增加对承包人权益的保护性条款。

3）购买保险。购买保险是承包人转移风险的一种重要手段。通常，承包人的工程保险主要有：工程一切险、施工设备保险、第三方责任险、人身伤亡保险等。承包人应充分了解这些保险所保的风险范围、保险金计算、赔偿方法、程序、赔偿额等详细情况。

4）采取技术、经济和管理的措施。例如，组织最得力的投标班子，进行详细的招标文件分析，做详细的环境调查；通过周密的计划和组织，做精细的报价以降低投标风险；对技术复杂的工程，采用新的同时又是成熟的工艺、设备和施工方法；对风险大的工程派遣最得力的项目经理、技术人员、合同管理人员等，组成精干的项目管理小组；施工企业对风险大的工程，在技术力量、机械装备、材料供应、资金供应、劳务安排等方面予以特殊对待，全力保证该合同的实施；对风险大的工程，应作更周密的计划，采用有效的检查、监督和控制手段等。

5）在工程过程中加强索赔管理。用索赔来弥补或减少损失，提高合同价格，增加工程收益，补偿由风险造成的损失。

6）采用其他对策。如将一些风险大的分项工程分包出去，向分包商转嫁风险；与其他承包人联营承包，建立联营体，共同承担风险等。

在选择上述合同风险对策时，应注意优先顺序，通常按下列顺序依次选择：采取组织、技术、经济措施；报价中考虑的措施；通过合同谈判，修改合同条件；采用联营或分包措施；通过索赔弥补风险损失；购买保险等。

6.2.3 建设工程合同订立的程序

1. 订立施工合同的程序

施工合同作为合同的一种，其订立也应经过要约和承诺两个阶段。通常，施工合同的订立方式有两种，即直接发包和招标发包。对于必须进行招标的建设工程项目的施工，都应通过招标方式确定施工企业。

中标通知书发出后，中标的施工企业应当与建设单位及时签订合同。依据《招标投标法》规定，中标通知书发出30天内，中标单位应与建设单位依据招标文件、投标书等签订工程承发包合同（施工合同）。

（1）承包人与发包人订立施工合同时应符合下列程序：

1）接受中标通知书。

2）组成包括项目经理的谈判小组。

3）草拟合同专用条款。

4）谈判。

5）参照发包人拟定的合同条件或施工合同示范文本与发包人订立施工合同。

6）合同双方在合同管理部门备案并缴纳印花税。

在施工合同履行中，发包人、承包人有关工程洽商、变更等书面协议或文件，应为本合同的组成部分。

（2）承包人签订施工合同应注意的问题：

1)符合企业的经营战略。

2)积极、合理地争取自己的正当权益。

3)双方达成的一致意见要形成书面文件。

4)认真审查合同和进行风险分析。

5)尽可能采用标准的合同范本。

6)加强沟通和了解。

2. 施工合同生效的条件

行为人具有相应的民事行为能力、意思表示真实、不违反法律或者社会公共利益是一般合同生效的条件和标准，也是衡量施工合同是否生效的基本依据。然而，施工合同有其特殊性。

(1)当事人必须具有与签订施工合同相适应的缔约能力。承包建筑工程的单位应当持有依法取得的资质证书，并在其资质等级许可的业务范围内承揽工程。

(2)不违反工程项目建设程序。工程项目建设程序是工程项目建设的法定程序，在签订合同过程中必须要遵循。

3. 无效施工合同的认定

无效施工合同是指虽由发包人与承包人订立，但因违反法律规定而没有法律约束力，国家不予承认和保护，甚至要对违法当事人进行制裁的施工合同。具体而言，施工合同属下列情况之一的，合同无效：

(1)没有经营资格而签订的合同。根据企业登记管理的有关规定，企业法人或者其他经济组织应当在经依法核准的经营范围内从事经营活动。

(2)超越资质等级所订立的合同。从事建筑活动的施工企业，须经过建设行政主管部门对其拥有的注册资本、专业技术人员、技术装备和已完成的建筑工程业绩、管理水平等进行审查，以确定其承担任务的范围，并须在其资质等级许可的范围内从事建筑活动。

(3)违反国家、部门或地方基本建设计划的合同。凡依法应当报请国家和地方有关部门批准而未获批准，没有列入国家、部门和地方的基本建设计划而签订的合同，由于合同的订立没有合法依据，应当认定合同无效。

(4)未取得或违反《建设工程规划许可证》进行建设、严重影响城市规划的合同。

(5)未取得《建设用地规划许可证》而签订的合同。取得建设用地规划许可证是申请建设用地的法定条件。无证取得用地的，属非法用地，以此为基础进行的工程建设显然属于违法建设，合同因内容违法而无效。

(6)未依法取得土地使用权而签订的合同。进行工程建设，必须合法取得土地使用权，任何单位和个人没有依法取得土地使用权进行建设的，均属非法占用土地。施工合同的标的——建设工程为违法建筑物，导致合同无效。

(7)应当办理而未办理招标投标手续所订立的合同。根据有关法律规定，法定强制招标投标的项目必须进行招标和投标活动。对于应当实行招标投标确立施工单位而未实行即签订合同的，合同无效。

(8)非法转包的合同。所谓转包，是指承包人承包建设工程后，不履行合同约定的责任和义务，将其承包全部建设工程转给他人或者将其承包的全部建设工程肢解以后以分包的名义分别转给其他单位承包的行为。转包行为有损发包人的合法权益，扰乱建筑市场管理秩序，是《中华人民共和国建筑法》(以下简称《建筑法》)等法律、法规所禁止的行为。

(9)违法分包的合同。

(10)采取欺诈、胁迫的手段所签订的合同。

(11)损害国家利益和社会公共利益的合同。例如，以搞封建迷信活动为目的，建造庙堂、宗祠的合同即为无效合同。

无效的施工合同自订立时起就没有法律约束力。《合同法》规定，合同无效或者被撤销后，因该合同取得的财产应当予以返还；不能返还或者没有必要返还的，应当折价补偿；有过错的一方应当赔偿对方因此所受到的损失双方都有过错的，应当各自承担相应的责任。

6.2.4 建设工程合同主要内容

1. 建设工程总承包合同的主要内容

(1)建设工程总承包合同的主要条款。

1)总承包合同的内容。建设工程总承包合同双方当事人应对总承包的内容做出明确规定，一般包括从工程立项到交付使用的工程建设全过程，具体应包括：勘察设计、设备采购、施工管理、试车考核(或交付使用)等内容。具体的承包内容由当事人约定，如约定设计—施工的总承包，投资—设计—施工的总承包等。

2)双方当事人的权利与义务。

①发包人一般应当承担以下义务：按照约定向承包人支付工程款；向承包人提供现场；协助承包人申请有关许可、执照和批准；如果发包人单方要求终止合同后，没有承包人的同意，在一定时期内不得重新开始实施该工程。

②承包人一般应当承担以下义务：完成满足发包人要求的工程以及相关的工作；提供履约保证；负责工程的协调与恰当实施；按照发包人的要求终止合同。

3)合同履行期限。合同应当明确规定交工的时间，同时也应对各阶段的工作期限做出明确规定。

4)合同价款。这一部分内容应规定合同价款的计算方式、结算方式，以及价款的支付期限等。

5)工程质量与验收。合同应当明确规定对工程质量的要求，如对工程质量的验收方法、验收时间及确认方式。工程质量检验的重点应当是竣工验收，通过竣工验收后发包人可以接收工程。

6)合同的变更。工程建设的特点决定了建设工程总承包合同在履行中往往会出现一些事先没有估计到的情况。一般在合同期限内的任何时间，发包人代表可以通过发布指示或者要求承包人以递交建议书的方式提出变更，如果承包人认为这种变更是有价值的，也可以在任何时候向发包人代表提交此类建议书。当然，最后的批准权在发包人。

7)风险、责任和保险。承包人应当保障和保护发包人、发包人代表以及雇员免遭由工程导致的一切索赔、损害和开支。应由发包人承担的风险也应做明确的规定。合同对保险的办理、保险事故的处理等，都应做明确的规定。

8)工程保修。合同应按国家的规定写明保修项目、内容、范围、期限及保修金额和支付办法。

9)对设计、分包人的规定。承包人进行并负责工程的设计，设计应当由合格的设计人员进行。承包人还应当编制足够详细的施工文件，编制和提交竣工图、操作和维修手册。承包人应对所有分包方遵守合同的全部规定负责，任何分包方、分包方的代理人或者雇员的行为或者违约，完全视为承包人自己的行为或者违约，并负全部责任。

10)索赔和争议的处理。合同应明确索赔的程序和争议的处理方式。对争议的处理，一般应以仲裁作为解决的最终方式。

11)违约责任。合同应明确双方的违约责任，包括发包人不按时支付合同价款的责任、超越合同规定干预承包人工作的责任等；也包括承包人不能按合同约定的期限和质量完成工作的责任等。

(2)施工总承包合同的主要内容。《建设工程施工合同(示范文本)》(GF-2013-0201)(以下简称《示范文本》)规范了施工总承包合同的主要内容。

2.《建设工程施工合同(示范文本)》(GF-2013-0201)简介

为了指导建设工程施工合同当事人的签约行为，维护合同当事人的合法权益，依据《合同法》《建筑法》《招标投标法》以及相关法律、法规，住房和城乡建设部、国家工商行政管理总局对《建设工程施工合同(示范文本)》(GF-1999-0201)进行了修订，制定并发布《建设工程施工合同(示范文本)》(GF-2013-0201)。《示范文本》是各类公用建筑、民用住宅、工业厂房、交通设施及线路管道的施工和设备安装合同的样本。

(1)《示范文本》的组成。《示范文本》由合同协议书、通用合同条款和专用合同条款三部分组成。

1)合同协议书。《示范文本》合同协议书共计 13 条，主要包括：工程概况、合同工期、质量标准、签约合同价和合同价格形式、项目经理、合同文件构成、承诺以及合同生效条件等重要内容，集中约定了合同当事人基本的合同权利义务。

2)通用合同条款。通用合同条款是合同当事人根据《建筑法》《合同法》等法律、法规的规定，就工程建设的实施及相关事项，对合同当事人的权利义务做出的原则性约定。通用合同条款共计 20 条，具体条款分别为：一般约定、发包人、承包人、监理人、工程质量、安全文明施工与环境保护、工期和进度、材料与设备、试验与检验、变更、价格调整、合同价格、计量与支付、验收和工程试车、竣工结算、缺陷责任与保修、违约、不可抗力、保险、索赔和争议解决。前述条款安排既考虑了现行法律法规对工程建设的有关要求，也考虑了建设工程施工管理的特殊需要。

3)专用合同条款。专用合同条款是对通用合同条款原则性约定的细化、完善、补充、修改或另行约定的条款。合同当事人可以根据不同建设工程的特点及具体情况，通过双方的谈判、协商对相应的专用合同条款进行修改补充。在使用专用合同条款时，应注意以下事项：

①专用合同条款的编号应与相应的通用合同条款的编号一致。

②合同当事人可以通过对专用合同条款的修改，满足具体建设工程的特殊要求，避免直接修改通用合同条款。

③在专用合同条款中有横道线的地方，合同当事人可针对相应的通用合同条款进行细化、完善、补充、修改或另行约定；如无细化、完善、补充、修改或另行约定，则填写“无”或画“/”。

(2)《示范文本》的性质和适用范围。《示范文本》为非强制性使用文本。《示范文本》适用于房屋建筑工程、土木工程、线路管道和设备安装工程、装修工程等建设工程的施工承发包活动。合同当事人可结合建设工程具体情况，根据《示范文本》订立合同，并按照法律法规规定和合同约定承担相应的法律责任及合同权利义务。

(3)施工合同文件的组成及解释顺序。《示范文本》第 1.5 条规定了施工合同文件的组成及解释顺序。组成合同的各项文件应互相解释，互为说明。除专用合同条款另有约定外，解释合同文件的优先顺序如下：

1)合同协议书。

2)中标通知书(如果有)。

3)投标函及其附录(如果有)。

4)专用合同条款及其附件。

5)通用合同条款。

6)技术标准和要求。

7)图纸。

8)已标价工程量清单或预算书。

9)其他合同文件。

上述各项合同文件包括合同当事人就该项合同文件所做出的补充和修改，属于同一类内容的文件，应以最新签署的为准。

在合同订立及履行过程中形成的与合同有关的文件均构成合同文件组成部分，并根据其性质确定优先解释顺序。

3. 工程分包合同的主要内容

(1)工程分包的概念。所谓工程分包，是指施工总承包企业将所承包建设工程中的专业工程或劳务作业发包给其他建筑业企业完成的活动。分包分为专业工程分包和劳务作业分包。

(2)分包资质管理。《建筑法》第 29 条和《合同法》第 272 条同时规定，禁止(总)承包人将工程分包给不具备相应资质条件的单位。这是维护建筑市场秩序和保证建设工程质量的需要。

1)专业承包资质。专业承包序列企业资质设 2～3 个等级，36 个资质类别。其中，常用类别有：地基与基础、建筑装饰装修、建筑幕墙、钢结构、机电设备安装、电梯安装、消防设施、建筑防水、防腐保温、园林古建筑、爆破与拆除、电信工程、管道工程等。

2)劳务分包资质。施工劳务序列不分类别和等级。

3)总、分包的连带责任。《建筑法》第 29 条规定，建筑工程总承包单位按照总承包合同的约定对建设单位负责；分包单位按照分包合同的约定对总承包单位负责。总承包单位和分包单位就分包工程对建设单位承担连带责任。

4)关于分包的法律禁止性规定。《建设工程质量管理条例》第 25 条明确规定，施工单位不得转包或违法分包工程。

①违法分包。根据《建设工程质量管理条例》的规定，违法分包指下列行为：

a. 总承包单位将建设工程分包给不具备相应资质条件的单位，这里包括不具备资质条件和超越自身资质等级承揽业务两类情况；

b. 建设工程总承包合同中未有约定，又未经建设单位认可，承包单位将其承包的部分建设工程交由其他单位完成的；

c. 施工总承包单位将建设工程主体结构的施工分包给其他单位的；

d. 分包单位将其承包的建设工程再分包的。

②转包。转包是指承包单位承包建设工程后，不履行合同约定的责任和义务，将其承包的全部建设工程转给他人或者将其承包的全部工程肢解后以分包的名义分别转给他人承

包的行为。

③挂靠。挂靠是与违法分包和转包密切相关的另一种违法行为。

a. 转让、出借资质证书或者以其他方式允许他人以本企业名义承揽工程的；

b. 项目管理机构的项目经理、技术负责人、项目核算负责人、质量管理人员、安全管理人员等不是本单位人员，与本单位无合法的人事或者劳动合同、工资福利以及社会保险关系的；

c. 建设单位的工程款直接进入项目管理机构财务的。

(3)建设工程施工专业分包合同的主要内容。《建设工程施工专业分包合同(示范文本)》(GF-2003-0213)规范了专业分包合同的主要内容。

(4)劳务分包合同的主要内容。《建设工程施工劳务分包合同(示范文本)》(GF-2003-0214)规范了劳务分包合同的主要内容。

6.3 建设工程施工合同的谈判

6.3.1 建设工程施工合同的谈判依据

谈判施工合同各项条款时，发包人和承包人都要以下列内容为依据。

1. 法律、行政法规

法律、行政法规是订立和履行合同的最基本的原则，必须遵守。也就是说，在双方谈判合同具体条款时，不能违反法律、行政法规的规定。谈判只能在法律、行政法规允许的范围内进行，不能超越法律、行政法规允许范围进行谈判。例如，《招标投标法》第9条规定："招标人应当有进行招标项目的相应资金或者资金来源已经落实，并应当在招标文件中如实载明。"根据这一规定，如要求承包人垫付建设资金，这是与法律相抵触的。如果签订这类合同，属于无效条款。

2. 通用条款

《通用条款》各项条款中有四十多处需要在《专用条款》内具体约定，因而《专用条款》具体约定的内容，在谈判时都要依据《通用条款》进行谈判约定。

3. 发包人和承包人的工作情况和施工场地情况

建设工程的工程固定、施工流动、施工周期长及涉及面广等特点，使发包人和承包人双方都要结合双方具体的工作情况和施工现场等因素谈合同，离开双方的实际工作情况，妄谈合同具体条款，会造成合同履行中产生纠纷或违约事件。双方在《专用条款》内对《通用条款》要进行细化，补充或修改。

4. 投标文件和中标通知书

根据法律规定，招标工程必须依据投标文件和中标通知书订立书面合同。同时还规定，招标人和中标人不得再订立背离合同实质性内容的其他协议。

6.3.2 建设工程合同谈判的准备工作

工程施工合同具有标的物特殊、履行周期长、条款内容多、涉及面广的特点，往往一个大型工程施工合同的签订关系到一家建筑企业的生死存亡。因此，应给予施工合同谈判以足够的重视，才能从合同条款上全力维护己方的合法权益。进行合同谈判，是签订合同、明确合同当事人的权利与义务不可或缺的阶段。合同谈判是工程施工合同双方对是否签订合同以及合同具体内容达成一致的协商过程。通过谈判，能够充分了解对方及项目的情况，为企业决策提供信息和依据。

合同谈判时要有必要的准备工作。谈判活动的成功与否，通常取决于谈判准备工作的充分程度和在谈判过程中策略与技巧的运用。合同谈判可以从以下几个方面入手。

1. 谈判人员的组成

根据所要谈判的项目，确定己方谈判人员的组成。工程合同谈判一般可由三部分人员组成：一是懂建筑方面的法律、法规与政策的人员。主要为了保证所签订的合同能符合国家的法律法规和国家的相关政策，把握合同法的正确方向。平等地确立合同当事人的权利与义务，避免合同无效、合同被撤销等情况，发挥合同的经济效用。二是懂工程技术方面的人员。建筑工程专业性比较强，涉及范围广，在谈判人员中要充分发挥这方面人员的作用。否则，会给建筑企业带来不可估量的损失。三是懂建筑经济方面的人员。因为建筑企业是要通过承揽项目获得利润，所以，要求合同谈判人员必须有懂得建筑经济方面专业知识的人员。

2. 注重相关项目的资料收集工作

谈判准备工作中最不可少的任务就是要收集整理有关合同对方及项目的各种基础资料和背景材料。这些资料的内容包括对方的资信状况、履约能力、发展阶段、已有成绩等，还包括工程项目的由来、土地获得情况、项目目前的进展、资金来源等。这些资料的体现形式可以是通过合法调查手段获得的信息，也可以是前期接触过程中已经达成的意向书、会议纪要、备忘录、合同等，还可以是双方的前期评估印象和意见，双方参加前期阶段谈判的人员名单及其情况等。

3. 对谈判主体及其情况的具体分析

在获得了上述基础材料、背景材料的基础上，即可做一定分析。孙子兵法道："知彼知己，百战不殆"，谈判准备工作的重要一环就是对双方情况进行充分分析。首先是要对自己进行客观地分析。

(1)发包方的自我分析。签订工程施工合同前，首先要确定工程施工合同的标的物，以及拟建工程项目。发包方必须运用科学研究的成果，对拟建项目的投资进行综合的分析、论证和决策。发包方必须按照可行性研究的有关规定，作定性和定量的分析研究、工程水文地质勘查、地形测量以及项目的经济、社会、环境效益的测算比较，在此基础上论证项目在技术上、经济上的可行性，经济方案比较、推算出最佳方案。依据获得批准的项目建议书和可行性研究报告，编制项目设计任务书并选择建设地点。

其次，要进行招标投标工作的准备。建设项目的设计任务书和选点报告批准后，发包方就可以进行招标或委托取得工程设计资格证书的设计单位进行设计。随后，发包方需要进行一系列建设准备工作，包括技术准备、征地拆迁、现场的"三通一平"等。一旦建设项目得以确定，有关项目的技术资料和文件已经具备，建设单位便可进入工程招标投标程序，和众多的工程承包单位接触，此时便进入建设工程合同签订前的实质性准备阶段。

再次，要对承包方进行考察。发包方还应实地考察承包方以前完成的各类工程的质量和工期，注意考察承包方在被考察工程施工中的主体地位，是总包方还是分包方。不能仅通过观察下结论，最佳的方案是亲自到过去与承包方合作的建设单位进行了解。

最后，发包方不要单纯考虑承包方的报价，要全面考察承包方的资质和能力，否则会导致合同无法顺利履行，受损害的还是发包方自己。

(2)承包方的自我分析。在获得发包方发出招标公告或通知的消息后，不应一味盲目地投标。承包方首先应该对发包方作一系列调查研究工作。如工程项目建设是否确实由发包方立项；该项目的规模如何；是否适合自身的资质条件；发包方的资金实力如何等。这些问题可以通过审查有关文件，如发包方的法人营业执照、项目可行性研究报告、立项批复、建设用地规划许可证等加以解决。

其次，要注意一些原则性问题不能让步。承包方为了承接项目，往往主动提出某些让利的优惠条件，但是，这些优惠条件必须是在项目是真实的，发包方主体是合法的，建设资金已经落实的前提条件下进行的让步。否则，即使在竞争中获胜，即使中标承包了项目，一旦发生问题，合同的合法性和有效性很难得到保证，此种情况下受损害最大的往往是承包方。

最后，要注意到该项目本身是否有效益以及己方是否有能力投入或承接。权衡利弊，作深入、仔细的分析，得出客观可行的结论，供企业决策层参考、决策。

(3)对对方的基本情况的分析。首先，是对对方谈判人员的分析。了解对方组成人员的身份、地位、权限、性格、喜好等，掌握与对方建立良好关系的办法与途径，进而发展谈判双方的友谊，争取在到达谈判桌以前就有了一定的亲切感和信任感，为谈判创造良好的气氛。

其次，是对对方实力的分析。主要指的是对对方资信、技术、物力、财力等状况的分析。在信息时代，很容易通过各种渠道和信息传递手段取得有关资料。外国公司很重视这方面的工作，他们往往通过各种机构和组织以及信息网络，对我国公司的实力进行调研。在实践中，无论发包方还是承包方都要对对方的实力进行考察，否则就很难保证项目的正常进行，建筑市场上屡禁不止的拖欠工程款和垫资施工现象在所难免。对于无资质证书承揽工程，或越级承揽工程，或以欺骗手段获取资质证书，或允许其他单位或个人使用本企业的资质证书、营业执照取得该工程的施工企业很难保证工程质量，给国家和人民带来无可挽回的损失。因此，对对方进行实力分析是关系到项目成败的关键所在。

(4)对谈判目标进行可行性及双方优势与劣势分析。分析自身设置的谈判目标是否正确合理，是否切合实际，是否能为对方接受以及接受的程度。同时，要注意对方设置的谈判目标是否正确、合理，与自己所设立的谈判目标差距以及自己的接受程度等。在实际谈判中，也要注意目前建筑市场的实际情况，发包方是占有一定优势的，承包方往往接受发包方一些极不合理的要求，如带资垫资、工期短等，很容易发生回收资金、获取工程款、工期反索赔方面的困难。

4. 进一步拟订合同谈判方案

拟订谈判方案在对上述情况进行综合分析的基础上，考虑到该项目可能面临的危险、双方的共同利益、双方的利益冲突，进行进一步拟订合同谈判方案。谈判方案中要注意尽可能地将双方能取得一致的内容列出，还要尽可能地列出双方在哪些问题还存在着分歧甚至原则性的分歧问题，从而拟订谈判的初步方案，决定谈判的重点和难点，从而有针对性地运用谈判策略和技巧，获得谈判的成功。

6.3.3 建设工程合同实质性谈判阶段的谈判策略和技巧

在谈判阶段，不仅要做好谈判的各项准备工作，还要选用恰当的谈判技巧和策略。

(1)掌握谈判议程，合理分配各议题的时间。工程建设这样的大型谈判一定会涉及诸多需要讨论的事项，而各谈判事项的重要性并不相同，谈判双方对同一事项的关注程度也不相同。成功的谈判者善于掌握谈判的进程，在充满合作的气氛阶段，展开自己所关注的议题的商讨，从而抓住时机，达成有利于己方的协议。而在气氛紧张时，则引导谈判双方进入具有共识的议题，一方面缓和气氛；另一方面，缩小双方距离，推进谈判课程。同时，谈判者应懂得合理分配谈判时间。对于各议题的商讨时间应得当，不要过多拘泥于细节性问题。这样可以缩短谈判时间，降低交易成本。

(2)高起点战略。谈判的过程是各方妥协的过程，通过谈判，各方都或多或少会放弃部分利益以求得项目的进展。而有经验的谈判者在谈判之处会有意识地向对方提出苛求的谈判条件，当然这种苛求的条件是对方能够接受的。这样对方会过高估计本方的谈判底线，从而在谈判中更多地做出让步。

(3)注意谈判氛围。谈判各方既有利益一致的部分，又有利益冲突的部分。各方通过谈判主要是维护各方的利益，求同存异，达到谈判各方利益的一种相对平衡。谈判过程中难免出现各种不同程度的争执，使谈判气氛处于比较紧张的状态。这种情况下，一个有经验的谈判者会在各方分歧严重、谈判气氛激烈的时候采取润滑措施，舒缓压力。在我国最常见的方式是饭桌式谈判。通过餐宴联络谈判各方的感情，进而在和谐的氛围中重新回到议题，使得谈判议题得以继续进行。

(4)适当的拖延与休会。当谈判遇到障碍、陷入僵局的时候，拖延与休会可以使明智的谈判方有时间冷静思考，在客观分析形势后提出替代性方案。在一段时间的冷处理后，各方都可以进一步考虑整个项目的意义，进而弥合分歧，将谈判从低谷引向高潮。

(5)避实就虚。谈判双方都有自己的优势和劣势。谈判者应在充分分析形势的情况下，做出正确的判断，利用对方的弱点猛烈攻击，迫其就范，做出妥协，而对于自己的弱点，则要尽量注意回避。当然，也要考虑到自身存在的弱点，在对方发现或者利用自己的弱势进行攻击时，自己要考虑到是否让步及让步的程度，还要考虑到这种让步能得到多大利益。

(6)分配谈判角色，注意发挥专家的作用。任何一方的谈判团都由众多人士组成，谈判中应利用个人不同的性格特征，各自扮演不同的角色，有积极进攻的角色，也有和颜悦色的角色，这样有软有硬、软硬兼施，可以事半功倍。同时，注意谈判中要充分利用专家的作用，现代科技发展使个人不可能成为各方面的专家，而工程项目谈判又涉及广泛的学科领域。充分发挥各领域专家作用，既可以在专业问题上获得技术支持，又可以利用专家的权威性给对方以心理压力，从而取得谈判的成功。

项目小结

建设工程承包合同是以工程为核心的合同，是指工程承发包之间，为完成约定的工程任务，而签订的明确双方权利与义务关系的协议，是一种双务、有偿合同。合同是协调双方经济关系的手段，是保持市场正常运转的主要因素，合同确定了工程实施和工程管理的主要目标，并通过合同管理工作保证这些目标的实现。

《建设工程施工合同(示范文本)》(GF-2013-0201)，是对于各类公用建筑、民用建筑、交通设施及线路、管道的施工和安装工程均有一定通用与使用价值的合同文本。其由《协议书》《通用条款》和《专用条款》三部分组成。

施工合同即建筑安装工程承包合同，是发包人和承包人为完成商定的建筑安装工程，明确相互权利、义务关系的合同。施工合同的当事人是发包人和承包人，双方是平等的民事主体。从事建筑活动的建筑施工企业、勘察、设计、监理等单位应当具备下列条件：有符合国家规定的注册资本；有从事与建筑活动相适应的具有法定执业资格的专业技术人员；有从事相关建筑活动所应有的技术装备；法律、行政法规所规定的其他条件。

施工合同订立应具备必要的条件，订立施工合同应当遵守国家法律、法规和国家计划原则，遵守平等、自愿、公平及诚实信用原则。订立施工合同前应做好合同文本分析、合同风险分析等准备工作。订立施工合同应经过要约和承诺两个阶段，通常施工合同的订立方式有两种：直接发包和招标发包，一般应通过招标方式确定施工企业。

承包人与发包人订立施工合同程序为：接受中标通知书，组成包括项目经理的谈判小组，草拟合同专用条款，谈判，参照发包人拟定的合同条件或施工合同示范文本与发包人订立施工合同，合同双方在合同管理部门备案并缴纳印花税。

施工合同的内容包括工程范围、建设工期、中间交工工程的开工和竣工时间、工程质量、工程造价、技术资料交付时间、材料和设备供应责任、拨款和结算、竣工验收、质量保修范围和质量保证期、双方相互协作等条款。

学生在了解建筑工程施工合同的基础上，应实际参与(或模拟参与)建筑工程施工合同签订工作，能够独立组织合同的谈判、签订等工作，为以后参加工作打下基础。

同步测试

6—1　什么是建设工程承包合同？其在工程建设中的作用有哪些？

6—2　工程承包合同有哪些类型？

6—3　业主的主要合同关系和承包商的主要合同关系有哪些？

6—4　简述工程总承包合同、施工总承包合同、工程分包合同、劳务分包合同的主要内容。

6—5　施工合同订立应具备的条件和订立原则是什么？

6—6　订立施工合同前应做好哪些准备工作？

6—7　订立施工合同应符合哪些程序？

6—8　承包人签订施工合同应注意的问题有哪些？

6—9　简述施工合同内容。

6—10　什么是有效合同？如何认定无效合同？

6—11　简述《建设工程施工合同(示范文本)》的主要内容。

6—12　合同谈判有何技巧？

专项实训

模拟签订建设工程施工合同

实训目的：体验工程承包合同的签订程序，熟悉工程承包的内容及要求。

材料准备：①工程有关批准文件。

②工程施工图纸。

③工程概算或施工图预算。

④工程中标通知书。

⑤模拟工程现场。

实训步骤：接受中标通知书→组成建设单位和施工单位两个谈判小组→熟悉工程性质和企业双方特点→熟悉、理解《示范文本》中的通用条款→参照《示范文本》草拟合同专用条款→谈判→订立施工合同→合同双方在合同管理部门备案材料整理并缴纳印花税。

实训结果：①熟悉工程承包合同的签订程序。

②掌握工程承包合同的主要内容。

③了解工程承包合同的基本要求。

④完成书面施工合同的签订等资料。

注意事项：①合同文件应尽量详细和完善。

②尽量采用标准的专业术语。

③充分发挥学生的积极性、主动性与创造性。

项目7　建设工程施工合同管理

项目描述

本项目主要介绍有关建设工程承包合同管理的概念，建设工程施工签约管理、建设工程施工履约管理、建设工程施工风险管理等内容。

技能目标

通过本项目的学习，学生能够了解建设工程承包合同管理的概念，掌握建设工程施工签约管理、建设工程施工履约管理、建设工程施工风险管理方法，熟练进行工程施工合同管理，能够参与实际工程合同管理活动。

项目导入

建设工程施工合同管理，是指各级工商行政管理机关、建设行政主管部门和金融机构，以及业主、承包商、监理单位依据法律和行政法规、规章制度，采取法律的、行政的手段，对建设工程合同关系进行组织、指导、协调及监督，保护工程合同当事人的合法权益，处理工程合同纠纷，防止和制裁违法行为，保证工程合同的贯彻实施等一系列活动。

7.1　建设工程承包合同管理概述

7.1.1　工程承包合同管理的概念

工程承包合同管理是指工程承包合同双方当事人在合同实施过程中自觉地、认真严格地遵守所签订的合同的各项规定和要求，按照各自的权力，履行各自的义务，维护各方的权利，发扬协作精神，处理好“伙伴关系”，做好各项管理工作，使项目目标得到完整的体现。

虽然工程承包合同是业主和承包商双方的一个协议，包括若干合同文件，但合同管理的深层含义，应该引申到合同协议签订前。从下面三个方面来理解合同管理，才能做好合同管理工作。

1. 做好合同签订前的各项准备工作

虽然合同尚未签订，但合同签订前各方的准备工作，对做好合同管理至关重要。

业主一方的准备工作包括合同文件草案的准备、各项招标工作的准备，做好评标工作，特别是要做好合同签订前的谈判和合同文稿的最终定稿。

在合同中，既要体现出在商务上和技术上的要求，有严谨、明确的项目实施程序，又要明确合同双方的权利和义务。对风险的管理要按照合理分担的精神体现到合同条件中。

业主方的另一个重要准备工作，即是选择好监理工程师(或业主代表、CM 经理等)。最好能提前选定监理单位，以使监理工程师能够参与合同的制订(包括谈判、签约等)过程，依据他们的经验提出合理化建议，使合同的各项规定更为完善。

承包商一方在合同签订前的准备工作主要是制定投标战略，做好市场调研，在买到招标文件之后，要认真、细心地分析研究招标文件，以便比较好地理解业主方的招标要求。在此基础上，一方面可以对招标文件中不完善以至错误之处向业主方提出建议；另一方面，必须做好风险分析，对招标文件中不合理的规定提出自己的建议，并力争在合同谈判中对这些规定进行适当的修改。

2. 加强合同实施阶段的合同管理

这一阶段是实现合同内容的重要阶段，也是一个耗时相当长的时期。在这个阶段中，合同管理的具体内容十分丰富，而合同管理的好坏直接影响到合同双方的经济利益。

3. 提倡协作精神

合同实施过程中应该提倡项目中各方的协作精神，共同实现合同的既定目标。在合同条件中，合同双方的权利和义务有时表现为相互矛盾、相互制约的关系，但实际上，实现合同标的必然是一个相互协作解决矛盾的过程，在这个过程中工程师起着十分重要的协调作用。一个成功的项目，必定是业主、承包商以及工程师按照某种项目伙伴关系，以协作的团队精神来共同努力完成项目。

7.1.2 工程承包合同各方的合同管理

1. 业主对合同的管理

业主对合同的管理主要体现在施工合同的前期策划和合同签订后的监督方面。业主要为承包商的合同实施提供必要的条件，向工地派驻具备相应资质的代表，或者聘请监理单位及具备相应资质的人员负责监督承包商履行合同。

2. 承包商的合同管理

承包商的工程承包合同管理是最细致、最复杂，也是最困难的合同管理工作。在此主要以它作为论述对象。

在市场经济中，承包商的总体目标是通过工程承包获得盈利。这个目标必须通过以下两步来实现：

(1)通过投标竞争，战胜竞争对手，承接工程，并签订一个有利的合同。

(2)在合同规定的工期和预算成本范围内完成合同规定的工程施工和保修责任，全面地、正确地履行自己的合同义务，争取盈利。同时，通过双方圆满的合作，工程顺利实施，承包商赢得了信誉，为将来在新的项目上的合作和扩展业务奠定基础。

这要求承包商在合同生命期的每个阶段都必须有详细的计划和有力的控制，以减少失误，减少双方的争执，减少延误和不可预见费用支出。这一切都必须通过合同管理来实现。

承包合同是承包商在工程中的最高行为准则。承包商在工程施工过程中的一切活动都是为了履行合同责任。广义上理解，承包工程项目实施和管理的全部工作都可以纳入合同管理的范围。合同管理贯穿于工程实施的全过程和工程实施的各个方面。在市场经济环境中，施工企业管理和工程项目管理必须以合同管理为核心。这是提高管理水平和经济效益的关键。但从管理的角度出发，合同管理仅被看作是项目管理的一个职能，它主要包括项目管理中所有涉及合同的服务性工作。其目的是保证承包商全面地、正确地、有秩序地完成合同规定的责任和任务，它是承包工程项目管理的核心和灵魂。

3. 监理工程师的合同管理

业主和承包商是合同的双方，监理单位受业主雇用为其监理工程，进行合同管理，负责进行工程的进度控制、质量控制、投资控制以及做好协调工作。监理工程师是业主和承包商合同之外的第三方，是独立的法人单位。

监理工程师对合同的监督管理与承包商在实施工程时的管理的方法和要求都不同。承包商是工程的具体实施者，他需要制订详细的施工进度和施工方法，研究人力、机械的配合和调度，安排各个部位施工的先后次序以及按照合同要求进行质量管理，以保证高速、优质地完成工程。监理工程师不是具体地安排施工和研究如何保证质量的具体措施，而是宏观上控制施工进度，按承包商在开工时提交的施工进度计划以及月计划、周计划进行检查督促，对施工质量则是按照合同中的技术规范、图纸内的要求进行检查验收。监理工程师可以向承包商提出建议，但并不对如何保证质量负责，监理工程师提出的建议是否采纳，由承包商自己决定，因为他要对工程质量和进度负责。对于成本问题，承包商要精心研究如何降低成本，提高利润率。而工程师主要是按照合同规定，特别是工程量表的规定，严格为业主把住支付这一关，并且防止承包商的不合理的索赔要求。监理工程师的具体职责是在合同条件中规定的，如果业主要对监理工程师的某些职权做出限制，他应在合同专用条件中做出明确规定。

7.1.3 合同管理与企业管理的关系

对于企业来说，企业管理都是以盈利为目的的。盈利来自于所实施的各个项目，各个项目的利润来自于每一个合同的履行过程。而在合同的履行过程中能否获利，又取决于合同管理的好坏。因此，合同管理是企业管理的一部分，并且其主线应围绕着合同管理，否则就会与企业的盈利目标不一致。

7.2 建设工程施工签约管理

开标之后，如果投标人列上了第一标或排在前几标，则说明投标人已具有进一步谈判和取得项目的可能性。从招标的程序上说，就进入了评标和决标阶段。对承包商来讲，这个阶段是通过谈判手段力争拿到项目的阶段。本阶段的主要任务如下：

(1)合同谈判战略的确定。

(2)做好合同谈判工作。承包商应选择最熟悉合同，有合同管理和合同谈判方面知识、经验和能力的人作为主谈者进行合同谈判。

7.2.1 合同谈判战略的确定

按照常规，业主和承包商之间的合同谈判一般分两步走，即评标和决标阶段的谈判与商签合同阶段的谈判。前一阶段中，业主与通过评审委员会初步评审出的最有可能被接受的几个投标人进行商谈。商谈的主要问题主要是技术答辩，也包括价格问题和合同条件等问题。通过商谈，双方讨价还价，反复磋商逐步达成谅解和一致，最终选定中标人。当业主已最终选定一家承包商作为唯一的中标者，并只和这家承包商进一步商谈时，就进入了商签合同阶段。一般先由业主发出中标通知函，然后约见和谈判，即将过去双方通过谈判达成的一致意见具体化，形成完整的合同文件，进一步协商和确认，并最终签订合同。有时，由于规定的评标阶段长，业主也往往采用先选定中标者，进行商谈后再发中标通知函，同时发出合同协议书，进一步商谈并最终签订合同协议书。

本阶段的谈判特点是，谈判局面已有所改变，承包商已由过去的时刻处于被人裁定的卖方的地位转变为可以与业主及其咨询人员（即未来的项目监理工程师）同桌商谈的项目合伙人的地位。因此，承包商可以充分利用这一有利地位，对合同文件中的关键性条款，尤其是一些不够合理的条款，进一步展开有理、有利、有节的谈判，说服业主做出让步，力争合同条款公平、合理。必要时，还需要加入个别的保护承包商自身合法权益的条款。当然，这决不能对以前已经达成的一致进行翻案，言而无信，而是从合作搞好项目出发，进一步提出建设性意见。另外，也要看到在双方未签署合同协议书以前，买方仍然有权改变卖方，买方可以约见第二位卖方另行商谈。一般来说，买方不会轻易这样做，因为买方与第二位卖方的会谈将会更困难，第二位卖方的身价必然要升高，买方的有利地位将被削弱。因此，形成的合同文件中如果确有不合理的条款时，由于合同未签约，尚未缴纳履约担保，承包商不受合同的约束也不致蒙受巨大损失，在一些强加的不合理条款得不到公平、合理的解决时，承包商往往宁可冒损失投标保证金的风险而退出谈判。然而对承包商来说，毕竟还是要力争拿到项目的，并且还要考虑，一旦合同签约，这种有法律约束力的合同关系将会保持和延续很长时间。如果在本阶段的谈判中留有较强的阴影，必将在整个履行合同过程中导致一定程度的反映和报复。

本阶段的谈判必须要坚持运用建设型谈判方式，谋求双方的共同利益，建立新的合作伙伴关系，使双方能在履行合同过程中创立最佳的合作意愿和气氛，保证项目的顺利实施和建设成功。本阶段的谈判重点一般都放在合同文件的组成、顺序，合同条款的内容和条件以及合同价款的确认上。

7.2.2 做好合同谈判工作

在谈判阶段，不仅要做好谈判的各项准备工作，选用恰当的谈判技巧和策略，而且要注意下列问题。

1. 符合承包商的基本目标

承包商的基本目标是取得工程利润，即“合于利而动，不合于利而止”（孙子兵法，火攻篇）。这个“利”可能是该工程的盈利，也可能为承包商的长远利益。合同谈判和签订应服从企业的整体经营战略。“不合于利”，是指即使丧失工程承包资格，失去合同，也不能接受责、权、利不平衡，明显导致亏损的合同。应将“不合于利”作为基本方针。

承包商在签订承包合同中常常会犯这样的错误：

(1)由于长期承接不到工程而急于求战，急于使工程成交而盲目签订合同。

(2)初到一个地方，急于打开局面，承接工程而草率签订合同。

(3)由于竞争激烈，怕丧失承包资格而接受条件苛刻的合同。

上述这些情况很少有不失败的。

因此，作为承包商应牢固地确立如下观念：宁可不承接工程，也不能签订不利的、明显导致亏损的合同。“利益原则”不仅是合同谈判和签订的基本原则，而且是整个合同管理和工程项目管理的基本原则。

2. 积极地争取自己的正当权益

合同法和其他经济法规赋予合同双方以平等的法律地位和权力。按公平原则，合同当事人双方应享有对等的权利和应尽的义务，任何一方得到的利益应与支付给对方的代价平衡。但在实际经济活动中，这个地位和权力还要靠承包商自己争取。而且在合同中，这个“平等”常常难以具体地衡量。如果合同一方自己放弃这个权力，盲目地、草率地签订合同，致使自己处于不利地位，受到损失，常常法律难以提供帮助和保护。因此，在合同签订过程中放弃自己的正当权益，草率地签订合同是“自杀”行为。

承包商在合同谈判中应积极地争取自己的正当权益，争取主动。如有可能，应争取合同文本的拟稿权。对业主提出的合同文本，应进行全面的分析研究。在合同谈判中，双方应对每个条款作具体的商讨，争取修改对自己不利的苛刻的条款，增加承包商权益的保护条款。对重大问题不能客气和让步，针锋相对。承包商切不可在观念上把自己放在被动地位上，有处处“依附于人”的感觉。

当然，谈判策略和技巧是极为重要的。通常在决标前，即承包商尚要与几个对手竞争时，必须慎重，处于守势，尽量少提出对合同文本做大的修改。在中标后，即业主已选定承包商作为中标人，应积极争取修改风险型条款和过于苛刻的条款，对原则问题不能退让和客气。

3. 重视合同的法律性质

分析国际和国内承包工程的许多案例可以看出，许多承包合同失误是由于承包商不了解或忽视合同的法律性质，没有合同意识造成的。

合同一经签订，即成为合同双方的最高法律，它不是道德规范。合同中的每一条都与双方利害相关。签订合同是法律行为，所以在合同谈判和签订中，既不能用道德观念和标准要求及指望对方，也不能用它们来束缚自己。这里要注意如下几点：

(1)一切问题，必须“先小人，后君子”“丑话说在前”。对各种可能发生的情况和各个细节问题都要考虑到，并做明确的规定，不能有侥幸心理。

尽管从取得招标文件到投标截止时间很短，承包商也应将招标文件内容，包括投标人须知、合同条件、图纸、规范等弄清楚，并详细地了解合同签订前的环境，切不可期望到合同签订后再做这些工作。这方面的失误承包商自己负责，对此也不能有侥幸心理，不能为将来合同实施留下麻烦和“后遗症”。

(2)一切都应明确地、具体地、详细地规定。对方表示“原则上同意”“双方有这个意向”常常是不算数的。在合同文件中，一般只有确定性、肯定性语言才有法律约束力，而商讨性、意向性用语很难具有约束力。通常，意向书不属于确认文件，它不产生合同，实际用途较小。

在国际工程中，有些国家工程、政府项目，合同授予前须经政府批准或认可。对此，通常业主先给已选定的承包商一份意向书。这一意向书不产生合同。如果在合同正式授予前，承包商为工程作前期准备工作(如调遣队伍，订购材料和设备，甚至作现场准备等)，而由于各种原因合同最终没有签订，承包商很难获得业主的费用补偿。因为意向书对业主一般没有约束力，除非在意向书中业主指令承包商在中标函发出前进行某些准备工作(一般为了节省工期)，而且明确表示对这些工作付款。否则，承包商的风险很大。

对此比较好的处理办法是，如果在中标函发出前业主要求承包商着手某些工作，则双方应签订一项单独施工准备合同。如果本工程承包合同不能签订，则业主对承包商作费用补偿。如果工程承包合同签订，则该施工准备合同无效(已包括在主合同中)。

(3)在合同的签订和实施过程中，不要轻易相信任何口头承诺和保证，少说多写。双方商讨的结果，做出的决定或对方的承诺，只有写入合同或双方文字签署才算确定；相信“一字千金”，不相信“一诺千金”。

(4)对在标前会议上和合同签订前的澄清会议上的说明、允诺、解释和一些合同外要求，都应以书面的形式确认，如签署附加协议、会谈纪要、备忘录等或直接修改合同文件写入合同中。这些书面文件也作为合同的一部分，具有法律效力，常常可以作为索赔的理由。

但是在合同签订前，双方需要对合同条件、中标函、投标书中的部分内容作修改，或取消这些内容，必须直接修改上述文件，通常不能以附加协议、信件、会谈纪要等修改或确认。因为合同签订前的这些确认文件、协议等法律优先地位较低。当它们与合同协议书、合同条件、中标函、投标书等内容不一致或相矛盾时，后者优先。同样，在工作量表、规范中也不能有违反合同条件的规定。

4. 重视合同的审查和风险分析

不计后果地签订合同是危险的，也很少有不失败的。在合同签订前，承包商应认真地、全面地进行合同审查和风险分析，弄清楚自己的权益和责任、完不成合同责任的法律后果。对每一条款的利弊得失都应清楚了解。承包商应委派有丰富合同工作经验和经历的专家承担这项工作。

合同风险分析和对策一定要在报价及合同谈判前进行，以作为投标报价和合同谈判的依据。在合同谈判中，双方应对各合同条款和分析出来的风险进行认真商讨。

在谈判结束、合同签约前，还必须对合同作再一次的全面分析和审查。其重点为：

(1)前面合同审查所发现的问题是否都已经落实、得到解决或都已处理过；不利的、苛刻的、风险型的条款，是否都已作了修改。

(2)新确定的、经过修改或补充的合同条文还可能带来新的问题和风险，与原来合同条款之间可能有矛盾或不一致，仍可能存在漏洞和不确定性。在合同谈判中，投标书及合同条款的任何修改，签署任何新的附加协议、补充协议，都必须经过合同审查并备案。

(3)对仍然存在的问题和风险，是否都已分析出来，承包商是否都十分明了或已认可、已有精神准备或有相应的对策。

(4)合同双方是否对合同条款的理解有完全的一致性。业主是否认可承包商对合同的分析和解释。对合同中仍存在着的不清楚、未理解的条款，应请业主作书面说明和解释。

最终，将合同检查的结果以简洁的形式(如表或图)和精炼的语言表达出来，交给承包商，由他对合同的签约作最后决策。

在合同谈判中，合同主谈人是关键。他的合同管理与合同谈判知识、能力和经验对合同的签订至关重要。但他的谈判必须依赖于合同管理人员和其他职能人员的支持。对复杂的合同，只有充分地审查、分析风险，合同谈判才能有的放矢，才能在合同谈判中争取主动。

5. 尽可能使用标准的合同文本

目前，无论在国际工程中还是在国内工程中都有通用的、标准的合同文本。由于标准的合同文本内容完整，条款齐全；双方责、权、利关系明确，而且比较平衡；风险较小，而且易于分析；承包商能得到一个合理的合同条件。这样可以减少招标文件的编制和审核时间，减少漏洞，双方理解一致，极大地方便合同的签订和合同的实施控制，对双方都有利。作为承包商，如果有条件(如有这样的标准合同文本)则应建议采用标准合同文本。

6. 加强沟通和了解

在招标投标阶段，双方本着真诚合作的精神多沟通，达到互相了解和理解。实践证明，双方理解越正确、越全面、越深刻，合同执行中对抗越少，合作越顺利，项目越容易成功。国际工程专家曾指出："虽然工程项目的范围、规模、复杂性各不相同，但一个被业主、工程师、承包商都认为成功的项目，其最主要的原因之一是，业主、工程师、承包商能就项目目标达成共识，并将项目目标建立在各种完备的书面合同上，……它们应是平等的，并能明确工程的施工范围……。"

作为承包商应抓住如下几个环节：

(1)正确理解招标文件，理解业主的意图和要求。

(2)有问题可以利用标前会议或通过通信手段向业主提出。一定要多问，不可自以为是地解释合同。

(3)在澄清会议上将自己的投标意图和依据向业主说明，同时，又可以进一步了解业主的要求。

(4)在合同谈判中进一步沟通，详细地交换意见。

7.3 建设工程施工履约管理

合同签订后，作为企业层次的合同管理工作主要是进行合同履行分析、协助企业建立合适的项目经理部及履行过程中的合同控制。

7.3.1 施工履约管理概述

1. 承包合同履行分析的必要性

承包商在合同实施过程中的基本任务是使自己圆满地完成合同责任。整个合同责任的完成是靠在一段时间内，完成各项工程和各个工程活动实现的，所以，合同的目标和责任必须贯彻落实在合同实施的具体问题上和各工程小组以及各分包商的具体工程活动中。承包商的各职能人员和各工程小组都必须熟练地掌握合同，用合同指导工程实施和工作，以合同作为行为准则。国外的承包商都强调必须"天天念合同经"。

在实际工作中，承包商的各职能人员和各工程小组不能都手执一份合同，遇到具体问题都由各人查阅合同，因为合同本身有如下不足之处：

(1)合同条文往往不直观明了，一些法律语言不容易理解。在合同实施前进行合同分析，将合同规定用最简单易懂的语言和形式表达出来，使人一目了然，这样才能方便日常管理工作。承包商、项目经理、各职能人员和各工程小组也不必经常为合同文本及合同式的语言所累。

工程各参加者，包括业主、监理工程师和承包商、承包商的各工程小组、职能人员和分包商，对合同条文的解释必须有统一性和同一性。在业主与承包商之间，合同解释权归监理工程师。而在承包商的施工组织中，合同解释权必须归合同管理人员。如果在合同实施前，不对合同作分析和统一的解释，而让各人在执行中翻阅合同文本，极容易造成解释不统一，而导致工程实施的混乱。特别对复杂的合同，各方面关系比较复杂的工程，这个工作极为重要。

(2)合同内容没有条理，有时某一个问题可能在许多条款，甚至在许多合同文件中规定，在实际工作中使用极不方便。例如，对一分项工程，工程量和单价在工程量清单中，质量要求包含在工程图纸和规范中，工期按网络计划，而合同双方的责任、价格结算等又在合同文本的不同条款中。这容易导致执行中的混乱。

(3)合同事件和工程活动的具体要求(如工期、质量、技术、费用等)，合同各方的责任关系，事件和活动之间的逻辑关系极为复杂。要使工程按计划有条理地进行，必须在工程开始前将它们落实下来，从工期、质量、成本、相互关系等各方面定义合同事件和工程活动。

(4)许多工程小组和项目管理职能人员所涉及的活动和问题不是全部合同文件，而仅为合同的部分内容。因此，他们没有必要在工程实施中死抱着合同文件。

(5)在合同中依然存在问题和风险，这是必然的。它们包括两个方面：合同审查时已经发现的风险和还可能隐藏着的尚未发现的风险。合同中还必然存在用词含糊，规定不具体、不全面，甚至矛盾的条款。在合同实施前有必要做进一步的全面分析，对风险进行确认和界定，具体落实对策和措施。风险控制，在合同控制中占有十分重要的地位。如果不能透彻地分析出风险，就不可能对风险有充分的准备，则在实施中很难进行有效的控制。

(6)合同履行分析是对合同执行的计划，在分析过程中应具体落实合同执行战略。

(7)在合同实施过程中，合同双方会有许多争执。合同争执常常起因于合同双方对合同条款理解的不一致。要解决这些争执，首先必须作合同分析，按合同条文的表达分析它的意思，以判定争执的性质。要解决争执，双方必须就合同条文的理解达成一致。

在索赔中，索赔要求必须符合合同规定，通过合同分析可以提供索赔理由和根据。

合同履行分析，与前述招标文件的分析内容和侧重点略有不同。合同履行分析是解决“如何做”的问题，是从执行的角度解释合同。它是将合同目标和合同规定落实到合同实施的具体问题上和具体事件上，用以指导具体工作，使合同能符合日常工程管理的需要，使工程按合同施工。合同分析应作为承包商项目管理的起点。

2. 合同分析的基本要求

(1)准确性和客观性。合同分析的结果应准确、全面地反映合同内容。如果分析中出现误差，它必然反映在执行中，导致合同实施更大的失误。所以，不能透彻、准确地分析合同，就不能有效、全面地执行合同。许多工程失误和争执都起源于不能准确地理解合同。

客观性，即合同分析不能自以为是和“想当然”。对合同的风险分析，合同双方责任和权益的划分，都必须实事求是地按照合同条文，按合同精神进行，而不能以当事人的主观愿望解释合同。否则，必然导致实施过程中的合同争执，导致承包商的损失。

(2)简易性。合同分析的结果必须采用使不同层次的管理人员、工作人员能够接受的表达方式，如图表形式。对不同层次的管理人员提供不同要求、不同内容的合同分析资料。

(3)合同双方的一致性。合同双方，承包商的所有工程小组、分包商等对合同理解应有一致性。合同分析实质上是承包商单方面对合同的详细解释。分析中要落实各方面的责任界限，这极容易引起争执。所以，合同分析结果应能为对方认可。如有不一致，应在合同实施前，最好在合同签订前解决，以避免合同执行中的争执和损失，这对双方都有利。合同争执的最终解决不是以单方面对合同理解为依据的。

(4)全面性。

1)合同分析应是全面的，对全部的合同文件作解释。对合同中的每一条款、每句话，甚至每个词都应认真推敲、细心琢磨、全面落实。合同分析不能只观其大略，不能错过一些细节问题，这是一项非常细致的工作。在实际工作中，常常一个词，甚至一个标点能关系到争执的性质，关系到一项索赔的成败，关系到工程的盈亏。

2)全面地、整体地理解，而不能断章取义，特别当不同文件、不同合同条款之间规定不一致、有矛盾时，更要注意这一点。

3. 合同履行分析的内容和过程

按合同分析的性质、对象和内容，它可以分为：合同总体分析、合同详细分析、特殊问题的合同扩展分析。

7.3.2 合同总体分析

合同总体分析的主要对象是合同协议书和合同条件等。通过合同总体分析，将合同条款和合同规定落实到一些带全局性的具体问题上。总体分析通常在如下两种情况下进行：

(1)在合同签订后、实施前，承包商首先必须确定合同规定的主要工程目标，划定各方面的义务和权利界限，分析各种活动的法律后果。合同总体分析的结果是工程施工总的指导性文件，此时分析的重点如下：

1)承包商的主要合同责任，工程范围。

2)业主(包括工程师)的主要责任。

3)合同价格、计价方法和价格补偿条件。

4)工期要求和补偿条件。

5)工程受干扰的法律后果。

6)合同双方的违约责任。

7)合同变更方式、程序和工程验收方法等。

8)争执的解决等。

在分析中应对合同中的风险、执行中应注意的问题做出特别的说明和提示。

合同总体分析后，应将分析的结果以最简单的形式和最简洁的语言表达出来，交项目经理、各职能部门和各职能人员，以作为日常工程活动的指导。

(2)在重大的争执处理过程中，例如，在重大的或一揽子索赔处理中，首先必须作合同总体分析。

这里总体分析的重点是合同文本中与索赔有关的条款。对不同的干扰事件，则有不同的分析对象和重点。它对整个索赔工作起如下作用：

1)提供索赔(反索赔)的理由和根据。

2)合同总体分析的结果直接作为索赔报告的一部分。

3)作为索赔事件责任分析的依据。

4)提供索赔值计算方式和计算基础的规定。

5)索赔谈判中的主要攻守武器。

合同总体分析的内容和详细程度与如下因素有关：

第一，分析目的。如果在合同履行前作总体分析，一般比较详细、全面；而在处理重大索赔和合同争执时作总体分析，一般仅需分析与索赔和争执相关的内容。

第二，承包商的职能人员、分包商和工程小组对合同文本的熟悉程度。如果是一个熟悉的、以前经常采用的文本(例如国际工程中使用 FIDIC 文本)，则分析可简略，重点分析特殊条款和应重视的地方。

第三，工程和合同文本的特殊性。如果工程规模大，结构复杂，使用的合同文本比较特殊(如业主自己起草的非标准文本)，合同条款复杂，合同风险大，变更多，工程的合同关系复杂，相关的合同多，则应详细分析。

7.3.3 合同详细分析

承包合同的实施由许多具体的工程活动和合同双方的其他经济活动构成。这些活动也都是为了实现合同目标，履行合同责任，也必须受合同的制约和控制，所以，它们又可以被称为合同事件。对一个确定的承包合同，承包商的工程范围、合同责任是一定的，则相关的合同事件也应是一定的。通常在一个工程中，这样的事件可能有几百件，甚至几千件。在工程中，合同事件之间存在一定的技术上的、时间上的和空间上的逻辑关系，形成网络，所以在国外又被称为合同事件网络。

为了使工程有计划、有秩序、按合同实施，必须将承包合同目标、要求和合同双方的责、权、利关系分解落实到具体的工程活动上。这就是合同详细分析。

合同详细分析的对象是合同协议书、合同条件、规范、图纸、工作量表。它主要通过合同事件表、网络图、横道图和工程活动的工期表等定义各工程活动。合同详细分析的结果最重要的部分是合同事件表(表 7-1)。

表 7-1 合同事件表

<table>
<tr><td>子项目</td><td>事件编码</td><td>日期
变更次数</td></tr>
<tr><td colspan="3">事件名称和简要说明</td></tr>
<tr><td colspan="3">事件内容说明</td></tr>
<tr><td colspan="3">前提条件</td></tr>
<tr><td colspan="3">本事件的主要活动</td></tr>
<tr><td colspan="3">负责人(单位)</td></tr>
<tr><td>费用
计划
实际</td><td>其他参加者</td><td>工期
计划
实际</td></tr>
</table>

1. 事件编码

事件编码是为了计算机数据处理的需要，对事件的各种数据处理都靠编码识别。所以，编码要能反映这事件的各种特性，如所属的项目、单项工程、单位工程、专业性质、空间位置等。通常，它应与网络事件的编码有一致性。

2. 事件名称和简要说明

事件名称和简要说明是合同的主要内容体现。

3. 变更次数和最近一次的变更日期

变更次数记载着与本事件相关的工程变更。在接到变更指令后，应落实变更，修改相应栏目的内容。

最近一次的变更日期表示，从这一天以来的变更尚未考虑到。这样可以检查每个变更指令落实情况，既防止重复又防止遗漏。

4. 事件内容说明

事件内容说明主要为该事件的目标，如某一分项工程的数量、质量、技术要求以及其他方面的要求。由合同的工程量清单、工程说明、图纸、规范等定义，是承包商应完成的任务。

5. 前提条件

该事件进行前应有哪些准备工作？应具备什么样的条件？这些条件有的应由事件的责任人承担，有的应由其他工程小组、其他承包商或业主承担。这里不仅确定事件之间的逻辑关系，而且划定各参加者之间的责任界限。

例如，某工程中，承包商承包了设备基础的土建和设备的安装工程。按合同和施工进度计划规定：

在设备安装前 3 天，基础土建施工完成，并交付安装场地；

在设备安装前 3 天，业主应负责将生产设备运送到安装现场，同时由工程师、承包商和设备供应商一起开箱检验；

在设备安装前 15 天，业主应向承包商交付全部的安装图纸；

在安装前，安装工程小组应做好各种技术的和物资的准备工作等。

这样对设备安装这个事件可以确定它的前提条件，而且各方面的责任界限十分清楚。

6. 本事件的主要活动

本事件的主要活动，即完成该事件的一些主要活动和它们的实施方法、技术、组织措施。这项活动完全从施工过程的角度进行分析。这些活动组成该事件的子网络，例如，上述设备安装可能有如下活动：现场准备；施工设备进场、安装；基础找平、定位；设备就位；吊装；固定；施工设备拆卸、出场等。

7. 责任人

责任人即负责该事件实施的工程小组负责人或分包商。

8. 成本(或费用)

成本包括计划成本和实际成本。有如下两种情况：

(1)若该事件由分包商承担，则计划费用为分包合同价格。如果有索赔，则应修改这个值。而相应的实际费用为最终实际结算账单金额总和。

(2)若该事件由承包商的工程小组承担，则计划成本可由成本计划得到，一般为直接费成本。而实际成本为会计核算的结果，在该事件完成后填写。

9. 计划和实际的工期

计划工期由网络分析得到。有计划开始期、结束期和持续时间。实际工期按实际情况，在该事件结束后填写。

10. 其他参加者

其他参加者，即对该事件的实施提供帮助的其他人员。

从上述内容可见，合同详细分析包括工程施工前的整个计划工作。详细分析的结果实质上是承包商的合同执行计划，它包括：

(1)工程项目的结构分解，即工程活动的分解和工程活动逻辑关系的安排。

(2)技术会审工作。

(3)工程实施方案、总体计划和施工组织计划。在投标书中已包括这些内容，但在施工前应进一步细化，做详细的安排。

(4)工程详细的成本计划。

(5)合同详细分析不仅针对承包合同，而且包括与承包合同同级的各个合同的协调，包括各个分合同的工作安排和各分合同之间的协调。

所以，合同详细分析是整个项目小组的工作，应由合同管理人员、工程技术人员、计划师、预算师(员)共同完成。

合同事件表是工程施工中最重要的文件，它从各个方面定义了该合同事件。这使得在工程施工中落实责任，安排工作，合同监督、跟踪、分析，索赔(反索赔)处理非常方便。

7.3.4 特殊问题的合同扩展分析

在合同的签订和实施过程中常常会有一些特殊问题发生，会遇到一些特殊情况：它们可能属于在合同总体分析和详细分析中发现的问题，也可能是在合同实施中出现的问题。这些问题和情况在合同签订时未预计到，合同中未作明确规定或它们已超出合同的范围。许多问题似是而非，合同管理人员对它们把握不准，为了避免损失和争执，则宜提出来进行特殊分析。由于实际工程问题非常复杂，所以，对特殊问题分析要非常细致和耐心，需要实际工程经验和经历。

对重大的、难以确定的问题应请专家咨询或作法律鉴定。特殊问题的合同扩展分析一般用问答的形式进行。

1. 特殊问题的合同分析

针对合同实施过程中出现的一些合同中未明确规定的特殊的细节问题作分析。它们会影响工程施工、双方合同责任界限的划分和争执的解决。对它们的分析通常仍在合同范围内进行。

由于这一类问题在合同中未明确规定，其分析的依据通常有两个：

(1)合同意义的拓广。通过整体地理解合同，再作推理，以得到问题的解答。当然，这个解答不能违背合同精神。

(2)工程惯例。在国际工程中则使用国际工程惯例，即考虑在通常情况下，这一类问题的处理或解决方法。

这是与调解人或仲裁人分析与解决问题的方法和思路一致的。

由于实际工程非常复杂，这类问题面广量大，稍有不慎就会导致经济损失。

例如某工程，合同实施和索赔处理中有几个问题难以判定，提出作进一步分析：

1)按合同规定的总工期，应于××年×月×日开始现场搅拌混凝土。因承包商的混凝土拌合设备迟迟运不到工地，承包商决定使用商品混凝土，但被业主否决。而在承包合同中未明确规定使用何种混凝土。问：只要商品混凝土符合合同规定的质量标准，它是否也要经过业主批准才能使用?

答：因为合同中未明确规定一定要用工地现场搅拌的混凝土，则商品混凝土只要符合合同规定的质量标准也可以使用，不必经过业主批准。因为按照惯例，实施工程的方法由承包商负责。在这一前提下，业主拒绝承包商使用商品混凝土，是一个变更指令，对此可以进行工期和费用索赔。但该项索赔必须在合同规定的索赔有效期内提出。

2)合同规定，进口材料的关税不包括在承包商的材料报价中，由业主支付。但合同未规定业主的支付日期，仅规定业主应在接到到货通知单30天内完成海关放行的一切手续。现承包商急需材料，先垫支关税，以便及早取得材料，避免现场停工待料。问：对此，承包商是否可向业主提出补偿关税要求？这项索赔是否也要受合同规定的索赔有效期的限制?

答：对此，如果业主拖延海关放行手续超过30天，造成停工待料，承包商可将它作为不可预见事件，在合同规定的索赔有效期内提出工期和费用索赔。而承包商先垫付了关税，以便及早取得材料，对此承包商可向业主提出海关税的补偿要求，因为按照国际工程惯例，承包商有责任和权力为降低损失采取措施。而业主行为对承包商并非违约，故这项索赔不受合同所规定的索赔有效期的限制。

2. 特殊问题的合同法律扩展分析

在工程承包合同的签订、实施或争执处理、索赔(反索赔)中，有时会遇到重大的法律问题。通常有以下两种情况：

(1)这些问题已超过合同的范围，超过承包合同条款本身，例如，有的干扰事件的处理合同未规定或已构成民事侵权行为。

(2)承包商签订的是一个无效合同或部分内容无效，则相关问题必须按照合同所适用的法律来解决。

在工程中，这些都是重大问题，对承包商非常重要，但承包商对它们把握不准，则必须对它们作合同法律的扩展分析，即分析合同的法律基础，在适用于合同关系的法律中寻求解答。这通常很艰难，一般要请法律专家作咨询或法律鉴定。

例如，某国一公司总承包伊朗的一项工程。由于在合同实施中出现许多问题，有难以继续履行合同的可能，合同双方出现大的分歧和争执。承包商想解约，提出这方面的问题请法律专家作鉴定：

1)在伊朗法律中是否存在合同解约的规定?

2)伊朗法律中是否允许承包商提出解约?

3)解约的条件是什么?

4)解约的程序是什么?

法律专家必须精通适用于合同关系的法律，对这些问题做出明确答复，并对问题的解决提供意见或建议。在此基础上，承包商才能决定处理问题的方针、策略和具体措施。

由于这些问题都是一些重大问题，常常关系到承包工程的盈亏成败，所以，必须认真对待。

7.3.5 项目经理部的建立

1. 建立有效运行的项目经理部

根据《建设工程项目管理规范》(GB/T 50326—2006)的规定，项目经理是企业法定代表人在承包的建设工程项目上的委托代理人，根据企业法定代表人的授权范围、时间和内容进行管理；负责从开工准备到竣工验收阶段的项目管理。项目经理的管理活动是全过程的，也是全面的，即管理内容是全局性的，包含各个方面的管理。项目经理应接受法定代表人的领导，接受企业管理层、发包人和监理机构的检查与监督。

因此，建筑施工承包商在经过投标竞争获得工程项目承包资格后，首要任务是选定工程的项目经理。内部可以通过内部招标或委托方式选聘项目经理，并由项目经理在企业支持下组建并领导，进行项目管理的组织机构即项目经理部。

项目经理部的作用是：作为企业在项目上的管理层，负责从开工准备到竣工验收的项目管理，对作业层有管理和服务的双重职能；作为项目经理的办事机构，为项目经理的决策提供信息和依据，当好参谋并执行其决策；凝聚管理人员，形成组织力，代表企业履行施工合同，对发包人和项目产品负责；形成项目管理责任制和信息沟通系统，以形成项目管理的载体，为实现项目管理目标而有效运转。

建立有效运转的项目经理部应做到以下几点：

(1)建立项目经理部应遵守的原则。

1)根据项目管理规划大纲确定的组织形式设立项目经理部。项目管理规划大纲由以下几个部分组成：企业管理层依据招标文件及发包人对招标文件的解释；企业管理层对招标文件的分析研究结果；工程现场情况；发包人提供的信息和资料；有关市场信息；企业法定代表人的投标决策意见等资料，包括项目概况、项目实施条件分析、项目投标活动及签订施工合同的策略、项目管理目标、项目组织结构、质量目标和施工方案、工期目标和施工总进度计划、成本目标、项目风险预测和安全目标、项目现场管理和施工平面图、投标和签订施工合同、文明施工及环境保护等内容。

2)根据施工项目的规模、复杂程度和专业特点设立项目经理部。

3)应使项目经理部成为弹性组织，随工程的变化而调整，不成为固化的组织；项目经理部的部门和人员设置应面向现场，满足目标控制的需要；项目经理部组建以后，应建立有益于组织运转的规章制度。

(2)设立项目经理部的步骤。

1)确定项目经理部的管理任务和组织形式。

2)确定项目经理部的层次、职能部门和工作岗位。

3)确定人员、职责、权限。

4)对项目管理目标责任书确定的目标进行分解。

5)制订规章制度和目标考核、奖惩制度。

(3)选择适当的组织形式。组织形式指组织结构类型，是指一个组织以什么样的结构方式去处理层次、跨度、部门设置和上下级关系。组织形式的选定，对项目经理部的管理效率有极大影响。因此，要求做到以下几点：

1)根据施工项目的规模、结构复杂程度、专业特点、人员素质和地域范围确定组织形式。

2)当企业有多个大中型项目需要同时进行项目管理时，宜选用矩阵式组织形式。这种形式既能发挥职能部门的纵向优势，又能发挥项目的横向优势；既能满足企业长期例行性管理的需要，又能满足项目一次性管理的需要；一人多职，节省人员；具有弹性，调整方便，有利于企业对专业人才的有效使用和锻炼培养。

3)远离企业管理层的大中型项目，且在某一地区有长期市场的，宜选用事业部式组织形式。这种形式的项目经理部对内可作为职能部门，对外可作为实体，有相对独立的经营权，可以迅速适应环境的变化，提高项目经理部的应变能力。

4)如果企业在某一地区只有一个大型项目，而没有长期市场，可建立工作队式项目经理部，以使它具有独立作战能力，完成任务后能迅速解体。

5)如果企业有许多小型施工项目，可设立部门控制式的项目经理部，几个小型项目组成一个较大型的项目，由一个项目经理部进行管理。这种项目经理部可以固化，不予解体，但是大中型项目不应采用固化的部门控制式项目经理部。

(4)合理设置项目经理部的职能部门，适当配置人员。职能部门的设置应紧紧围绕各项项目管理内容的需要，贯彻精干高效的原则。对项目经理部人员的配置，《建设工程项目管理规范》(GB/T 50326—2006)提出了两项关键要求：大型项目的项目经理必须有一级项目经理资质；管理人员中的高级职称人员不应低于10%。

为了使项目部能有效而顺利地运行，正确地履行合同，企业的合同管理人员与项目的合同管理人员不要绝对分离，即应让项目部的有关人员进入前期工作，使他们熟悉项目及在投标准备过程中的对策和策略，很好地理解合同，以便缩短合同的准备时间，在签订合同后能尽快制订科学、合理、操作性更强的施工组织设计。

(5)制订必要的规章制度。项目经理部必须执行企业的规章制度，当企业的规章制度不能满足项目经理部的需要时，项目经理部可以自行制订项目管理制度，但是应报企业或其授权的职能部门批准。

(6)使项目经理部正常运行并解体。为使项目经理部有效运行，《建设工程项目管理规范》(GB/T 50326—2006)提出了三项要求：一是项目经理部应按规章制度运行，并根据运行状况检查信息控制运行，以实现项目目标；二是项目经理部应按责任制运行，以控制管理人员的管理行为；三是项目经理部应按合同运行，通过加强组织协调，以控制作业队伍和分包人员的行为。

项目经理部解体的理由有四点：一是有利于建立适应一次性项目管理需要的组织机构；二是有利于建立弹性的组织机构，以适时地进行调整；三是有利于对已完成的项目进行审计、总结、清算和清理；四是有利于企业管理层和项目管理层的两层分离和两层结合，既强化企业管理层，又强化项目管理层。实行项目经理部解体，是在组织体制改革中改变传统组织习惯的一项艰巨任务。

2. 签订“项目管理目标责任书”

企业法定代表人与项目经理签订“项目管理目标责任书”。

“项目管理目标责任书”是企业法定代表人根据施工合同和经营管理目标要求明确规定项目经理应达到的成本、质量、进度和安全等控制目标的文件。“项目管理目标责任书”是由企业法定代表人从企业全局利益出发确定的项目经理的具体责任、权限和利益。“项目管理目标责任书”应包括五项内容：企业各部门与项目经理部之间的关系；项目经理部所需作业队伍、材料、机械设备等的供应方式；应达到的项目质量、安全、进度和成本目标；在企业制度规定以外的、由企业法定代表人委托的事项；企业对项目经理部人员进行奖惩的依据、标准、办法及应承担的风险。

3. 进行合同交底

企业的合同管理机构组织项目经理部的全体成员学习合同文件和合同分析的结果，对合同的主要内容作出解释和说明，统一认识，使大家熟悉合同中的主要内容、各种规定、管理程序，了解承包商的合同责任和工程范围，各种行为的法律后果等。

7.3.6 合同实施控制

工程施工的过程就是施工合同的实施过程。要使合同顺利实施，合同双方必须共同完成各自的合同责任。不利的合同使合同实施和合同管理非常艰难，但通过有力的合同管理可以减轻损失或避免更大的损失。而如果在合同实施过程中管理不善，没有进行有效的合同管理，即使是一个有利的合同，同样也不会有好的经济效益。

1. 合同控制概述

(1)合同控制的必要性。所谓控制就是行为主体为保证在变化的条件下实现其目标，按照拟定的计划和标准，通过各种方法，对被控制对象实施中发生的各种实际值与计划值进行检查、对比、分析和纠正，以保证工程实施按预定的计划进行，顺利地实现预定的目标。合同控制指承包商的合同管理组织为保证合同所约定的各项义务的全面完成及各项权利的实现，以合同分析的成果为基准，对整个合同实施过程进行全面监督、检查、对比和纠正的管理活动。

合同控制是保证合同目标实现、了解合同执行情况、解决合同执行中的问题的方法和手段；是调整合同目标和合同计划的依据；是提高项目管理水平、人员管理能力、项目控制能力的重要手段。因此，在合同履行过程中，必须对合同进行有效的控制。

(2)合同实施控制程序。合同实施控制程序包括工程实施监督、合同跟踪、合同诊断、调整与纠偏等，如图 7-1 所示。

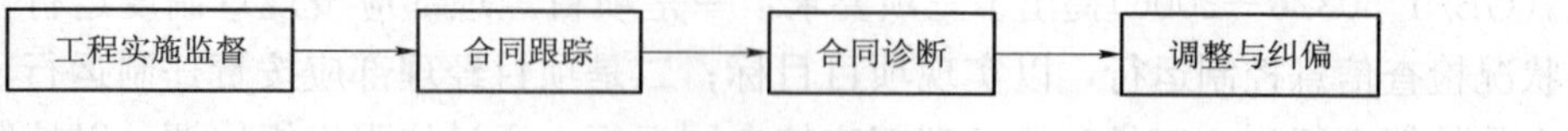

图 7-1 合同实施控制程序

1)工程实施监督。工程实施监督是工程合同管理的日常事务性工作，首先应表现在对工程活动的监督上，即保证按照预先确定的各种计划、设计、施工方案实施工程。工程实际状况反映在原始的工程资料(数据)上，如质量检查报告、分项工程进度报告、记工单、用料单、成本核算凭证等。

2)合同跟踪。即将收集到的工程资料和实际数据进行整理，得到能够反映工程实施状况的各种信息，如各种质量报告，各种实际进度报表，各种成本和费用收支报表及它们的分析报告。将这些信息与工程目标(如合同文件、合同分析文件、计划、设计等)进行对比分析，就可以发现两者的差异。差异的大小，即为工程实施偏离目标的程度。如果没有差异或差异较小，则可以按原计划继续实施工程。

3)合同诊断。对合同执行情况的评价、判断和趋向分析、预测。

4)调整与纠偏。详细分析差异产生的原因和影响，并对症下药，采取措施进行调整。

(3)工程实施控制的主要内容。工程实施控制包括成本控制、质量控制、进度控制、合同控制几方面的内容。工程实施控制的内容、目的、依据可见表 7-2。成本、质量、工期是合同定义的三大目标，承包商最根本的合同责任是达到这三大目标，所以，合同控制是其他控制的保证。通过合同控制可以使质量控制、进度控制、成本控制协调一致，形成一个有序的项目管理过程。

表 7-2 工程实施控制的内容、目的、依据

项 目	控制内容	控制目的	控制依据
成本控制	保证按计划成本完成工程，防止成本超支和费用增加	计划成本	各分项工程、分部工程、总工程的计划成本，人力、材料、资金计划，计划成本曲线
质量控制	保证按合同规定的质量完成工程，使工程顺利通过验收，交付使用，达到预定的功能要求	合同规定的质量标准	工程说明、规范、图纸、工作量表
进度控制	按预定进度计划进行施工，按期交付工程，防止承担工期拖延责任	合同规定的工期	合同规定的总工期计划，业主批准的详细的施工进度计划，网络图、横道图等
合同控制	按合同全面完成承包商的责任，防止违约	合同规定的各项责任	合同范围内的各种文件，合同分析资料

2. 合同实施控制

合同控制是动态的，因为合同实施常常受到外界干扰，偏离目标，而且合同目标本身不断地变化，如在工程过程中不断出现合同变更，使工程的质量、工期、合同价格变化，合同双方的责任和权益发生变化，合同实施要不断地进行调整。

(1)合同实施监督。合同责任是通过具体的合同实施工作完成的。有效的合同监督可以分析合同是否按计划或修正的计划实施进行，是正确分析合同实施状况的有利保证。合同监督的主要工作包括以下几项：

1)落实合同实施计划。落实合同实施计划为各工程队(小组)、分包商的工作提供必要的保证，如施工现场的平面布置，人、材、机等计划的落实，各工序间搭接关系的安排和其他一些必要的准备工作。

2)对合同执行各方进行合同监督。

①现场监督各工程小组、分包商的工作。合同管理人员与项目的其他职能人员对各工程小组和分包商进行工作指导，做经常性的合同解释，使各工程小组都有全局观念，对工程中发现的问题提出意见、建议或警告。

②对业主、监理工程师进行合同监督。在工程施工过程中，业主、监理工程师常常变更合同内容，包括本应由其提供的条件未及时提供，本应及时参与的检查验收工作不及时参与。对这些问题，合同管理人员应及时发现，及时解决或提出补偿要求。此外，当承包方与业主或监理工程师就合同中一些未明确划分责任的工程活动发生争执时，合同管理人员要协助项目部，及时判定和调解工作。

③对其他合同方的合同监督。在工程施工过程中，不仅要与业主打交道，还要在材料、设备的供应，运输，供用水、电、气，租赁、保管、筹集资金等方面，与众多企业或单位发生合同关系，这些关系在很大程度上影响施工合同的履行，因此，合同管理部门和人员对这类合同的监督也不能忽视。

3)对文件资料及原始记录的审查和控制。文件资料和原始记录不仅包括各种产品合格

证，检验、检测、验收、化验报告、施工实施情况的各种记录，而且包括与业主(监理工程师)的各种书面文件进行合同方面的审查和控制。

4)会同监理工程师对工程及所用材料和设备质量进行检查监督。按合同要求，对工程所用材料和设备进行开箱检查或验收，检查是否符合质量、图纸和技术规范等的要求。进行隐蔽工程和已完工程的检查验收，负责验收文件的起草和验收的组织工作。

【案例 7-1】 在钢筋混凝土框架结构工程中，有钢结构杆件的安装分项工程。钢结构杆件由业主提供，承包商负责安装。在业主提供的技术文件上，仅用一道弧线表示了钢杆件，而没有详细的图纸或说明。施工中业主将杆件提供到现场，两端有螺纹，承包商接收了这些杆件，没有提出异议，在混凝土框架上用了螺母和子杆进行连接。在工程检查中承包商也没提出额外的要求。但当整个工程快完工时，承包商提出，原安装图纸表示不清楚，自己因工程难度增加导致费用超支，要求索赔。法院调查后表示，虽然合同曾对结构杆件的种类有含糊，但当业主提供了杆件，承包商无异议地接收了杆件，则这方面的疑问就不存在了。合同已因双方的行为得到了一致的解释，即业主提供的杆件符合合同要求。所以，承包商索赔无效。

5)对工程款申报表进行检查监督。会同造价工程师对向业主提出的工程款申报表和分包商提交来的工程款申报表进行审查和确认。

6)处理工程变更事宜。合同管理工作一经进入施工现场后，合同的任何变更，都应由合同管理人员负责提出；对向分包商的任何指令，向业主的任何文字答复、请示，都须经合同管理人员审查并记录在案。承包商与业主、与总(分)包商的任何争议的协商和解决都必须有合同管理人员的参与，并对解决结果进行合同和法律方面的审查、分析和评价。这样不仅保证工程施工一直处于严格的合同控制中，而且使承包商的各项工作更有预见性，能及早地预计行为的法律后果。

(2)合同的跟踪。在工程实施中，由于实际情况千变万化，其导致合同实施与预定目标(计划和设计)的偏离。如果不采取措施，这种偏差常常由小到大，逐渐积累。合同跟踪可以不断地找出偏离，不断地调整合同实施，使之与总目标一致。合同跟踪是合同控制的主要手段。通过合同实施情况分析，在整个工程过程中，项目管理人员可清楚地了解合同实施现状、趋向和结果，出现问题时找出偏离，以便及时采取措施，调整合同实施过程，达到合同总目标。

1)合同跟踪的依据。合同跟踪时，判断实际情况与计划情况是否存在差异的依据主要有：合同和合同分析的结果，如各种计划、方案、合同变更文件等，它们是比较的基础，是合同实施的目标和方向；各种实际的工程文件，如原始记录、各种工程报表、报告、验收结果、量方结果等；工程管理人员每天对现场情况的直观了解，如通过施工现场的巡视、与各种人谈话、召集小组会议、检查工程质量、量方，通过报表、报告等。

2)合同跟踪的对象。

①对具体的合同事件进行跟踪。对照合同事件表的具体内容，分析该事件的实际完成情况，一般包括完成工作的数量、质量、时间、费用等情况，检查每个合同活动或合同事件的执行情况。当实际与计划存在较大偏差时，找出偏差的原因和责任。

②对工程小组或分包商的工程和工作进行跟踪。在实际工程中常常因为某一工程小组或分包商的工作质量不高或进度拖延而影响整个工程施工。合同管理人员应协调他们之间的工作；对工程缺陷提出意见、建议或警告。

③对业主和工程师的工作进行跟踪。业主和工程师是承包商的主要合同伙伴，对他们的工作进行监督和跟踪是十分重要的。承包商应积极主动地做好工作，及时收集各种工程资料，有问题及时与工程师沟通。如提前催要图纸、材料，对工作事先通知。这样能让业主和工程师及早准备，建立良好的合作关系，保证工程的顺利实施。

④对工程项目进行跟踪。在工程施工中，对这个工程项目的跟踪也非常重要。包括对工程整体施工环境进行跟踪；对已完工程没通过验收或验收不合格、出现大的工程质量问题、工程试生产不成功，或达不到预定的生产能力等进行跟踪；对计划和实际的进度、成本进行描绘。

(3)合同的诊断。在合同跟踪的基础上，对合同进行诊断。合同诊断是对合同执行情况的评价、判断、趋向分析和预测。主要包括如下内容：

1)合同执行差异的原因分析。通过对不同监督和跟踪对象的计划和实际的对比分析，不仅可以得到合同执行的差异，而且可以探索引起这个差异的原因。原因分析可以采用鱼刺图、因果关系分析图(表)、成本量差、价差、效率差分析等方法定性或定量地进行。

例如，通过计划成本和实际成本累计曲线的对比分析，如图 7-2 所示，不仅可以得到总成本的偏差值，而且可以进一步分析差异产生的原因。引起上述计划和实际成本累计曲线偏离的原因可能有：整个工程加速或延缓；工程施工次序被打乱；工程费用支出增加，如材料费、人工费上升；增加新的附加工程，使主要工程的工程量增加；工作效率低下，资源消耗增加等。

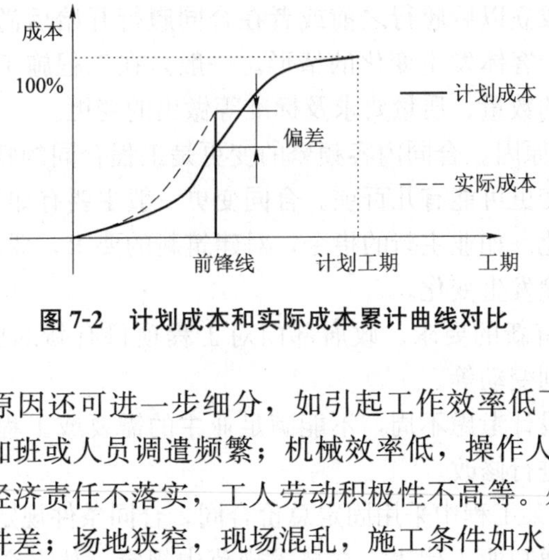

图 7-2　计划成本和实际成本累计曲线对比

上述每一类偏差的原因还可进一步细分，如引起工作效率低下可以分为：内部干扰，如施工组织不周，夜间加班或人员调遣频繁；机械效率低，操作人员不熟悉新技术，违反操作规程，缺少培训；经济责任不落实，工人劳动积极性不高等。外部干扰，如图纸出错，设计修改频繁；气候条件差；场地狭窄，现场混乱，施工条件如水、电、道路受到影响等。在上述基础上还应分析出各原因对偏差影响的权重。

2)合同差异责任分析。即分析合同执行差异产生的原因、造成合同执行差异的责任人或有关的人员，这常常是索赔的理由。只要以合同为依据，分析详细，有理有据，责任自然清楚。

3)合同实施趋向预测。考虑不采取调控措施和采取调控措施以及采取不同的调控措施情况下合同的最终执行结果。

①最终的工程状况，包括总工期的延误、总成本的超支、质量标准、所能达到的生产能力(或功能要求)等。

②承包商将承担什么样的后果，如被罚款、被清算，甚至被起诉，对承包商资信、企

业形象、经营战略的影响等。

③最终工程经济效益(利润)水平。

(4)合同实施情况偏差处理。根据合同实施情况偏差分析的结果，承包商应采取相应的调整措施。调整措施可分为以下几项：

1)组织措施。如增加人员投入，重新进行计划或调整计划，派遣得力的管理人员。

2)技术措施。如变更技术方案，采用新的更高效率的施工方案。

3)经济措施。如增加投入，对工作人员进行经济激励等。

4)合同措施。如进行合同变更，签订新的附加协议、备忘录，通过索赔解决费用超支问题等。合同措施是承包商的首选措施，该措施主要由承包商的合同管理机构来实施。承包商采取合同措施时通常应考虑如何保护和充分行使自己的合同权力以及充分限制对方的合同权力，找出业主的责任。

(5)合同实施后评价。在合同执行后进行合同实施后评价。将合同签订和执行过程中的利弊得失、经验教训总结出来，作为以后工程合同管理的借鉴。包括合同签订情况评价、合同执行情况评价、合同管理工作评价、合同条款分析。

3. 合同变更管理

任何工程项目在实施过程中由于受到各种外界因素的干扰，都会发生不同程度的变更，它无法事先做出具体的预测，在开工后又无法避免。而由于合同变更涉及工程价款的变更及时间的补偿等，直接关系到项目效益，因此，变更管理在合同管理中就显得相当重要。

合同变更是指合同成立以后履行之前或者在合同履行开始后尚未履行完之前，合同当事人不变而合同的内容、客体发生变化的情形。一般是在工程施工过程中，根据合同的约定对施工的程序、工程的数量、质量要求及标准等做出的变更。

(1)合同变更产生的原因。合同内容频繁的变更是工程合同的特点之一。一个较为复杂的工程合同，实施中的变更可能有几百项。合同变更一般主要有如下几个方面的原因：

1)工程范围发生变化。如业主新的指令，对建筑新的要求，要求增加或删减某些项目，改变质量标准，项目用途发生变化。

2)政府部门对工程有新的要求。政府部门对工程项目有新的要求，如国家计划变化、环境保护要求、城市规划变动等。

3)设计变化。由于设计考虑不周，不能满足业主的需要或工程施工的需要，或设计错误等，必须对设计图纸进行修改。

【案例 7-2】 在我国某工程中采用固定总价合同，合同条件规定，承包商若发现施工图中的任何错误和异常应通知业主代表。在技术规范中规定，从安全的要求出发，消防用水管道必须与电缆分开铺设；而在图纸上，将消防用水管道和电缆放到了一个管道沟中。承包商按图纸报价并施工，该项工程完成后，工程师拒绝验收，指令承包商按规范要求施工，重新铺设管道沟，并拒绝给承包商任何补偿，其理由是：①两种管道放一个沟中极不安全，违反工程规范。在工程中，一般规范(即本工程的说明)是优先于图纸的。②施工图上注明两管放在一个管道沟中，这是一个设计错误，作为一个有经验的承包商是应该能够发现这个常识性的错误的。而且合同中规定，承包商若发现施工图中任何错误和异常，应及时通知业主代表。③承包商没有遵守合同规定。当然，工程师这种处理是比较苛刻，而且存在推卸责任的行为，因为：a. 不管怎样，设计责任应由业主承担，图纸错误应由业主负责；b. 施工中，工程师一直在“监理”，应当能够发现承包商施工中出现的问题，应及时发出指令纠正；c. 在本原则使用时应该注意到承包商承担这个责任的合理性和可能性。例如，必须考虑承包商投标时有无合理的做标期。如果做标期太短，则这个责任就不应该由承包商负担。在国外工程中也有不少这样处理的案例。所以，对招标文件中发现的问题、错误、不一致，特别是施工图与规范之间的不一致，在投标前应向业主澄清，以获得正确的解释，否则承包商可能处于不利的地位。

4)工程环境的变化。在施工中遇到的实际现场条件与招标文件中的描述有本质的差异，或发生不可抗力等，即预定的工程条件不准确。

5)合同的原因。由于合同实施出现问题，必须调整合同目标或修改合同条款。

6)监理工程师、承包商的原因。监理工程师指令错误；承包商的合同执行错误，质量缺陷，工期延误。

(2)合同变更的影响。合同变更实质上是对原合同条件和合同条款的修改，是双方新的要约和承诺。这种修改对合同实施影响很大，造成原“合同状态”的变化，必须对原合同规定的双方的责权利作出相应的调整。合同变更的影响主要表现在以下几个方面：

1)导致工程变更。合同变更常常导致工程目标和工程实施情况的各种文件，如设计图纸、成本计划和支付计划、工期计划、施工方案、技术说明和适用的规范等的修改和变更。合同变更最常见和最多的是工程变更。

2)导致工程参与各方合同责任的变化。合同变更往往引起合同双方、承包商的工程小组之间、总承包商和分包商之间合同责任的变化。如工程量增加，则增加了承包商的工程责任，增加了费用开支和延长了工期。

3)引起已完工程的返工，现场工程施工的停滞，施工秩序打乱，已购材料的损失以及工期的延误。

通常合同变更不能免除或改变承包商的合同责任。

(3)合同变更范围。合同变更的范围很广，一般在合同签订后所有工程范围、进度、工程质量要求、合同条款内容、合同双方责权利关系的变化等都可以被看作合同变更。最常见的变更有两种：

1)涉及合同条款的变更，合同条件和合同协议书所定义的双方责权利关系或一些重大问题的变更。

2)工程变更，即工程的质量、数量、性质、功能、施工次序和实施方案的变化。工程变更包括设计变更、施工方案变更、进度计划变更和新增工程。

(4)合同变更程序。工程变更应有一个正规的程序，应有一整套申请、审查、批准手续。工程变更程序如图 7-3 所示。

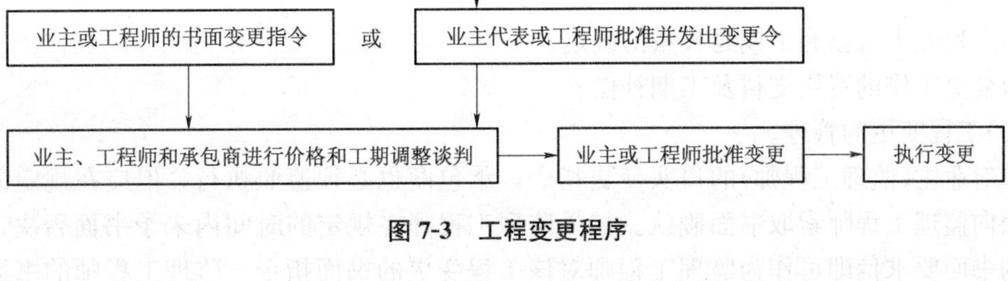

图 7-3　工程变更程序

1)提出工程变更要求。监理工程师、业主和承包商均可提出工程变更请求。表 7-3 为业主、监理工程师、承包商通用的工程变更申请单。

表 7-3　工程变更申请单

工程名称：　　　　　　　　　　　　　　　　　　　　　　　　　　　编号：

<table>
<tr><td colspan="3">致：　　　　　　　　　　　　　　　　　　(单位)
由于________________原因，兹提出工程变更(内容见附件)，请予批准。
附件：

提出单位
代 表 人
日　　期</td></tr>
<tr><td colspan="3">一致意见：</td></tr>
<tr><td>建设单位代表：
签字：
日期____________</td><td>设计单位代表：
签字：
日期____________</td><td>项目监理机构：
签字：
日期____________</td></tr>
</table>

①监理工程师提出工程变更。在施工过程中，由于设计中的不足或错误或施工时环境发生变化，监理工程师以节约工程成本、加快工程进度和保证工程质量为原则，提出工程变更。

②承包商提出工程变更。承包商在两种情况下提出工程变更，其一是工程施工中遇到不能预见的地质条件或地下障碍；其二是承包商考虑为便于施工、降低工程费用、缩短工期的目的，提出工程变更。

③业主提出工程变更。业主提出工程的变更常常是为了满足使用上的要求。这也要说明变更原因，提交设计图纸和有关计算书。

2)监理工程师的审查和批准。对工程的任何变更，无论是哪一方提出的，监理工程师都必须与项目业主进行充分的协商，最后由监理工程师发出书面变更指示。项目业主可以委任监理工程师一定的批准工程变更的权限(一般是规定工程变更的费用额)。在此权限内，监理工程师可自主批准工程变更，超出此权限则由业主批准。

3)编制工程变更文件，发布工程变更指示。一项工程变更应包括：工程变更指令、主要说明工程变更的原因及详细的变更内容说明、工程变更指令的附件。

4)承包商项目部的合同管理负责人员向监理工程师发出合同款调整和(或)工期延长的意向通知。

5)工程变更价款和工期延长量的确定。

6)变更工作的费用支付及工期补偿。

(5)工程变更的管理。

1)对业主(监理工程师)的口头变更指令，承包商也必须遵照执行，但应在规定的时间内书面向监理工程师索取书面确认。如果监理工程师在规定的时间内未予书面否决，则承包商的书面要求信即可作为监理工程师对该工程变更的书面指令。监理工程师的书面变更指令是支付变更工程款的先决条件之一。

2)工程变更不能超过合同规定的工程范围。如果超过这个范围，承包商有权不执行变更或坚持先商定价格后再进行变更。

3)注意变更程序上的矛盾性。合同通常都规定，承包商必须无条件执行变更指令(即使是口头指令)，所以，应特别注意工程变更的实施、价格谈判和业主批准三者之间在时间上的矛盾性。在工程中常有这种情况，工程变更已成为事实，而价格谈判仍达不成协议或业主对承包商的补偿要求不批准，价格的最终决定权在监理工程师。这样承包商已处于被动地位。

4)在合同实施中，合同内容的任何变更都必须由合同管理人员提出。与业主，与总(分)包之间的任何书面信件、报告、指令等都应经合同管理人员进行技术和法律方面的审查。这样才能保证任何变更都在控制中，不会出现合同问题。

5)在商讨变更、签订变更协议的过程中，承包商必须提出变更补偿(即索赔)问题。在变更执行前就应明确补偿范围、补偿方法、索赔值的计算方法、补偿款的支付时间等，双方应就这些问题达成一致。

在工程变更中，特别应注意因变更造成返工、停工、窝工、修改计划等引起的损失，注意这方面证据的收集。在变更谈判中应对此进行商谈。

7.4 建设工程施工风险管理

在任何经济活动中，要取得盈利，必然要承担相应的风险。这里的风险是指经济活动中的不确定性。它如果发生，就会导致经济损失。一般风险应与盈利机会同时存在，并成正比，即经济活动的风险越大，盈利机会(或盈利率)就应越大。

风险管理体现在工程承包合同中，合同条款应公平、合理；合同双方责权利关系应平衡；合同中如果包含的风险较大，则承包商应提高合同价格，加大不可预见风险费。

由于承包工程的特点和建筑市场的激烈竞争，承包工程风险很大，范围很广，是造成承包商失败的主要原因。现在，风险管理已成为衡量承包商管理水平的主要标志之一。

7.4.1 承包商风险管理的任务

承包商风险管理的任务主要有以下几个方面：

(1)在合同签订前对风险作全面分析和预测。主要考虑如下问题：

1)工程实施中可能出现的风险的类型、种类。

2)风险发生的规律，如发生的可能性、发生的时间及分布规律。

3)风险的影响，即风险如果发生，对承包商的施工过程，对工期和成本(费用)有哪些影响；承包商要承担哪些经济的和法律的责任等。

4)各风险之间的内在联系，例如，一起发生或伴随发生的可能。

(2)对风险进行有效的对策和计划，即考虑如果风险发生，应采取什么措施予以防止，或降低它的不利影响，为风险作组织、技术、资金等方面的准备。

(3)在合同实施中对可能发生或已经发生的风险进行有效的控制：

1)采取措施防止或避免风险的发生。

2)有效地转移风险，争取让其他方面承担风险造成的损失。

3)降低风险的不利影响，减少自己的损失。

4)在风险发生的情况下进行有效的决策，对工程施工进行有效的控制，保证工程项目的顺利实施。

7.4.2 承包工程的风险

承包工程中常见的风险有如下四类。

1. 工程的技术、经济、法律等方面的风险

(1)现代工程规模大，功能要求高，需要新技术、特殊的工艺、特殊的施工设备，工期紧迫。

(2)现场条件复杂，干扰因素多；施工技术难度大，自然环境特殊，如场地狭小，地质条件复杂，气候条件恶劣；水电供应、建材供应不能保证等。

(3)承包商的技术力量、施工力量、装备水平、工程管理水平不足，在投标报价和工程实施过程中会有这样或那样的失误，例如：技术设计、施工方案、施工计划和组织措施存在缺陷和漏洞；计划不周；报价失误。

(4)承包商资金供应不足，周转困难。

(5)在国际工程中还常常出现对当地法律、语言不熟悉，对技术文件、工程说明和规范理解不正确或出错的现象。

在国际工程中，以工程所在国家的法律作为合同的法律基础，这本身就隐藏着很大的风险。而许多承包商对此常常不够重视，最终导致经济损失。另外，我国许多建筑企业初涉国际承包市场，不了解情况，不熟悉国际工程惯例和国际承包业务。这里也包含很大的风险。

2. 业主资信风险

业主是工程的所有者，是承包商的最重要的合作者。业主资信情况对承包商的工程施工和工程经济效益有决定性影响。属于业主资信风险的有以下几个方面：

(1)业主的经济情况变化，如经济状况恶化，濒于倒闭，无力继续实施工程，无力支付工程款，工程被迫中止。

(2)业主的信誉差，不诚实，有意拖欠工程款。

(3)业主为了达到不支付或少支付工程款的目的，在工程中苛刻刁难承包商，滥用权力，施行罚款或扣款。

(4)业主经常改变主意，如改变设计方案、实施方案，打乱工程施工秩序，但又不愿意给承包商以补偿等。

这些情况无论在国际还是国内工程中，都是经常发生的。在国内的许多地方，长期拖欠工程款已成为妨碍施工企业正常生产经营的主要原因之一。在国际工程中，也常有工程结束数年，而工程款仍未完全收回的实例。

3. 外界环境的风险

(1)在国际工程中，工程所在国家政治环境的变化，如发生战争、禁运、罢工、社会动乱等造成工程中断或终止。

(2)经济环境的变化，如通货膨胀、汇率调整、工资和物价上涨。物价和货币风险在承包工程中经常出现，而且影响非常大。

(3)合同所依据的法律的变化，如新的法律颁布，国家调整税率或增加新税种，新的外汇管理政策等。

(4)自然环境的变化，如百年未遇的洪水、地震、台风等以及工程水文、地质条件的不确定性。

4. 合同风险

上述列举的几类风险，反映在合同中，通过合同定义和分配，则成为合同风险。工程承包合同中一般都有风险条款和一些明显的或隐含着的对承包商不利的条款。它们常造成承包商的损失，是进行合同风险分析的重点。

7.4.3 承包合同中的风险分析

1. 承包合同风险的特性

合同风险是指合同中的不确定性。它有以下两个特性。

(1)合同风险事件，可能发生，也可能不发生。但一经发生就会给承包商带来损失。风险的对立面是机会，它会带来收益。

但在一个具体的环境中，双方签订一个确定内容的合同，实施一个确定规模和技术要求的工程，则工程风险有一定的范围，它的发生和影响有一定的规律性。

(2)合同风险是相对的，通过合同条文定义风险及其承担者。在工程中，如果风险成为现实，则由承担者主要负责风险控制，并承担相应的损失责任。所以，对风险的定义属于双方责任划分问题，不同的表达有不同的风险，则有不同的风险承担者。如在某合同中规定："……乙方无权以任何理由要求增加合同价格，如……国家调整海关税……""……乙方所用进口材料，机械设备的海关税和相关的其他费用都由乙方负责交纳……"则国家对海关的调整完全是承包商的风险，如果国家提高海关税率，则承包商要蒙受损失。而如果在该条中规定，进口材料和机械设备的海关税由业主交纳，乙方报价中不包括海关税，则这对承包商已不再是风险，海关税风险已被转嫁给业主。

而如果按国家规定，该工程进口材料和机械设备免收海关税，则不存在海关税风险。

作为一份完备的合同，不仅应对风险有全面地预测和定义，而且应全面地落实风险责任，在合同双方之间公平、合理地分配风险。

2. 承包合同风险的种类

具体来说，承包合同中的风险可能有如下几种：

(1)合同中规定的承包商应承担的风险。一般工程承包合同中都有明确规定承包商应承担的风险条款，常见的有：

1)工程变更的补偿范围和补偿条件。例如某合同规定，工程变更在15%的合同金额内，承包商得不到任何补偿，则在这个范围内的工程量的增加可能是承包商的风险。

2)合同价格的调整条件。如对通货膨胀、汇率变化、税收增加等，合同规定不予调整，则承包商必须承担全部风险；如果在一定范围内可以调整，则承担部分风险。

3)业主和工程师对设计、施工、材料供应的认可权和各种检查权，在工程中，合同和合同条件常赋予业主和工程师对承包商工程和工作的认可权和各种检查权。但这必须有一定的限制和条件，应防止写有"严格遵守工程师对本工程任何事项(不论本合同是否提出)所做的指示和指导”。如果有这一条，业主可能使用这个“认可权”或“满意权”提高工程的设计、施工、材料标准，而不对承包商补偿，则承包商必须承担这方面的变更风险。

在工程施工过程中，业主和工程师有时提出对已完工程、隐蔽工程、材料、设备等的附加检查和试验要求，就会造成承包商材料、设备或已完工程的损坏和检查试验费用的增加。对此，合同中如果没有相应的限制和补偿条款，极容易造成承包商的损失。所以，在合同中应明确规定，如果承包商的工程或工作符合合同规定的质量标准，则业主应承担相应的检查费用和工期延误的责任。

4)其他形式的风险型条款，如索赔有效期限制等。

(2)合同条文不全面、不完整，没有将合同双方的责权利关系全面表达清楚，没有预计到合同实施过程中可能发生的各种情况。这样导致合同过程中的激烈争执，最终导致承包商的损失，例如：缺少工期拖延罚款的最高限额的条款、缺少工期提前的奖励条款、缺少业主拖欠工程款的处罚条款。

对工程量变更、通货膨胀、汇率变化等引起的合同价格的调整没有具体规定调整方法、计算公式、计算基础等，如对材料价差的调整没有具体说明是否对所有的材料、是否对所有相关费用(包括基价、运输费、税收、采购保管费等)作调整、以及价差支付时间。

合同中缺少对承包商权益的保护条款，如在工程受到外界干扰情况下的工期和费用的索赔权等。

在某国际工程施工合同中遗漏工程价款的外汇额度条款。

由于没有具体规定，如果发生这些情况，业主完全可以以“合同中没有明确规定”为理由，推卸自己的合同责任，使承包商受到损失。

(3)合同条文不清楚、不细致、不严密。承包商不能清楚地理解合同内容，造成失误。这里包括招标文件的语言表达方式、表达能力，承包商的外语水平、专业理解能力或工作不细致等问题。

例如，在某些工程承包合同中有如下条款：“承包商为施工方便而设置的任何设施，均由他自己付款”。这种提法对承包商很不利，在工程过程中业主可能对某些永久性设施以“施工方便”为借口而拒绝支付。

又如合同中对一些问题不作具体规定，仅用“另行协商解决”等字眼。

对业主供应的材料和生产设备，合同中未明确规定详细的送达地点，没有“必须送达施工和安装现场”。这样很容易对场内运输，甚至场外运输责任引起争执。

(4)发包商为了转嫁风险提出单方面约束性的、过于苛刻的、责权利不平衡的合同条款。

明显属于这类条款的是，对业主责任的开脱条款。这在合同中经常表达为：“业主对……不负任何责任”。例如：

1)业主对任何潜在的问题，如工期拖延、施工缺陷、付款不及时等所引起的损失不负责。

2)业主对招标文件中所提供的地质资料、试验数据、工程环境资料的准确性不负责。

3)业主对工程实施中发生的不可预见风险不负责。

4)业主对由于第三方干扰造成的工程拖延不负责等。

这样将许多属于业主责任的风险推给承包商。与这一类条款相似的是，在承包合同有这样的表达形式：“在……情况下，不得调整合同价格”或“在……情况下，一切损失由承包商负责”。例如，某合同规定：“乙方无权以任何理由要求增加合同价格，如市场物价上涨，货币价格浮动，生活费用提高，工资的基限提高，调整税法、关税，国家增加新的赋税等。”

这类风险型条款在分包合同中也特别明显。例如，某分包合同规定：“由总包公司通知分包公司的有关业主的任何决定，将被认为是总包公司的决定而对本合同有效”，则分包公司承担了总包合同的所有相关的风险。

又如，分包合同规定：“总承包商同意在分包商完成工程，经监理工程师签发证书并在业主支付总承包商该项工程款后若干天内，向分包商付款”。这样，如果总承包商其他方面工程出现问题，业主拒绝付款，则分包商尽管按分包合同完成工程，但仍得不到工程款。

例如，某分包合同规定，对总承包商因管理失误造成的违约责任，仅当这种违约造成分包商人员和物品的损害时，总承包商才给分包商以赔偿，而其他情况不予赔偿。这样，总承包商管理失误造成分包商成本和费用的增加不在赔偿之内。

有时有些特殊的规定应注意，例如，有一承包合同规定，合同变更的补偿仅对重大的变更，且仅按单个建筑物和设施地坪以上体积变化量计算补偿。这实质上排除了工程变更索赔的可能。在这种情况下，承包商的风险很大。

3. 合同风险分析的影响因素

合同风险管理完全依赖风险分析的准确程度、详细程度和全面性。合同风险分析主要依靠以下几个方面的因素：

(1)承包商对环境状况的了解程度。要精确地分析风险必须作详细的环境调查，大量占有第一手资料。

(2)对招标文件分析的全面程度、详细程度和正确性，当然同时又依赖招标文件的完备程度。

(3)对业主和工程师资信和意图了解的深度和准确性。

(4)对引起风险各种因素的合理预测及预测的准确性。

(5)做标期的长短。

7.4.4 合同风险的防范对策

对于承包商，在任何一份工程承包合同中，问题和风险总是存在的，没有不承担风险、绝对完美和双方责权利关系绝对平衡的合同(除了成本加酬金合同)。对分析出来的合同风险必须认真地进行对策研究。对合同风险有对策和无对策，有准备和无准备是大不一样的。这常常关系到一个工程的成败，任何承包商都不能忽视这个问题。

在合同签订前，风险分析全面、充分，风险对策周密、科学，在合同实施中如果风险成为现实，则可以从容应对，立即采取补救措施。这样可以极大降低风险的影响，减少损失。

反之，如果没有准备，没有预见风险，没有对策措施，一经风险发生，管理人员手足无措，不能及时地、有效地采取补救措施。这样会扩大风险的影响，增加损失。

对合同风险一般有如下几种对策。

1. 在报价中考虑

(1)提高报价中的不可预见风险费。对风险大的合同，承包商可以提高报价中的风险附加费，为风险作资金准备。风险附加费的数量一般依据风险发生的概率和风险一经发生承包商将要受到的费用损失量确定。所以，风险越大，风险附加费越高。但这受到很大限制。风险附加费太高对合同双方都不利。业主必须支付较高的合同价格；承包商的报价太高，则失去竞争力，难以中标。

(2)采取一些报价策略。采用一些报价策略，以降低、避免或转移风险，例如开口升级报价法、多方案报价法等。在报价单中，建议将一些花费大、风险大的分项工程按成本加酬金的方式结算。

但由于业主和监理工程师管理水平的提高，招标程序的规范化和招标规定的健全，这些策略的应用余地和作用已经很小。如果处理不好，承包商则会丧失承包工程资格或造成报价失误。

(3)在法律和招标文件允许的条件下，在投标书中使用保留条件、附加或补充说明。

2. 通过谈判，完善合同条文，双方合理分担风险

合同双方都希望签认一个有利的、风险较少的合同，但在工程施工过程中许多风险是客观存在的。减少或避免风险是承包合同谈判的重点。合同双方都希望推卸和转嫁风险，所以，在合同谈判中常常几经磋商，讨价还价。

通过合同谈判，完善合同条文，使合同能体现双方责权利关系的平衡和公平、合理。这是在实际工作中使用最广泛，也是最有效的对策。

(1)充分考虑合同实施过程中可能发生的各种情况，在合同中予以详细的、具体的规定，防止意外风险。所以，合同谈判的目标，首先是对合同条文拾遗补缺，使之完整。

(2)使风险型条款合理化，力争对责权利不平衡条款、单方面约束性条款作修改或限定，防止独立承担风险。例如：

1)合同规定，业主和工程师可以随时检查工程质量。同时又应规定，如由此造成已完工程损失，影响工程施工，而承包商的工程和工作又符合合同要求，业主应予以赔偿损失。

2)合同规定，承包商应按合同工期交付工程，否则，必须支付相应的违约罚款。合同同时应规定，业主应及时交付图纸，交付施工场地、行驶道路，支付已完工程款等，否则工期应予以顺延。

3)对不符合工程惯例的单方面约束性条款，在谈判中可列举工程惯例，劝说业主取消。

(3)将一些风险较大的合同责任推给业主，以减少风险。当然，常常也相应地减少收益机会。例如，让业主负责提供价格变动大、供应渠道难保证的材料；由业主支付海关税，并完成材料、机械设备的入关手续；让业主承担业主的工程管理人员的现场办公设施、办公用品、交通工具、食宿等方面的费用。

(4)通过合同谈判争取在合同条款中增加对承包商权益的保护性条款。

3. 保险公司投保

工程保险是业主和承包商转移风险的一种重要手段。当出现保险范围内的风险，造成财务损失时，承包商可以向保险公司索赔，以获得一定数量的赔偿。一般在招标文件中，业主都已指定承包商投保的种类，并在工程开工后就承包商的保险作出审查和批准。通常承包工程保险有：工程一切险、施工设备保险、第三方责任险、人身伤亡保险等。

承包商应充分了解这些保险所保的风险范围、保险金计算、赔偿方法、程序、赔偿额等详细情况。

4. 采取技术的、经济的和管理的措施

在承包合同的实施过程中，采取技术的、经济的和管理的措施，以提高应变能力和对风险的抵抗能力。例如：

(1)对风险大的工程派遣最得力的项目经理、技术人员、合同管理人员等，组成精干的项目管理小组。

(2)施工企业对风险大的工程，在技术力量、机械装备、材料供应、资金供应、劳务安排等方面予以特殊对待，全力保证合同实施。

(3)对风险大的工程应作更周密的计划，采取有效的检查、监督和控制手段。

(4)风险大的工程应该作为施工企业的各职能部门管理工作的重点，从各个方面予以保证。

5. 在工程过程中加强索赔管理

用索赔和反索赔来弥补或减少损失，这是一个很好也被广泛采用的对策。通过索赔可以提高合同价格，增加工程收益，补偿由风险造成的损失。

许多有经验的承包商在分析招标文件时就考虑其中的漏洞、矛盾和不完善的地方，考虑到可能的索赔，甚至在报价和合同谈判中为将来的索赔留下伏笔，但这本身常常又会有很大的风险。

6. 其他对策

(1)将一些风险大的分项工程分包出去，向分包商转嫁风险。

(2)与其他承包商合伙承包或建立联合体，共同承担风险等。

项目小结

工程承包合同管理指工程承包合同双方当事人在合同实施过程中自觉地、认真严格地遵守所签订的合同的各项规定和要求，按照各自的权力、履行各自的义务、维护各自的权利，发扬协作精神，处理好“伙伴关系”，做好各项管理工作，使项目目标得到完整的体现。

建设工程施工签约管理阶段承包商的主要任务是：(1)合同谈判战略的确定；(2)做好合同谈判工作。承包商应选择最熟悉合同，具有合同管理和合同谈判方面知识、经验和能力的人作为主谈者进行合同谈判。

合同签订后，作为企业层次的合同管理工作主要是进行合同履行分析、协助企业建立合适的项目经理部及履行过程中的合同控制。

由于承包工程的特点和建筑市场的激烈竞争，承包工程风险很大，范围很广，这是造成承包商失败的主要原因。现在，风险管理已成为衡量承包商管理水平的主要标志之一。

学生在了解建筑工程合同管理基本知识的基础上，应实际参与(或模拟参与)建筑工程合同管理工作，能够独立组织合同签订、合同分析、合同管理等工作，为以后参加工作打下基础。

同步测试

7—1　什么是合同管理？

7—2　合同谈判战略如何确定？

7—3　如何做好合同谈判工作？

7—4　合同履行分析的内容有哪些？

7—5　合同实施控制程序如何？

7—6　承包工程中常见的风险有哪些？

7—7　合同风险分析的影响因素有哪些？

7—8　简述合同风险的防范对策。

专项实训

模拟建设工程合同管理

实训目的：体验建设工程合同管理活动氛围，熟悉合同管理方法。

材料准备：①工程施工合同。

②工程施工图纸。

③工程施工图预算。

④模拟施工现场。

⑤模拟合同管理情境的发生。

实训步骤：划分小组成立项目部、甲方、监理→分发工程合同、施工图纸→进行合同管理情境模拟→进行合同分析→进行合同管理。

实训结果：①熟悉合同管理过程。

②掌握工程合同管理方法。

③编制合同管理总结报告。

注意事项：①学生角色扮演真实。

②合同管理情境设计合理。

③充分发挥学生的积极性、主动性与创造性。

项目8　建设工程施工索赔

项目描述

本项目主要介绍有关施工索赔的概念、起因和作用，施工索赔程序，索赔报告，施工索赔的计算，索赔管理以及工程施工现场签证管理等内容。

技能目标

通过本项目的学习，学生能够了解有关施工索赔的概念、起因和作用，施工索赔程序，掌握索赔报告填写，施工索赔的计算等能力，能够参与实际工程索赔管理和施工现场签证管理活动。

项目导入

建设工程索赔通常是指在工程合同履行过程中，合同当事人一方因对方不履行或未能正确履行合同，或者由于其他非自身因素而受到经济损失或权利损害，通过合同规定的程序向对方提出经济或时间补偿要求的行为。最高人民法院关于审理建设工程施工合同纠纷案件适用法律问题的解释对此作了专门阐述。一般来说，由于工程范围的变更、文件有缺陷或技术性错误、业主未能提供现场等引起的索赔，承包商可列入利润。但对于工程暂停的索赔，由于利润通常包括在每项实事工程内容的价格之内，而延长工期并未影响削减某些项目的实施，也未导致利润减少，所以，一般监理工程师很难同意在工程暂停的费用索赔中加进利润损失。索赔利润的款额计算通常与原报价单中的利润百分率保持一致。

8.1　建设工程施工索赔概述

8.1.1　施工索赔的概念、起因和作用

1. 施工索赔的概念

索赔是在合同实施过程中，根据法律、合同规定及惯例，对不应由自己承担责任的情况造成的损失，向合同的另一方当事人提出给予赔偿或补偿要求的行为。索赔是双向的，既可以是承包商向业主提出的索赔，也可以是业主向承包商提出的索赔，一般后者为反索赔。在工程建设的各个阶段都有可能发生索赔，在施工阶段索赔发生较多。

施工索赔是承包商由于非自身原因，发生合同规定之外的额外工作或损失时，向业主提出费用或时间补偿要求的活动。施工索赔是法律和合同赋予承包商的正当权利。索赔的损失结果与被索赔人的行为并不一定存在法律上的因果关系。索赔工作是承发包双方之间经常发生的管理业务，是双方合作的方式，而不是对立的。

2. 索赔的起因

引起工程索赔的原因非常多又复杂，主要有以下几个方面：

(1)工程项目的特殊性。现代工程规模大、技术性强、投资额大、工期长、材料设备价格变化快。工程项目的差异性大、综合性强、风险大，这使得工程项目在实施过程中存在许多不确定变化因素，而合同则必须在工程开始前签订，它不可能对工程项目所有的问题都能作出合理的预见和规定，而且发包人在实施过程中还会有许多新的决策，这一切使得合同变更极为频繁，而合同变更必然会导致项目工期和成本的变化。

(2)工程项目内外部环境的复杂性和多变性。工程项目的技术环境、经济环境、社会环境、法律环境的变化，诸如地质条件变化，材料价格上涨，货币贬值，国家政策、法规的变化等，会在工程实施过程中经常发生，使得工程的计划实施过程与实际情况不一致，这些因素同样会导致工程工期和费用的变化。

(3)参与工程建设主体的多元性。由于工程参与单位多，一个工程项目往往会有发包人、总包人、工程师、分包人、指定分包人、材料设备供应商等众多参加单位。各方面的技术、经济关系错综复杂，相互联系又相互影响，只要一方失误，不仅会造成自己的损失，而且会影响其他合作者，造成他人损失，从而导致索赔。

(4)工程合同的复杂性及易出错性。建设工程合同文件多且复杂，经常会出现措辞不当、缺陷、图纸错误以及合同文件前后自相矛盾或者可作不同解释等问题，容易造成合同双方对合同文件理解不一致，从而出现索赔。

以上这些问题会随着工程的逐步开展而不断暴露出来，必然使工程项目受到影响，导致工程项目成本和工期的变化，这就是索赔形成的根源。因此，索赔的发生，不仅是一个索赔意识或合同观念的问题，从本质上讲，索赔也是一种客观存在。

3. 索赔的作用

(1)索赔可以促进双方内部管理，保证合同正确、完全履行。索赔的权利是施工合同的法律效力的具体体现，索赔的权利可以对施工合同的违约行为起到制约作用。索赔有利于促进双方加强内部管理，更加紧密合作，严格履行合同，有助于提高管理素质，加强合同管理，维护市场正常秩序。

(2)索赔有助于对外承包的开展。工程索赔的健康开展，能促使双方迅速掌握索赔和处理索赔的方法和技巧，有利于他们熟悉国际惯例，有助于对外开放，有助于对外承包的展开。

(3)索赔有助于政府转变职能。工程索赔的健康开展，可使双方依据合同和实际情况实事求是地协商调整工程造价和工期，有助于政府转变职能，从微观管理到宏观管理。

(4)索赔促使工程造价更加合理。工程索赔的健康开展，把原来计入工程报价的一些不可预见费用，改为按实际发生的损失支付，有助于降低工程报价，使工程造价更加合理。

8.1.2 索赔的特征

从索赔的基本含义可以看出索赔具有以下基本特征：

(1)索赔是双向的，不仅承包人可以向发包人索赔，发包人同样也可以向承包人索赔。由于实践中发包人向承包人索赔发生的频率相对较低，而且在索赔处理中，发包人始终处于主动和有利地位，对承包人的违约行为可以直接从应付工程款中扣抵、扣留保留金或通过履约保函向银行索赔来实现自己的索赔要求，因此，在工程实践中大量发生的、处理比较困难的是承包人向发包人的索赔，这也是工程师进行合同管理的重点内容之一。承包人的索赔范围非常广泛，一般只要因非承包人自身责任造成其工期延长或成本增加，都有可能向发包人提出索赔。有时发包人违反合同，如未及时交付施工图纸，决策错误等造成工程修改、停工、返工、窝工，未按合同规定支付工程款等，承包人可向发包人提出赔偿要求。由于发包人应承担风险的原因，如恶劣气候条件影响、国家法规修改等造成承包人损失或损害时，也可能向发包人提出索赔。

(2)只有实际发生了经济损失或权利损害，一方才能向对方索赔。经济损失是指因对方因素造成合同外的额外支出，如人工费、材料费、机械费、管理费等额外开支；权利损害是指虽然没有经济上的损失，但造成了一方权利上的损害，如由于恶劣气候条件对工程进度的不利影响，承包人有权要求工期延长等。因此，发生了实际的经济损失或权利损害应是一方提出索赔的一个基本前提条件。有时上述两者同时存在，如发包人未及时交付合格的施工现场，既造成承包人的经济损失，又侵犯了承包人的工期权利。因此，承包人既要求经济赔偿，又要求工期延长；有时两者则可单独存在，如恶劣气候条件影响、不可抗力事件等，承包人根据合同规定或惯例则只能要求工期延长，不应要求经济补偿。

(3)索赔是一种未经对方确认的单方行为。它与我们通常所说的工程签证不同。在施工过程中，签证是承发包双方就额外费用补偿或工期延长等达成一致的书面证明材料和补充协议，它可以直接作为工程款结算或最终增减工程造价的依据，而索赔则是单方面行为，对对方尚未形成约束力，这种索赔要求能否得到最终实现，必须要通过双方确认(如双方协商、谈判、调解或仲裁、诉讼)后才能实现。

许多人一听到“索赔”两字，很容易联想到争议的仲裁、诉讼或双方激烈的对抗，因此往往认为应当尽可能避免索赔，担心因索赔而影响双方的合作或感情。实质上，索赔是一种正当的权利或要求，是合情、合理、合法的行为，它是在正确履行合同的基础上争取合理的偿付，不是无中生有，无理争利。索赔同守约、合作并不矛盾、对立，索赔本身就是市场经济中合作的一部分，只要是符合有关规定的、合法的或者符合有关惯例的，就应该理直气壮地、主动地向对方索赔。大部分索赔都可以通过协商谈判和调解等方式获得解决，只有在双方坚持己见而无法达成一致时，才会提交仲裁或诉诸法院求得解决，即使诉诸法律程序，也应当被看成是遵法守约的正当行为。

8.1.3 索赔的分类

1. 按索赔依据的范围分类

(1)合同内索赔。此种索赔是以合同条款为依据，在合同中有明文规定的索赔。如工期延误，工程变更，工程师的错误指令，业主不按合同规定支付进度款等。承包商可根据合同规定提出索赔要求，这是最常见的索赔。

(2)合同外索赔。此种索赔一般是难于直接从合同的某条款中找到依据，一般必须根据适用于合同关系的法律解决索赔问题。如施工过程中发生的重大的民事侵权行为造成承包商损失。

(3)道义索赔。此种索赔无合同和法律依据，例如：对于干扰事件业主没有违约或业主不应承担责任；可能由于承包商失误(如报价失误、环境调查失误等)发生承包商应负责的风险，造成承包商重大的损失。损失极大影响承包商的财务能力、履约积极性、履约能力甚至危及承包企业的生存。承包商提出索赔要求，希望业主从道义或从工程整体利益的角度给予一定的经济补偿。

2. 按索赔的目的分类

(1)工期延长索赔。是指由于非承包人直接或间接责任事件造成计划工期延误，要求批准顺延合同工期的索赔。

(2)费用索赔。是指承包人对施工中发生的非承包人直接或间接责任事件造成的合同价外费用支出向发包人提出的经济补偿。

3. 按索赔事件的性质分类

(1)工程延误索赔。因发包人未按合同要求提供施工条件，如未及时交付设计图纸、施工现场、道路等，或因发包人指令工程暂停或不可抗力事件等造成工期拖延的，承包人对此提出索赔。这是工程中常见的一类索赔。

(2)工程变更索赔。由于发包人或监理工程师指令增加或减少工程量或增加附加工程、修改设计、变更工程顺序等，造成工期延长和费用增加，承包人对此提出索赔。

(3)合同被迫终止的索赔。由于发包人或承包人违约以及不可抗力事件等造成合同非正常终止，无责任的受害方因其蒙受经济损失而向对方提出索赔。

(4)工程加速索赔。由于发包人或工程师指令承包人加快施工速度，缩短工期，引起承包人人、财、物的额外开支而提出的索赔。

(5)意外风险和不可预见因素索赔。在工程实施过程中，因人力不可抗拒的自然灾害、特殊风险以及一个有经验的承包人通常不能合理预见的不利施工条件或外界障碍，如地下水、地质断层、溶洞、地下障碍物等引起的索赔。

(6)其他索赔。如因货币贬值、汇率变化、物价、工资上涨、政策法令变化等引起的索赔。

8.2 索赔程序

承包人的索赔程序通常可分为以下几个步骤，如图 8-1 所示。

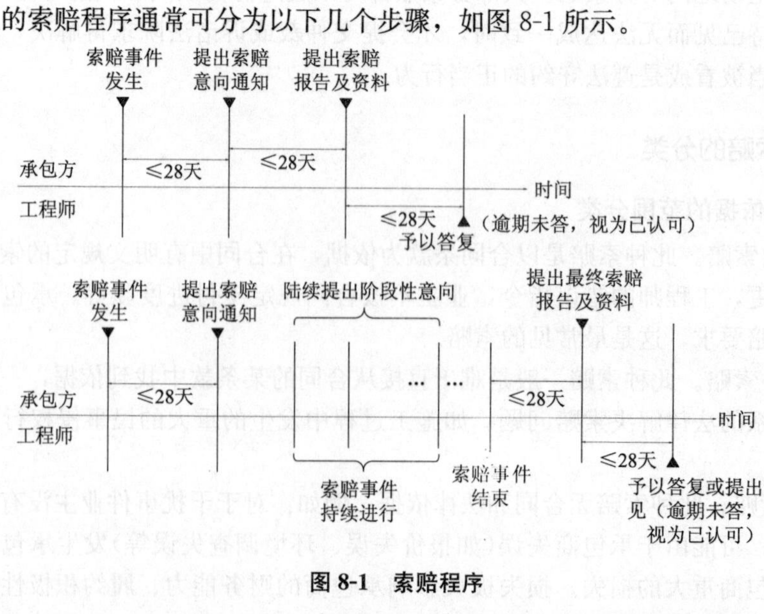

图 8-1 索赔程序

8.2.1 承包人提出索赔要求

1. 发出索赔意向通知

索赔事件发生后，承包人应在索赔事件发生后的28天内向工程师递交索赔意向通知，声明将对此事件提出索赔。该意向通知是承包人就具体的索赔事件向工程师和发包人表示的索赔愿望和要求。如果超过这个期限，工程师和发包人有权拒绝承包人的索赔要求。索赔事件发生后，承包人有义务做好现场施工的同期记录，工程师有权随时检查和调阅，以判断索赔事件造成的实际损害。

2. 递交索赔报告

索赔意向通知提交后的28天内或工程师可能同意的其他合理时间，承包人应递送正式的索赔报告。索赔报告的内容应包括：事件发生的原因、对其权益影响的证据资料、索赔的依据、此项索赔要求补偿的款项和工期展延天数的详细计算等有关材料。

如果索赔事件的影响持续存在，28天内还不能算出索赔额和工期展延天数时，承包人应按工程师合理要求的时间间隔(一般为28天)，定期陆续报出每一个时间段内的索赔证据资料和索赔要求。在该项索赔事件的影响结束后的28天内，报出最终详细报告，提出索赔论证资料和累计索赔额。

承包人发出索赔意向通知后，可以在工程师指示的其他合理时间内再报送正式索赔报告。也就是说，工程师在索赔事件发生后有权不立刻处理该项索赔。如果事件发生时，现场施工非常紧张，工程师不希望立即处理索赔而分散各方抓施工管理的精力，可通知承包人将索赔的处理留待施工不太紧张时再去解决。但承包人的索赔意向通知必须在事件发生后的28天内提出，包括因对变更估价双方不能取得一致意见，而先按工程师单方面决定的单价或价格执行时，承包人提出的保留索赔权利的意向通知。如果承包人未能按时间规定提出索赔意向和索赔报告，则他就失去了就该项事件请求补偿的索赔权利。此时，他所受到损害的补偿，将不超过工程师认为应主动给予的补偿额。

8.2.2 工程师审核索赔报告

1. 工程师审核承包人的索赔申请

接到承包人的索赔意向通知后，工程师应建立自己的索赔档案，密切关注事件的影响，检查承包人的同期记录时，随时就记录内容提出他的不同意见或他希望应予以增加的记录项目。

在接到正式索赔报告以后，认真研究承包人报送的索赔资料。首先，在不确认责任归属的情况下，客观分析事件发生的原因，重温合同的有关条款，研究承包人的索赔证据，并检查他的同期记录。其次，通过对事件的分析，工程师再依据合同条款划清责任界限，必要时还可以要求承包人进一步提供补充资料。尤其是对承包人与发包人或工程师都负有一定责任的事件影响，更应划出各方应该承担合同责任的比例。最后，再审查承包人提出的索赔补偿要求，剔除其中的不合理部分，拟定自己计算的合理索赔款额和工期顺延天数。

2. 判定索赔成立的条件

工程师判定承包人索赔成立的条件为：

(1)与合同相对照，事件已造成了承包人施工成本的额外支出或总工期延误。

(2)造成费用增加或工期延误的原因，按合同约定不属于承包人应承担的责任，包括行为责任或风险责任。

(3)承包人按合同规定的程序提交了索赔意向通知和索赔报告。

上述三个条件没有先后主次之分，应当同时具备。只有工程师认定索赔成立后，才处理应给予承包人的补偿额。

3. 对索赔报告的审查

(1)事态调查。通过对合同实施的跟踪、分析了解事件经过、前因后果，掌握事件详细情况。

(2)损害事件原因分析。即分析索赔事件是由何种原因引起，责任应由谁来承担。在实际工作中，损害事件的责任有时是多方面原因造成的，故必须进行责任分解，划分责任范围。按责任大小，承担损失。

(3)分析索赔理由。主要依据合同文件判明索赔事件是否属于未履行合同规定义务或未正确履行合同义务导致，是否在合同规定的赔偿范围之内。只有符合合同规定的索赔要求才有合法性、才能成立。例如，某合同规定，在工程总价5%范围内的工程变更属于承包人承担的风险，则发包人指令增加工程量在这个范围内，承包人不能提出索赔。

(4)实际损失分析。即分析索赔事件的影响，主要表现为工期的延长和费用的增加。如果索赔事件不造成损失，则无索赔可言。损失调查的重点是分析、对比实际和计划的施工进度，工程成本和费用方面的资料，在此基础上核算索赔值。

(5)证据资料分析。主要分析证据资料的有效性、合理性、正确性，这也是索赔要求有效的前提条件。如果在索赔报告中不能提出证明其索赔理由、索赔事件的影响、索赔值的计算等方面的详细资料，索赔要求是不能成立的。如果工程师认为承包人提出的证据不能足以说明其要求的合理性时，可以要求承包人进一步提交索赔的证据资料。

8.2.3 确定合理的补偿额

1. 工程师与承包人协商补偿

工程师核查后初步确定应予以补偿的额度往往与承包人的索赔报告中要求的额度不一致，甚至差额较大。主要原因大多为对承担事件损害责任的界限划分不一致，索赔证据不充分，索赔计算的依据和方法分歧较大等，因此，双方应就索赔的处理进行协商。

对于持续影响时间超过28天以上的工期延误事件，当工期索赔条件成立时，对承包人每隔28天报送的阶段索赔临时报告审查后，每次均应做出批准临时延长工期的决定，并于事件影响结束后28天内承包人提出最终的索赔报告后，批准顺延工期总天数。应当注意的是，最终批准的总顺延天数不应少于以前各阶段已同意顺延天数之和。规定承包人在事件影响期间必须每隔28天提出一次阶段索赔报告，可以使工程师能及时根据同期记录批准该阶段应予顺延工期的天数，避免事件影响时间太长而不能准确确定索赔值。

2. 工程师索赔处理决定

在经过认真分析研究，与承包人、发包人广泛讨论后，工程师应该向发包人和承包人提出自己的"索赔处理决定"。工程师收到承包人送交的索赔报告和有关资料后，于28天内给予答复或要求承包人进一步补充索赔理由和证据。《建设工程施工合同(示范文本)》规定，工程师收到承包人递交的索赔报告和有关资料后，如果在28天内既未予答复，也未对承包人作进一步要求，则视为承包人提出的该项索赔要求已经认可。

工程师在“工程延期审批表”和“费用索赔审批表”中应该简明地叙述索赔事项、理由和建议给予补偿的金额及延长的工期，论述承包人索赔的合理方面及不合理方面。通过协商达不成共识时，承包人仅有权得到所提供的证据满足工程师认为索赔成立那部分的付款和工期顺延。不论工程师与承包人协商达到一致，还是工程师单方面做出的处理决定，批准给予补偿的款额和顺延工期的天数如果在授权范围之内，则可将此结果通知承包人，并抄送发包人。补偿款将计入下月支付工程进度款的支付证书内，顺延的工期加到原合同工期中去。如果批准的额度超过工程师权限，则应报请发包人批准。

通常，工程师的处理决定不是终局性的，对发包人和承包人都不具有强制性的约束力。承包人对工程师的决定不满意，可以按合同中的争议条款提交约定的仲裁机构仲裁或诉讼。

8.2.4 发包人审查索赔处理

当工程师确定的索赔额超过其权限范围时，必须报请发包人批准。

发包人首先根据事件发生的原因、责任范围、合同条款审核承包人的索赔申请和工程师的处理报告，再依据工程建设的目的、投资控制、竣工投产日期要求以及针对承包人在施工中的缺陷或违反合同规定等的有关情况，决定是否同意工程师的处理意见。例如，承包人某项索赔理由成立，工程师根据相应条款规定，既同意给予一定的费用补偿，也批准顺延相应的工期。但发包人权衡了施工的实际情况和外部条件的要求后，可能不同意顺延工期，而宁可给承包人增加费用补偿额，要求他采取赶工措施，按期或提前完工。这样的决定只有发包人才有权做出。

索赔报告经发包人同意后，工程师即可签发有关证书。

8.2.5 承包人对最终索赔处理的接受

承包人接受最终的索赔处理决定，索赔事件的处理即告结束。如果承包人不同意，就会导致合同争议。通过协商双方达到互谅互让的解决方案，是处理争议的最理想方式。如达不成谅解，承包人有权提交仲裁或诉讼解决。

8.2.6 发包人的索赔

《建设工程施工合同(示范文本)》规定，承包人未能按合同约定履行自己的各项义务或发生错误而给发包人造成损失时，发包人也应按合同约定向承包人提出索赔要求。

FIDIC《施工合同条件》中，业主的索赔主要限于施工质量缺陷和拖延工期等违约行为导致的业主损失。合同内规定业主可以索赔的条款，见表 8-1。

表 8-1　合同内规定业主可以索赔的条款

序号	条款号	内　容
1	7.5	拒收不合格的材料和工程
2	7.6	承包人未能按照工程师的指示完成缺陷补救工作
3	8.6	由于承包人的原因修改进度计划导致业主有额外投入
4	8.7	拖期违约赔偿

续表

序号	条款号	内　　容
5	2.5	业主为承包人提供的电、气、水等应收款项
6	9.4	未能通过竣工检验
7	11.3	缺陷通知期延长
8	11.4	未能补救缺陷
9	15.4	承包人违约终止合同后的支付
10	18.2	承包人办理保险未能获得补偿的部分

8.3 建设工程施工索赔报告

索赔报告是向对方提出索赔要求的正式书面文件，是承包商对索赔事件处理的预期结果。业主的反应(认可或反驳)就是针对索赔报告。调解人和仲裁人也是通过索赔报告了解和分析合同实施情况和承包商的索赔权利要求，评价它的合理性，并据此做出决议。所以，索赔报告的内容、结构及表达方式对索赔的解决有重大的影响，索赔报告应充满说服力，合情合理，有根有据，逻辑性强，能说服工程师、业主、调解人和仲裁人，同时它又应是有法律效力的正规文件。索赔报告如果撰写不当，会使承包商失去在索赔事件中的有利地位和条件，使正当的索赔要求得不到应有的妥善解决。

8.3.1 索赔报告的基本内容构成

索赔报告的具体内容，应根据索赔事件的性质和特点而有所不同。但从报告的必要内容与文字结构方面而论，一个完整的索赔报告应包括以下四个部分。

1. 索赔事件总论

总论部分的阐述要求简明扼要，说明问题。它一般包括序言、索赔事项概述、具体索赔要求、索赔报告编写及审核人员名单。文中首先应概要地叙述索赔事件的发生日期与过程、承包商为该索赔事件所付出的努力和附加开支以及承包商的具体索赔要求。在总论部分末尾，附上索赔报告编写组主要成员及审核人员的名单，注明有关人员的职称、职务及施工经验，以表示该索赔报告的严肃性及权威性。

2. 索赔根据

索赔根据主要是说明自己具有的索赔权利，这是索赔能否成立的关键。该部分的内容主要来自该工程的合同文件，并参照有关法律规定。承包商的索赔要求有合同文件的支持，应直接引用合同中的相应条款。强调这些是为了使索赔理由更充足，使业主和仲裁人在感情上易于接受承包商的索赔要求，从而获得相应的经济补偿或工期延长。

在写法结构上，按照索赔事件发生、发展、处理和最终解决的过程编写，并明确全文引用有关的合同条款，使业主和监理工程师能历史地、逻辑地了解索赔事件的始末，并充分认识该项索赔的合理性和合法性。

3. 索赔费用及工期计算

索赔计算的目的，是以具体的计算方法和计算过程，说明自己应得经济补偿的款额或延长的工期。如果说索赔根据部分的任务是解决索赔能否成立，则计算部分的任务就是决定得到多少索赔款额和工期，前者是定性的而后者是定量的。

在款额计算部分，承包商必须阐明下列问题：①索赔款的要求总额；②各项索赔款的计算，如额外开支的人工费、材料费、管理费和所损失的利润；③指明各项开支的计算依据及证据资料。承包商应注意采用合适的计价方法，至于采用哪一种计价方法，应根据索赔事件的特点及自己所掌握的证据资料等因素来确定。其次，应注意每项开支款的合理性，并指出相应的证据资料的名称及编号，切忌采用笼统的计价方法和不实的开支款额。

4. 索赔证据

索赔证据包括该索赔事件所涉及的一切证据资料以及对这些证据的说明。证据是索赔报告的重要组成部分，没有翔实、可靠的证据，索赔是不可能成功的。索赔证据的范围很广，它可能包括工程项目施工过程中所涉及的有关政治、经济、技术、财务等资料，具体可进行如下分类：

(1)政治经济资料。重大新闻报道记录如罢工、动乱、地震以及其他重大灾害等；重要经济政策文件，如税收决定、海关规定、外币汇率变化、工资调整等；政府官员和工程主管部门领导视察工地时的讲话记录；权威机构发布的天气和气温预报，尤其是异常天气的报告等。

(2)施工现场记录报表及来往函件。监理工程师的指令；与业主或监理工程师的来往函件和电话记录；现场施工日志；每日出勤的工人和设备报表；完工验收记录；施工事故详细记录；施工会议记录；施工材料使用记录本；施工进度实况记录；工地风、雨、温度、湿度记录；索赔事件的详细记录本或摄影摄像；施工效率降低的记录等。

(3)工程项目财务报表。施工进度月报表及收款记录；索赔款月报表及收款记录；工人劳动记事卡及工资历表；材料、设备及配件采购单；付款收据；收款收据；工程款及索赔款迟付记录；迟付款利息报表；向分包商付款记录；现金流动计划报表；会计日报表；会计总账；财务报告；会计来往信件及文件；通用货币汇率变化等。

在引用证据时，要注意该证据的效力或可信程度；为此，对重要的证据资料最好附以文字证明或确认件。例如，对一个重要的电话内容，仅附上自己的记录本是不够的，最好附上经过双方签字确认的电话记录；或附上发给对方要求确认该电话记录的函件，即使对方未给复函，也可说明责任在对方，因为对方未复函确认或修改，按惯例应理解为他已默认。

8.3.2 编写索赔报告的基本要求

索赔报告是具有法律效力的正规书面文件，对重大的索赔，最好在律师或索赔专家的指导下进行。编写索赔报告的一般要求有以下几个方面。

1. 索赔事件应是真实的

真实的索赔事件整个索赔的基本要求，关系到承包商的信誉和索赔的成败。如果承包商提出不实的、不合情理、缺乏根据的索赔要求，工程师会立即拒绝，而且会影响对承包商的信任和以后的索赔。索赔报告中所提出的干扰事件必须有可靠得力的证据来证明，这些证据应附于索赔报告之后；对索赔事件的叙述必须明确、肯定，不含任何的估计和猜测，也不可用估计和猜测式的语言，诸如“可能、大概、也许”等，这会使索赔要求显得苍白无力。

2. 责任分析应清楚、准确、有根据

索赔报告应仔细分析事件的责任，明确指出索赔所依据的合同条款或法律条文，并且说明承包商的索赔完全按照合同规定程序进行的。一般索赔报告中所针对的干扰事件都是由对方责任引起的，应将责任全部推给对方，不可用含混的字眼和自我批评式的语言，否则会丧失自己在索赔中的有利地位，并应特别强调干扰事件的不可预见性和突发性，即使是一个有经验的承包商对它也不可能有预见和准备，对它的发生承包商无法制止，也不可能影响。

3. 充分论证事件造成承包商的实际损失

索赔的原则是赔偿由事件引起的承包商所遭受的实际损失，所以，索赔报告中应强调由于事件影响与实际损失之间的直接因果关系，报告中还应说明承包商在干扰事件发生后已将情况通知了工程师，听取并执行工程师的处理指令或承包商为了避免、减轻事件的影响和损失已尽了最大的努力，采用能够采用的措施，在报告中详细叙述所采取的措施以及效果。

4. 索赔计算必须合理、正确

要采用合理的计算方法和数据，正确计算出应取得的经济补偿款额或工期延长数额。计算中应力求避免漏项或重复计算，不出现计算上的错误。

索赔报告文字要精炼、条理要清楚、语气要中肯，必须做到简洁明了、结论明确、富有逻辑性；索赔报告的逻辑性，主要在于将索赔要求(工期延长、费用增加)与干扰事件的责任、合同条款及影响连成一条完整的链。同时，在论述事件的责任及索赔根据时，所用词语要肯定，忌用强硬或命令的语气。

费用(工期)索赔申请表见表 8-2。

表 8-2　费用(工期)索赔申请表

<table>
<tr><td>工程名称</td><td></td><td>编号</td><td></td></tr>
<tr><td colspan="4">致：(监理单位)
根据施工合同____________条的规定，由于____________的原因，我方要求索赔金额(大写)____________，请予以批准。
索赔的详细理由及经过：

索赔金额的计算：

附：证明材料
承包单位____________
项目经理____________
日期____________</td></tr>
</table>

8.4　建设工程施工索赔计算

8.4.1　工期索赔及计算

1. 网络分析法

网络分析法是通过分析索赔事件发生前后网络计划工期的差异(必须是关键线路的时间

差值)计算索赔工期的。这是一种科学、合理的计算方法，适用于各类工期索赔。

2. 对比分析法

对比分析法比较简单，适用于索赔事件仅影响单位工程或分部分项工程的工期，需由此而计算对总工期的影响。其计算公式为：

$$总索赔工期=\frac{原合同总工期\times额外或新增工程量价格}{原合同价格}$$

3. 劳动生产率降低计算法

在索赔事件干扰正常施工导致劳动生产率降低，而使工期拖延时，可按下式计算：

$$索赔工期=\frac{计划工期\times(预期劳动生产率-实际劳动生产率)}{预期劳动生产率}$$

4. 简单累加法

在施工过程中，由于恶劣气候、停电、停水及意外风险造成全面停工而导致工期拖延时，可以一一列举各种原因引起的停工天数，累加结果，即可作为索赔天数。应该注意的是由多项索赔事件引起的总工期索赔，最好用网络分析法计算索赔工期。

8.4.2 费用损失索赔及计算

1. 费用损失索赔的内容

(1)人工费。包括增加工作内容的人工费、停工损失费和工作效率降低的损失费等累计，但不能简单地用计日工费计算。

(2)设备费。可采用机械台班费、机械折旧费、设备租赁费等几种形式。

(3)材料费。材料消耗量增加费用、材料价格上涨、材料运杂费和储存费增加等累计。

(4)保函手续费。工程延期时，保函手续费相应增加。反之，取消部分工程且发包人与承包人达成提前竣工协议时，承包人的保函金额相应折减，则计入合同内的保函手续费也相应扣减。

(5)贷款利息。

(6)保险费。

(7)利润。

(8)管理费。此项可分为现场管理费和公司管理费两部分。

2. 费用损失索赔额的计算

(1)人工费索赔额的计算。根据增加或损失工时计算索赔额：

额外劳务人员雇用、加班人工费索赔额=增加工时×投标时人工单价

闲置人员人工费索赔额=闲置工时×投标时人工单价×折扣系数

由于劳动生产率降低，额外支出人工费的索赔可按实际成本和预算成本比较法及正常施工期与受影响施工期比较法计算。

(2)材料费索赔额计算。材料单价提高的因素主要是材料采购费，通常指手续费和关税等。运输费增加可能是运距加长、二次倒运等原因。仓储费增加可能是因为工作延误，使材料储存的时间延长导致费用增加。

(3)施工机械索赔额计算。对承包商自有的设备，通常按有关的标准手册中关于设备工作效率、折旧、大修、保养及保险等定额标准进行计算，有时也可用台班费计价。闲置损

失可按折旧费计算。只要租赁价格合理，就可以按租赁价格计算。对于新购设备，要计算其采购费、运输费、运转费等，增加的数额甚大，要慎重考虑，必须得到工程师或业主的正式批准。

(4)管理费索赔额计算。管理费是无法直接计入某具体合同或某项具体工作中，只能按一定比例进行分摊的费用。管理费用包括现场管理费和公司管理费两种。

现场管理费索赔值＝索赔的直接成本费用×现场管理费率

现场管理费率的确定方法有：合同百分比法，即管理费比率在合同中规定；行业平均水平法，即采用公开认可的行业标准费率；原始估价法，即采用承包报价时确定的费率；历史数据法，即采用以往相似工程的管理费率。

目前，在国外用来计算公司管理费索赔的方法是埃尺利(Eichealy)公式。该公式可分为两种形式：一种是用于延期索赔计算的日费率分摊法(以日或周管理费率为基数乘以延期时间)；另一种是用于工作范围索赔的工程总直接费用分摊法(以每元直接费包含的管理费率乘以工作范围变更索赔的直接费)。

埃尺利(Eichealy)公式最适用的情况是：承包商应首先证明由于索赔事件出现确实引起管理费用的增加，在工程停工期间，确实无其他工程可干；对于工作范围索赔的额外工作的费用不包括管理费，只计算直接成本费。如果停工期间短，时间不长，工程变更的索赔费用中已包括了管理费，公式将不再适用。

(5)融资成本。融资成本又称为资金成本，即取得和使用资金所付出的代价，其中，最主要的是支付资金供应者利息。当业主推迟支付工程款和保留金时，利息通常以合同中约定的利率计算；当承包商借款或动用自己的资金来弥补合法索赔事项所引起的现金流量缺口时，可以参照有关金融机构的利率标准，或者假定把这些资金用于其他工程承包可得到的收益来计算机会利润损失。

(6)利润损失。利润损失是指承包商由于事件影响所失去的、而按原合同应得到的那部分利润。通常指下述三种情况：

1)由于业主违约导致终止合同，则未完成部分合同的利润损失。

2)由于业主方原因而大量削减原合同的工程量的利润损失。

3)由于业主方原因而引起的合同延期，导致承包商这部分的施工力量因工期延长而丧失了投入其他工程的机会而引起的利润损失。

3. 一些不可索赔的费用

部分与索赔事件有关的费用，按国际惯例是不可索赔的，它们包括：

(1)承包商为进行索赔所支出的费用。

(2)因事件影响而使承包商调整施工计划或修改分包合同等而支出的费用。

(3)因承包商的不当行为或未能尽最大努力而扩大的部分损失。

(4)除确有证据证明业主或工程师有意拖延处理时间外，索赔金额在索赔处理期间的利息。

8.4.3 索赔技巧

工程索赔是一门涉及面广，融技术、经济、法律为一体的边缘学科，它不仅是一门科学，又是一门艺术。索赔的技巧是为索赔的战略和策略目标服务的，它是索赔策略的具体体现。索赔技巧应因人、因客观环境条件而异。

(1)建立精干而稳定的索赔管理小组。索赔管理小组人员要精干而稳定，具有合理的技术、经济、法律和外语等知识结构及敏感、深入、耐心、机智等。

(2)商签好合同协议。注意风险防范。

(3)全员参与，建立索赔意识。应组织各个部门的管理人员学习合同文件，同时注意每一个管理部门(如进度管理、成本管理、质量管理、物资管理、财务管理、设计等部门)均应与索赔管理小组密切配合。

(4)对口头变更指令要得到确认。对监理工程师口令指令应予以书面确认。

(5)抓住索赔机会，及时发出“索赔通知书”。否则，过期无效。

(6)索赔事由论证要充足。

(7)索赔计价方法和款额要适当。采用“附加成本法”容易被对方接受。索赔计价不能过高，要价过高会使索赔报告束之高阁，长期得不到解决。

(8)力争单项索赔，避免一揽子索赔。一般分散及时提交为好，单项索赔事项简单，索赔额小，容易解决，而且能及时得到支付。如果额度很大时，可将以小额索赔作为谈判时的筹码，弃小保大，以使对方得到一些满足。

(9)力争友好解决，防止对立情绪。

(10)注意平日与业主和监理工程师搞好关系，便于意见交换且还可争取工程师的公正裁决，竭力避免仲裁或诉讼。

8.5 建设工程施工索赔管理

8.5.1 工程师对工程索赔的影响

在发包人与承包人之间的索赔事件的处理和解决过程中，工程师是核心。在整个合同的形成和实施过程中，工程师对工程索赔有如下影响。

1. 工程师受发包人委托进行工程项目管理

如果工程师在工作中出现问题、失误或行使施工合同赋予的权力造成承包人的损失，发包人必须承担合同规定的相应赔偿责任。承包人索赔有相当一部分原因是由工程师引起的。

2. 工程师有处理索赔问题的权力

(1)在承包人提出索赔意向通知以后，工程师有权检查承包人的现场同期记录。

(2)对承包人的索赔报告进行审查分析，反驳承包人不合理的索赔要求或索赔要求中不合理的部分。可指令承包人做出进一步解释或进一步补充资料，提出审查意见。

(3)在工程师与承包人共同协商确定给承包人的工期和费用的补偿量达不成一致时，工程师有权单方面做出处理决定。

(4)对合理的索赔要求，工程师有权将它纳入工程进度付款中，签发付款证书，发包人应在合同规定的期限内支付。

3. 在争议的仲裁和诉讼过程中作为见证人

如果合同一方或双方对工程师的处理不满意，都可以按合同规定提交仲裁，也可以按法律程序提出诉讼。在仲裁或诉讼过程中，工程师作为工程全过程的参与者和管理者，可以作为见证人提供证据。

在一个工程中，发生索赔的频率、索赔要求和索赔的解决结果等，与工程师的工作能力、经验、工作的完备性、做出决定的公平合理性等有直接的关系。所以，在工程项目施工过程中，工程师也必须有“风险意识”，必须重视索赔问题。

8.5.2 工程师的索赔管理任务

索赔管理是工程师进行工程项目管理的主要任务之一，工程师的索赔管理任务包括以下几个方面。

1. 预测和分析导致索赔的原因和可能性

在施工合同的形成和实施过程中，工程师为发包人承担了大量具体的技术、组织和管理工作。如果在这些工作中出现疏漏，对承包人施工造成干扰，则产生索赔。承包人的合同管理人员常常在寻找着这些疏漏，寻找索赔机会。所以，工程师在工作中应能预测到自己行为的后果，堵塞漏洞。起草文件、下达指令、做出决定、答复请示时，都应注意到完备性和严密性；颁发图纸、做出计划和实施方案时，都应考虑其正确性和周密性。

2. 通过有效的合同管理减少索赔事件发生

工程师应以积极的态度和主动的精神管理好工程，为发包人和承包人提供良好的服务。在施工中，工程师作为双方的纽带，应做好协调、缓冲工作，为双方建立一个良好的合作气氛。通常，合同实施越顺利，双方合作得越好，索赔事件越少，越易于解决问题。

工程师应对合同实施进行有力的控制，这是工程师的主要工作。通过对合同的监督和跟踪，不仅可以及早发现干扰事件，也可以及早采取措施降低干扰事件的影响，减少双方损失，还可以及早了解情况，为合理地解决索赔提供条件。

3. 公平合理地处理和解决索赔

合理解决发包人和承包人之间的索赔纠纷，不仅符合工程师的工作目标，使承包人按合同得到支付，而且符合工程总目标。索赔的合理解决，是指承包人得到按合同规定的合理补偿，而又不使发包人投资失控，合同双方都心悦诚服，对解决结果满意，继续保持友好的合作关系。

8.5.3 工程师索赔管理的原则

要使索赔得到公平、合理的解决，工程师在工作中必须注意以下原则。

1. 公平合理地处理索赔

工程师作为施工合同的管理核心，必须公平地行事，以没有偏见的方式解释和履行合同，独立地做出判断，行使自己的权力。由于施工合同双方的利益和立场存在不一致，常常会出现矛盾甚至冲突，这时工程师起着缓冲、协调作用。工程师的处理索赔原则有以下几个方面：

(1)从工程整体效益、工程总目标的角度出发做出判断或采取行动，使合同风险分配，干扰事件责任分担，索赔的处理和解决不损害工程整体效益和不违背工程总目标。在这个基本点上，双方常常是一致的，例如使工程顺利进行，尽早使工程竣工，投入生产，保证工程质量，按合同施工等。

(2)按照合同约定行事。合同是施工过程中的最高行为准则。作为工程师更应该按合同办事，准确理解、正确执行合同。在索赔的解决和处理过程中应贯穿合同精神。

(3)从事实出发，实事求是。按照合同的实际实施过程、干扰事件的实情、承包人的实际损失和所提供的证据做出判断。

2. 及时做出决定和处理索赔

在工程施工中，工程师必须及时地(有的合同规定具体的时间，或“在合理的时间内”)行使权力，做出决定，下达通知、指令，表示认可等。及时做出决定和处理索赔具有如下重要作用：

(1)可以减少承包人的索赔概率。因为如果工程师不能迅速及时地行事，造成承包人的损失，必须给予工期或费用的补偿。

(2)防止干扰事件影响的扩大。若不及时行事会造成承包人停工处理指令，或承包人继续施工，造成更大范围的影响和损失。

(3)在收到承包人的索赔意向通知后应迅速做出反应，认真研究、密切注意干扰事件的发展。一方面可以及时采取措施降低损失；另一方面可以掌握干扰事件发生和发展的过程，掌握第一手资料，为分析、评价承包人的索赔做准备。所以，工程师也应鼓励并要求承包人及时向他通报情况，并及时提出索赔要求。

(4)不及时地解决索赔问题将会加深双方的不理解、不一致和矛盾。如果不能及时解决索赔问题，会导致承包人资金周转困难，积极性受到影响，施工进度放慢，对工程师和发包人缺乏信任感；而发包人会抱怨承包人拖延工期，不积极履约。

(5)不及时行事会造成索赔解决的困难。单个索赔集中起来，索赔额积累起来，不仅给分析、评价带来困难，而且会带来新的问题，使问题和处理过程复杂化。

3. 尽可能通过协商达成一致

工程师在处理和解决索赔问题时，应及时与发包人和承包人沟通，保持经常性的联系。在做出决定，特别是做出调整价格、决定工期和费用补偿决定前，应充分地与合同双方协商，最好达成一致，取得共识。这是避免索赔争议的最有效的办法。工程师应充分认识到，如果他的协调不成功使索赔争议升级，对合同双方都是损失，将会严重影响工程项目的整体效益。在工程施工中，工程师切不可凭借他的地位和权力武断行事，滥用权力，特别对承包人不能随便以合同处罚相威胁或盛气凌人。

4. 诚实信用

工程师有很大的工程管理权力，对工程的整体效益有关键性的作用。发包人出于信任，将工程管理的任务交给他，承包人希望他公平行事。

8.5.4 工程师对索赔的审查

1. 审查索赔证据

工程师对索赔报告审查时，首先判断承包人的索赔要求是否有理、有据。所谓有理，是指索赔要求与合同条款或有关法规是否一致，受到的损失应属于非承包人责任原因所造成；有据，是指提供的证据证明索赔要求成立。

承包人可以提供的证据包括下列证明材料：

(1)合同文件中的条款约定。

(2)经工程师认可的施工进度计划。

(3)合同履行过程中的来往函件。

(4)施工现场记录。

(5)施工会议记录。

(6)工程照片。

(7)工程师发布的各种书面指令。

(8)中期支付工程进度款的单证。

(9)检查和试验记录。

(10)汇率变化表。

(11)各类财务凭证。

(12)其他有关资料。

2. 审查工期顺延要求

(1)对索赔报告中要求顺延的工期，在审核中应注意以下几点：

1)划清施工进度拖延的责任。因承包人的原因造成施工进度滞后，属于不可原谅的延期；只有承包人不应承担任何责任的延误，才是可原谅的延期。有时，工期延期的原因中可能包含双方责任，此时工程师应进行详细分析，分清责任比例，只有可原谅的延期部分才能批准顺延合同工期。可原谅延期，又可细分为可原谅并给予补偿费用的延期和可原谅但不给予补偿费用的延期；后者是指非承包人责任的影响并未导致施工成本的额外支出，大多属于发包人应承担风险责任事件的影响，如异常恶劣的气候条件造成的停工等。

2)被延误的工作应是处于施工进度计划关键线路上的施工内容。只有位于关键线路上工作内容的滞后，才会影响到竣工日期。但有时也应注意，既要看被延误的工作是否在批准进度计划的关键路线上，又要详细分析这一延误对后续工作的可能影响。因为若对非关键路线工作的影响时间较长，超过了该工作可用于自由支配的时间，也会导致进度计划中非关键路线转化为关键路线，其滞后将导致总工期的拖延。此时，应充分考虑该工作的自由时间，给予相应的工期顺延，并要求承包人修改施工进度计划。

3)无权要求承包人缩短合同工期。工程师有审核、批准承包人顺延工期的权力，但他不可以扣减合同工期。也就是说，工程师有权指示承包人删减掉某些合同内规定的工作内容，但不能要求他相应缩短合同工期。如果要求提前竣工，则这项工作属于合同的变更。

(2)审查工期索赔计算。工期索赔的计算主要有网络图分析和比例计算法两种。

3. 审查费用索赔要求

费用索赔的原因，可能是与工期索赔相同的理由，即属于可原谅并应予以费用补偿的索赔，也可能是与工期索赔无关的理由。工程师在审核索赔的过程中，除了划清合同责任以外，还应注意索赔计算的取费合理性和计算的正确性。

(1)承包人可索赔的费用。费用内容一般包括以下几个方面：

1)人工费。包括增加工作内容的人工费、停工损失费和工作效率降低的损失费等累计，但不能简单地用计日工费计算。

2)设备费。可采用机械台班费、机械折旧费、设备租赁费等几种形式。

3)材料费。

4)保函手续费。工程延期时，保函手续费相应增加。反之，取消部分工程且发包人与承包人达成提前竣工协议时，承包人的保函金额相应折减，则计入合同价内的保函手续费也应扣减。

5)贷款利息。

6)保险费。

7)利润。

8)管理费。此项又可分为现场管理费和公司管理费两部分，由于两者的计算方法不同，所以，在审核过程中应区别对待。

(2)审核索赔取费的合理性。费用索赔涉及的款项较多、内容庞杂。承包人都是从维护自身利益的角度解释合同条款，进而申请索赔额。工程师应公平地审核索赔报告申请，挑出不合理的取费项目或费率。

FIDIC《施工合同条件》中按照引起承包人损失事件原因的不同，对承包人索赔可能给予合理补偿工期、费用和利润情况，分别做出了相应的规定，见表 8-3。

表 8-3 承包人索赔给予合理补偿工期、费用和利润情况一览表

序号	款条号	主要内容	工期	费用	利润
1	1.9	延误发放图纸	√	√	√
2	2.1	延误移交施工现场	√	√	√
3	4.7	承包人根据工程师提供的错误数据导致放线错误	√	√	√
4	4.12	不可预见的外界条件	√	√	
5	4.24	施工中遇到文物和古迹	√	√	
6	7.4	非承包人原因检验导致施工的延误	√	√	√
7	8.4(a)	变更导致竣工时间的延长	√		
8	8.4(c)	异常不利的施工条件	√		
9	8.4(d)	由于传染病或其他政府行为导致工期的延误	√		
10	8.4(e)	业主或其他承包人的干扰	√		
11	8.5	公共当局引起的延误	√		
12	10.2	业主提前占用工程		√	√
13	10.3	对竣工检验的干扰	√	√	√
14	13.7	后续法规的调整	√	√	
15	18.1	业主办理的保险未能从保险公司获得补偿部分		√	
16	19.4	不可抗力事件造成的损害	√	√	

(3)审核索赔计算的正确性。

1)所采用的费率是否合理、适度。主要注意的问题包括：工程量表中的单价是综合单价，不仅含有直接费，还包括间接费、风险费、辅助施工机械费、公司管理费和利润等项目的摊销成本。在索赔计算中不应有重复取费。停工损失中，不应以计日工费计算。不应计算闲置人员在此期间的奖金、福利等报酬，通常采取人工单价乘以折算系数计算，停驶的机械费补偿，应按机械折旧费或设备租赁费计算，不应包括运转操作费用。

2)正确区分停工损失与因工程师临时改变工作内容或作业方法的功效降低损失的区别。凡可改作其他工作的，不应按停工损失计算，但可以适当补偿降效损失。

8.5.5 工程师对索赔的反驳

反驳索赔仅仅指的是反驳承包人不合理索赔或者索赔中的不合理部分，而绝对不是把承包人当作对立面，偏袒发包人，设法不给予或尽量少给予承包人补偿。反驳索赔的措施是指工程师针对一些可能发生索赔的领域，为了今后有充分证据反驳承包人的不合理要求而采取的监督管理措施。反驳索赔措施实际上包括在工程师的日常监理工作中。能否有力地反驳索赔，是衡量工程师工作成效的重要尺度。

对承包人的施工活动进行日常现场检查是工程师执行监理工作的基础，监督现场施工按合同要求进行。检查人员应具有一定的实践经验、认真的工作态度和良好的合作精神。人员素质的高低很大程度上将决定工程师监理工作的成效。检查人员应该善于发现问题，随时独立保持有关情况记录，绝对不能简单照抄承包人的记录。必要时应对某些施工情况摄取工程照片；每天下班前还必须把一天的施工情况和自己的观察结果简明扼要地写成“工程监理日志”，其中特别要指出承包人在哪些方面没有达到合同或计划要求。这种日志应该逐级加以汇总分析，最后由工程师或其他授权代表把承包人施工中存在的问题连同处理建议书面通知承包人，为今后反驳索赔提供依据。

合同中通常都会规定承包人应该在多长时间内或什么时间以前向工程师提交什么资料供工程师批准、同意或参考。工程师最好是事先就编制一份“承包人应提交的资料清单”，其内容包括资料名称、合同依据、时间要求、格式要求及工程师处理时间要求等，以便随时核对。如果在规定时间内承包人没有提交或提交资料的格式等不符合要求，则应该及时记录在案，并通知承包人。承包人的这种问题，可能是今后用来说明某项索赔或索赔中的某部分应由承包人自己负责的重要依据。

工程师要了解承包人施工材料和设备到货情况，包括材料质量、数量和存储方式以及设备种类、型号和数量。如果承包人的到货情况不符合合同要求或双方同意的计划要求，工程师应该及时记录在案，并通知承包人。这些也可能是今后反驳索赔的重要依据。

与承包人一样，对工程师来说，做好资料档案管理工作也非常重要。如果自己的资料档案不全，索赔处理一直会处于被动，只能是人云亦云。即便是明知某些要求不合理，也无法予以反驳。工程师必须保存好与工程有关的全部文件资料，特别是应该有自己独立采集的工程监理资料。

工程师对承包人的索赔提出质疑的情况有以下几项：

(1)索赔事项不属于发包人或工程师的责任，而是与承包人有关的其他第三方的责任。

(2)发包人和承包人共同负有责任，承包人必须划分和证明双方责任大小。

(3)事实依据不足。

(4)合同依据不足。

(5)承包人未遵守意向通知要求。

(6)承包人以前已经放弃(明示或暗示)了索赔要求。

(7)承包人没有采取适当措施避免或减少损失。

(8)承包人必须提供进一步的证据。

(9)损失计算夸大等。

8.5.6 工程师对索赔的预防和减少

索赔虽然不可能完全避免，但通过努力可以减少索赔的发生。

1. 正确理解合同规定

合同是规定当事人双方权利和义务关系的文件。正确理解合同规定，是双方协调一致地合理、完全履行合同的前提条件。由于施工合同通常比较复杂，因而“理解合同规定”就有一定的困难。双方站在各自立场上对合同规定的理解往往不可能完全一致，总会或多或少地存在某些分歧。这种分歧经常是产生索赔的重要原因之一，所以，发包人、工程师和承包人都应该认真研究合同文件，以便尽可能在诚信的基础上正确、一致地理解合同的规定，减少索赔的发生。

2. 做好日常监理工作，随时与承包人保持协调

做好日常监理工作是减少索赔的重要手段。工程师应善于预见、发现和解决问题，能够在某些问题对工程产生额外成本或其他不良影响以前，就把问题纠正过来，可以避免发生与此有关的索赔。对此现场检查作为工程师监理工作的第一个环节，应该发挥应有的作用。对工程质量、完工工作量等，工程师应该尽可能在日常工作中与承包人随时保持协调，每天或每周对当天或本周的情况进行会签、取得一致意见，而不要等到需要付款时再一次处理。这样比较容易取得一致意见，可以避免不必要的分歧。

3. 尽量为承包人提供力所能及的帮助

承包人在施工过程中肯定会遇到各种各样的困难。虽然从合同上讲，工程师没有义务向其提供帮助，但从共同努力建设好工程这一点来讲，还是应该尽可能地提供一些帮助。这样不仅可以免遭或少遭损失，从而避免或减少索赔，而且承包人对某些似是而非、模棱两可的索赔机会，还可能基于友好考虑而主动放弃。

4. 建立和维护工程师处理合同事务的威信

工程师自身必须有公正的立场、良好的合作精神和处理问题的能力，这是建立和维护其威信的基础；发包人应该积极支持工程师独立、公平地处理合同事务，不予无理干涉；承包人应该充分尊重工程师，主动接受工程师的协调和监督，与工程师保持良好的关系。如果承包人认为工程师明显偏袒发包人或处理问题能力较差甚至是非不分，他就会更多地提出索赔，而不管是否有足够的依据，以求“以量取胜”或“蒙混过关”。如果工程师处理合同事务立场公正，有丰富的经验知识，有较高的威信，就会促使承包人在提出索赔前认真做好准备工作，只提出那些有充足依据的索赔，“以质取胜”，从而减少提出索赔的数量。发包人、工程师和承包人应该从一开始就努力建立和维持相互关系的良性循环，这对合同顺利实施是非常重要的。

8.6 建设工程施工现场签证管理

签证是施工过程中承发包双方就额外费用补偿或工期延长等达成一致的书面证明材料和补充协议。与索赔不同的是，它可以直接作为工程款结算或最终增减工程造价的依据，而不需要走索赔程序。为确保工程施工处于受控状态，应加强工程施工现场签证管理工作。

8.6.1 工程签证及主要相关概念的定义

1. 工程签证

工程签证是按照施工发承包合同约定，由发承包双方代表就施工过程中涉及合同价款之外的责任事件所做的签认证明。工程签证行为经过其概念的明确可以知晓，它不是技术核定行为，也不是设计变更、修改等行为，它是仅就合同价款之外的责任事件所做的签认行为，凡是有合同价款之外责任的事件才是它所涉及的内容。

根据工程签证的定义，工程签证包括以下几项内容：

(1)工程签证是一种签认证明。

(2)依据是施工发承包合同条款的约定，在执行合同的前提下才有效。

(3)签认的主体是发承包双方的代表，因此，它一般情况下是一种接受法定委托的受托行为，是受委托权利限定下的行为，对行为权利有一定限制(概念讲的是代表，并不排除法人代表，具体情况在不同的工程中差异是较大的)。

(4)签认客体也就是签认对象，是施工发承包合同价款之外的责任事件，并且是在发承包施工过程中所发生的这种责任事件，它是涉款的但却是对这样的责任事件所做的签认证明。

(5)它根据施工发承包过程的特殊情况，做了唯一性的签认，虽然一般情况下没有直接表述价款，但它却是最有效的表述与唯一性的确定。

工程签证签认的核心是涉及合同价款之外的责任事件，对事件签认最重要的内容是责任，在明确责任的前提下，又将其他展开而充分予以表述。

在完整定义工程签证的概念以后，为了有效地建立工程签证的理论体系，必须明确与工程签证相关的行为概念，旨在明确责任，确定工程签证的价款。

2. 技术核定单

技术核定单是记录施工图设计责任之外，依据设计施工图对完成施工承包义务，采取合理的施工措施等技术事宜(提出的具体方案、方法、工艺、措施等)，经发包方和有关单位共同核定的凭证。

根据技术核定单的定义，技术核实单包括以下内容：

(1)首先技术核实单不能替代设计施工图的责任，而是以设计施工图为依据。

(2)技术核实单的报送主体一般是施工承包人。

(3)技术核实单的客体对象是在施工过程中为了合法、合理地完成施工承包义务所采取的合理的施工措施等技术事宜。

(4)技术核实单的审核主体是发包方和有关单位。

(5)技术核实单是记录共同核定的凭证，在工程签证体系中，每一张技术核定单不仅要反映这种技术核定，还必须明确技术核定的事由和责任方。

施工图设计图纸与技术核定单的区别与联系：施工图设计是在设计层面上行使其职责的行为，设计相对技术核定行为要沉稳得多，具有相对唯一特征。技术核定行为是施工图设计责任之外的技术行为，在同一张施工图纸的约束下，实现同一设计意图的施工技术行为可以多种多样，但它们都是围绕设计图纸开展的符合性技术行为，在此行为下表明设计是正确的，无需修改。

3. 设计变更与设计修改

(1)设计变更。设计变更是指按发包人的意图或经发包人采纳同意，在符合规划等要求的情况下，通过设计单位对原设计所做的变更重新设计的部分。

设计变更的定义表明：①不论设计变更是由何原因而造成的，不管责任是属于谁的，变更的权利一定是属于发包方的；②设计变更受规划等法定文件或权益文件等的约束，必须满足并符合这些必要的要求；③设计变更只能通过设计单位，对已有的原设计进行重新设计，形成设计变更。

(2)设计修改。设计修改是设计单位对原设计所做的符合性修正更改的设计部分。

设计修改的定义表明：

1)设计修改的主体是设计单位。

2)设计修改的原因是为满足符合性要求的修正更改，这种符合性可以是设计规范要求的符合，也可以是发包方要求的符合，还可以是施工原因要求的符合等。

3)设计修改也是一种重新设计。

(3)设计变更与修改的区别与联系。

1)主体权利人不同。设计变更的确定就发承包行为来讲，不论什么原因，谁的责任引起的设计变更，最终必须由发包人同意方可实施，而设计修改由于是符合性行为的要求，可能是设计错误、规范要求的补正，或是施工方责任、发包方意图等引起的，但主体形式上的权利人可以是发包人，也可以是设计承包人。如设计承包人发现施工图存在不符合设计规范之处，所出的设计修改发包人是阻挡不了的。

2)对施工标的影响不同。一般来说，只要影响到施工标的规模数量、空间分布、表现形式、使用功能的程度时，就称得上是设计变更。这既明确设计变更的外延特征，也是约束设计修改的要求，设计修改如影响到上述要求就一定不在修改之列了。

3)区分设计变更与设计修改两种不同的设计行为，不仅对于分清工程签证的责任意义重大，而且对于提高工程的设计质量意义非凡。设计变更与设计修改的概念按上述定义已十分明确，在实际中面对千差万别的工程主、客体和不同的设计委托合同，要将它们严格地区分开来不是件很容易的事情。但只要深刻理解概念的内涵，掌握其本质，结合工程建设的主体特征和工程特点，根据以往的实际没有碰到过道不明、分不清设计变更与设计修改的情况。

4. 业务联系单

业务联系单是施工发承包双方就完成发承包合同标的业务事项沟通有关信息的联系凭单。

从业务联系单的定义可知，它在发承包实施过程中运用的广泛性。业务联系单也可称为工作联系单等，不影响其实际的用途。

以上四个概念中的业务联系单虽然涉及范围比较广，但概念比较明晰、简明，较好理解。对于其他三个概念，可用笔者在一个工程中遇到的三个例子予以说明。

例如，有一个建造于 20 世纪 30 年代的砖木结构办公楼，因需要拟改造成宾馆。该楼为 л 形建筑，主楼区域三层原为主办公区，大开间大进深侧廊，层高 3.6 m。次楼区域四层，原为附属用房，内走廊开间、进深均较小。改造工程将拆除原有的木搁栅、木地板改为现浇钢混凝土楼面和混凝土地坪，增设卫生间等。改建过程中发生了以下事件：

(1)设计修改的运用。在次楼区域，发现某型号的梁宽 20 cm、高 25 cm，设计单位配受力筋 3Φ25 为超筋梁，遂在向其提出后回答：原计算值为 3Φ22 即可，配筋时放大了一号故用 3Φ25，现改回为 3Φ22 即可。于是，设计单位向建设单位发出了设计修改通知。这是由于设计不符合设计规范要求进行的，属于规范符合性的设计修改。

(2)设计变更的运用。原改造设计将一处次楼区域二至四楼的木楼板全部拆空后逐层浇筑现浇钢混凝土楼面板，为保证底层大空间餐厅的使用，楼面荷载通过大跨度简支梁架立于原砖墙上。原砖墙一层窗台下 75 cm 厚，被认为设计保守，强度储备较多。①按经验计算，二至四楼全部拆空后，原房屋结构成为一个矩形砖墙体，属刚弹性方案，砖墙的高厚比不能满足稳定的要求，在施工过程中会发生失稳现象。如要保证其不失稳，必须改变施工工艺，减少砖墙砌体的计算高度。②底层墙体虽较厚，但经原大放脚挖探发现，基础底面宽度只有 1.33 m，按地耐力复验，原设计还是很经济的，并无太多安全储备，按原设计改建后将超载 1 倍以上。

对于上述情况，发包方不得不考虑为保证底层大空间的餐厅使用需要，在厅中加了钢混凝土立柱，对楼层上的布局和施工工艺要求均作了变更调整，对于这种情况的处理，必须通过发包人同意，进行变更重新设计，故应采取设计变更的方法解决此问题。

(3)技术核定单的运用。该楼施工方在浇筑二层现浇楼面前，笔者验收时发现施工方擅自将所有受力筋、构造负筋全部由设计的 HRB335 级钢筋改为 HPB300 级钢筋，逐令其全部返工。后因发包方考虑实际工期损失过多，针对原钢筋间距较大，采取加密钢筋的方法解决。这里所采取的加密钢筋方法是通过技术核定单实现的。虽然实际配筋与原设计变化较多，但是设计施工图并不需要修改，只需要围绕设计施工图开展一系列的符合性技术措施，保证满足设计施工图的要求即可。这张技术核定单因涉及对施工图设计的符合性问题，除发承包双方、工程监理签认外，设计单位必须同时签认方才有效。

在此顺便提一下，假如在施工过程中，对于上述梁宽 20 cm、高 25 cm 的例子中如果图纸已经修改，但工地上无 Φ22 的钢筋，拟用 3Φ25 以大代小，替代 3Φ22 是否可以呢？一般来说，以大代小所见较多，但以大代小最终涉及施工与原设计的符合性问题，技术核定单设计方必须同时签认。对于上述例子请设计方签认时，设计方正确的行为当不予签认或签认为“不可替代”。否则，其将承担过错责任，因为使用 3Φ25 仍然会形成超筋梁，将不符合设计规范的要求，设计方须承担相应的责任。

5. 设计施工图交底与设计施工图会审

(1)设计施工图交底。设计施工图交底是通过交底会的形式，由设计方向工程施工的有关各方就设计施工图进一步阐明设计意图，明确设计内容、技术和责任等问题，为顺利组织和落实符合设计要求的各项施工措施提供的履职服务行为。

(2)设计施工图会审。设计施工图纸会审是工程施工的有关各方(承包人则作为合格的承包人)对经审核、交底后的施工图纸从各自履约(职)的角度出发，就设计施工图的设计意图、设计内容、设计标准、组织实施、设计技术、图纸缺陷、完善修改的方法措施等进行的综合审查、核验，达成一致的行为。

(3)设计施工图交底与会审的区别与联系。

1)履职主体不同。设计施工图交底是设计单位的履职服务行为，设计单位并为此行为承担相应的责任。设计施工图会审是包括设计单位在内与工程施工的有关各方(凡是承包人均作为合格的承包人)的履职行为，是为各自的履职要求承担相应的责任行为。

2)性质不同。设计交底会中的主要方面是设计单位，这就决定了交底的性质和责任要求。会审会是对设计图纸在交底会基础上所进行的综合会审与核验，并且是多方(建设、设计、施工、监理、投资控制、材料设备供应等)对施工图纸的认可性达成一致的履职行为，在此处理得当与否将会对施工发承包合同价款之外的责任事件的引导、控制、判认与处理产生极大的差异。

8.6.2 工程签证的特点

合同价款是发包人用以支付承包人按照合同约定完成承包范围内全部工程并承担保修

责任的款项。合同价款是发包人、承包人两个法人在合同书中的“约定”，且是用以“支付”完成承包工程并承担保修责任的款项。

工程签证是按发承包合同“约定”，由发包人、承包人两个法人代表的委托代理人，就合同价款之外的责任事件所做的签认证明，涉及合同价款之外的款项。上述两项一个是法人行为，一个是法人代表委托的代理人的行为，前者明确的是合同价款，后者涉及合同价款之外的款项(即合同价款的调整项)，两者是不同的。在这里委托代理人的行为，是通过合同约定明确委托事宜和权限的，他的行为不能覆盖法人之间的合同约定，其行为受到合同约定的约束。

由于工程签证行为的这些特点，它可以在委托代理人平台上通过签认证明的形式高效解决施工过程中在限额范围内各种行为的涉款事件，促进了各种不同的涉款责任事件和有争议施工行为的高效协调和快速解决。

目前工程签证行为及其处理反映出以下主要特征：

(1)大量广泛地被用于工程施工发承包过程中，高效解决处理大量的问题，发挥着不可替代的作用，涉款金额特别巨大。

(2)尚没有法规和规范性文件的支撑，没有完善的理论实务体系的支撑。

(3)相关施工发承包合同条款约定欠缺，合同约束薄弱，有关争议大量发生。

(4)对工程签证的行为体系缺乏研究。

8.6.3 签证管理职责分工

(1)业主授权派驻工地代表(简称甲方代表)负责工程施工现场签证工作的管理与实施，代表召集相关各方讨论变更方案，并管理变更工程的实施，建立工程变更台账，并将经批准的变更文件分发有关单位并存档。

(2)监理单位负责初审设计变更申请并提出技术意见，监理工程师在合同授权范围内综合处理工程变更事务，负责接纳、初审工程变更申请并提出技术评审、造价评审、综合评审意见，会同工程管理部门召集相关各方处理工程变更并建立台账，随时供相关单位查阅，并将经批准的变更文件分发至有关单位存档。

(3)工程施工方(简称乙方)负责对甲方下达的指令或需由乙方签证的文件的签证，并且施工单位应由专人负责配合变更审批工作并提出工程变更实施方案。根据设计变更令实施变更，收到设计变更后提出报送设计变更预算。

(4)合同预算管理部门负责复核施工单位提交的设计变更预算，同时对变更负责审核。

(5)工程部拥有对工程变更的最终审批权，对工程变更审批实行分级管理，对工程费用实行动态管理。工程管理部门是公司现场管理的代表，负责对一般变更实行审批，重大变更由工程管理部门初审后，报总经理或分管经理审批。

8.6.4 现场签证程序

(1)乙方提出签证申请→甲方、监理单位同意进行签证→甲方代表组织相关人员现场进行工程量测量、签字确认。

(2)乙方填写现场签证单(现场签证单必须使用国家统一标准规范表格)→各单位必须签字盖章并留存→乙方对签证单做一份完整预算作为结算依据。

8.6.5　现场签证单填写要求

1. 对工程签证等行为记录的规范要求

(1)作为合格的承包方，必须在开工前澄清承包合同的施工界面条件(包括需采取的措施，不形成最终实物工作量的各项工作)。假如由于此界面的不清引发的后续责任，将由承包方承担相应的经济责任。

(2)工程签证(含技术核定单等记录相关行为的凭单也适用此要求的情况，下同。略)。

1)表明工程签证后事件情况的要求：主要应签明事件发生的原始情况。即签事实，不直接签解决结果；签状况(原始实际情况)，不签量；签工作量，不签消耗；签量不签价；签单价，不单签总价。上述要求，以前者优先，即同时均可时必须以前者为有效，后者方式视作无效，无效视作未签证。

2)表达清晰具体，如材料签证，注明规格、品种、质量、数量、产地/生产厂家、单价类型、供料方式、时间、地点等。工作量签证，须注明事由、明确责任、表述完整，能唯一地确定工作量，但又必须避免直接签工作量。

3)明确材料价格等签证的有效性，并在合同平台上对签证的合法有效性范围做出较详尽的具有约束力的约定，防止在签证实施过程中的偏差无控现象，如规定现场签证材料价格时，其价格幅度相对为××，在××幅度差范围内方才有效，否则必须在竣工结算时重新确定，且签证的价格必须满足合同对签证合理规范性的要求。对单张签证的涉款金额必须控制在单位工程的×%以内或绝对额×万元以内，两者取小者；累计签证费用不得大于合同价款的×%，否则均需在法人平台上予以确认方才有效。

4)对工程签证或涉及工程签证部分的签认要求。

①对工程签证事件发生的原始情况表述要求，并不表示整个签认的过程内容。就《工程签证报审核定表》来说共五栏内容，一般情况下只是第一栏及第一栏所涉及附件的内容。

②签认优先顺序的说明。

a. 签认形式优先顺序是解决同一事件表述可有多种方式，但准确有效的方法只能是一种之间矛盾的方法。解决歧义的方法就是确定一种最直接最能锁定状态，说明问题，最符合唯一性确定的方法和形式，也就是最有效的方法。

b. 签事实，不直接签解决结果。这是总的原则，作为承包方或送签方，应当写明签证的事实依据，反映事件的真实、全面和关联有效性，事实签清楚，合同依据写明，形式内容才符合基本要求。如果报上来就直接签解决的结果，要求多少钱，不谈依据地讲解决结果，就没有尽举证的责任和义务，属于抽象签证的要求提出。

签证不能没有内容，不能脱离合同约定去处理，更不能与合同约定相抵触，否则一开始就注定无效了。签事实，不直接签送解决结果是签证顺序内容的基本要求。

c. 对于签证状况(原始实际情况)不签量，签工作量不签消耗(按定额或约定)，签量不签价，签单价不单签总价，其实是具体到相对抽象，也是离客观事件最近到相对较远的状态表述，这是由于工程施工过程的复杂性、多变性造成的，但给定的事件最优先的顺序只有一个，在约定了优先顺序之后，签送的要求相对具体事件就只能是唯一的要求了。

5)材料价格的报审主体为承包人。根据诚信原则，承担相应的责任。发包人对材料的批价，以对承包人的材料采购价是否起到了实质性的价格限制与否，确定材料价格是否参与总价下浮。施工承包方没有价格余地的不参与总价下浮。如发包方指定到诸如其战略合作单位购买材料的价格已定死，则承包方无价格余地，对此材料应不参与下浮。但如发包方仅仅是批价，不构成后续采购过程中实质性限定价格权利的，仍应参与总价下浮。

工程签证应当是合法有效的，应该符合合同约定的条件/惯例要求，由甲乙双方代表签署确认。有效的签证应符合合同/惯例对签证有效性的条件，阐明事项应具充分性，确定事实应具唯一性。

2. 工程签证的附件

签证的证据资料构成了签证附件。如工程签证与技术核定单等的价款责任表述，都是构成签证附件的直接资料。在这些直接资料的基础上加以必要的补充、说明、明确不同形式相应的资料，构成签证附件的完整资料，这种关联表述加补充的方法优点在于比较简捷方便。

对于需要直接表述的签证事件，则需按合同中有关签证的约定/惯例，依据签证明确事件的原则和要求实施有效的签证。

8.6.6 工程签证行为一般处理的原则

1. 工程签证处理的原则

工程签证原则是指观察、分析、处理签证问题的准绳。原则来自于不同的出发点、不同的观点，但这个观点必须符合"准绳"的标准要求。我们处理一个问题，解决一个问题往往会有多条原则，而不是一条原则。在处理同一问题中，原则与原则之间彼此都是有矛盾的，但它们不互相对抗。因此，原则往往叠加使用，以排除法显露其效用。在处理解决问题结果的正确性与唯一性上得到了统一。

工程签证处理的原则事先可以在合同中专项约定，可以以合同专项条款明确工程签证行为的具体要求。如果未能在合同中约定，事件发生后发承包双方再予协商处理，一般是先原则(形成会商纪要达成一致)，后具体(根据原则针对涉及合同价款之外责任事件的形成过程，记载情况，具体情况具体分析商榷处理)，所见最多的是由工程造价咨询企业作为受托的第三方执业处理。因此，事后处理工程签证问题更需要处理工程签证的一般原则。

2. 最常用的工程签证处理原则

符合工程签证原则标准的原则有许多，使用频繁的有以下 6 条原则。

(1)满足，合法原则。签证有效的前提是合法，必须满足。签证的合法性有两层含义：首先，必须符合法律、法规、规章、规范性文件约束下的合同对签证事项的约定，当合同未约定时应符合惯例对签证的要求，如对签证的主体、权限、效力、时效等的约定。其二，签证的主体及形式必须满足合同的约定，如签证必须由谁来签认，谁签认才有效，什么样的形式才有效(如有的合同约定签认的形式必须由代表签字并加盖某某印章方才有效等)。

(2)明确，责任原则。在签证的证据中必须全面反映事由、明确责任，这是签证事件的前提要素。根据谁的责任谁承担的原则，签证的权利主张方在主张权利前对此必须十分清楚，这是个最基本的问题，直接关系到权利能否主张的问题。当然，在具体处理签证事件时，一些特殊的事件也会有全责和非全责之分，应该具体情况具体分析准确确定。

(3)准确，合理原则。签证的举证和签认，在合法、明确责任的前提下，力求准确能有效地维护双方的合法权益。签证计量的准确性是维护双方权益界面合理的必要条件，只有签证的表述准确才能合理地调节双方的利益，也是因为准确合理的要求，也就有了对签证表述的要求原则及优先顺序。

(4)权利，举证原则。根据民法通则，民事事件谁主张权利谁举证的原则，主张权利的一方有举证义务，举证者不是举过证就行了，举证应该能够充分地说明事件的事实，为说明事实能提供有效足够的证据。举证不足、举证无效的直接结果就是权利不能被主张或不能完全被主张。

(5)证据，充分原则。主张权利的一方，会提供权利依据，但是证据要充分，平时经常看到的签证要求是有结论无证据(有论点，无论据)或证据不充分，不能充分到能唯一地确定事实，在反映事件的真实性、全面性、关联性方面存在缺陷，或其证明的效力缺乏合法效力都是有违充分性原则的。

(6)缺陷，就低原则。当主张权利的一方无法按合同约定的要求提供充分的权利依据，即提供的证据可以证明事实的存在但存在着某种缺陷。对于这类签证按就低原则比照处理，以不利于举证方的结果确认。

工程签证的处理原则在实际运用中，应当具体情况具体分析。

(1)没有签证单的签收凭证。例如，某高层建筑在施工过程中，针对大楼一角为弧形剪力墙的情况，施工方(以下简称乙方)为施工方便，经发包方(以下简称甲方)签认制作了特制的弧形模板。施工至二层时，甲方提出了变更，在弧形剪力墙处自下而上均增开了窗户，乙方就原甲方在已确认的施工措施基础上重新确认其措施，并要求对定制的模板承担相应的报损责任。对该事件甲方至竣工也未作签认，乙方坚持其主张的权利，但提供不出任何依据，并说甲方连签收单都没有给过，哪来依据。造价咨询企业在甲方提供的送审资料中发现了那张未经甲方签认的凭单，甲乙方也都知道这张单子，但都没有任何反应。为解决问题审核方明确：如果甲方签收了未签认，在规定的期限内未予回复则视作对事件的认可；甲方虽未签收，但将其装订在送审资料中，一并提交给了审核单位，是否可以确认确实已经收到？甲乙方均表示无异议。于是事件认可，甲方承担责任，价款按合同约定计量确定。

(2)各种行为的作用是不同的，责任原则是要明确的。在上述同一个工程中，甲乙双方就外墙面砖施工中采取星点凿毛并同时使用界面剂作了技术核定，将价款一并做了签认，手续齐全。但是乙方为什么同时使用两种措施保证面砖与混凝土墙面之间的粘结质量，虽然甲方有签认，可用的是技术核定单，这表明对技术措施的认可。对于中间措施，不能形成最终实物工程量的技术措施，乙方如提供再多的措施所需耗费，一般情况下都是由乙方承担的。按责任原则，这属于乙方的责任。作为甲方只要求乙方保证工程的质量，措施的支付责任是乙方自身的事，像上述只能证明乙方没有把握做好，故采取了双重措施。并且既提供不出设计施工图的相应要求，也提供不出，按当时的施工措施需要星点凿毛和界面剂同时使用的施工工艺，故从造价的角度只能认定一项措施，乙方放弃了原来的权利主张。

如果工程签证行为规范，在上述技术核定单签认后，将其作为工程签证单的附件，明确其中的价款责任事宜就比较规范，对双方的价款责任也就明确了。

(3)具体情况具体分析，合理结果趋于唯一。在上述工程中，乙方因二次搭设临时设施事件，一再向甲方催付相关的费用，可又讲不清道理，拿不出足够的证据，甲方一直未予签认(这里本身有个时效问题，暂且不论)。甲方认为施工过程中任何施工条件均未改变，乙方无理由索要临时设施场内转移二次搭设费用。后经分析发现，在±0.000以下施工浇筑基础时，曾发生多次中断，多次处理了施工混凝土的界面，孰知周围拆迁剩下的危棚简屋的居民曾集体有过过激行为，他们所居恰好在原搭临时设施的墙外，啤酒瓶、石块等常常随抛在屋顶、墙上、窗上，严重影响其正常工作和休息，故而二次搬迁。这就引申出两个问题：其一，甲方是否知晓居民会闹事，在提供给乙方场地资料时，有无明确告知乙方；其二，施工场地等条件是否仅限在基地院内，仅限于有形的条件。对其一，甲方明确，知晓情况，但在施工方进场前没有明确告知乙方；对其二，经我方分析后，双方认为施工场地等条件以是否构成对正常施工的影响为度，并不限于有形的条件。于是问题也就解决了。实际上这个问题是乙方举证不足影响了先期的解决，甲方也是很讲道理的。

工程签证的正确处理，应当在民事法律的平台上，依据合同约定及惯例来判断、协调、处理，主张权利的一方必须承担举证的责任。签证处理的原则，为合法合理处理签证问题提供了一定的观点，但这个观点必须符合“准绳”的标准要求，我们处理一个问题，解决一个问题往往会有多条原则，而不是一条原则。在处理同一问题中，原则与原则之间彼此都是有矛盾的，但它们不对抗。因此，原则往往叠加使用，以处理路径和手段，将有助于圆满解决权利双方的分歧，在合法前提下提供合情合理的处理结果。

8.6.7 工程签证的形式要求

(1)技术核定等事件处理完毕，对发生工程签证的事件进入签证程序后，需要时可签报事件确认单作为衔接，再按《工程签证报审核定单》的要求，报审工程签证、确认单等相关资料，均作为报审的资料内容。

(2)对因实施技术核定、设计变更、设计修改、业务联系等事宜，涉及的问题难以由上述表述工程签证的内容时，可以补充说明(单)完善工程签证原因、责任、事件的内容。上述所及事件确认、补充说明是有些单位实施工程签证时的辅助手段，可供参考。

(3)工程签证最终的报审通过《工程签证报审核定单》(表 8-4)实施。以承包方报送发包方审核的报审核定单为例说明如下：

第一栏为申报单位填制的内容，其中过程中形成的有效资料均作为附件一并呈报，其形式内容要求符合本规定时有效。

第二栏监理工程师确认意见需按实表述。单写“情况属实”字样或类似中性表述，与工程签证等基本要求相抵触时无效。

第三栏是发包方项目部(工程部)的审查意见。

第四栏是发包方投资管理(部门)或委托的造价咨询企业从工程造价角度提出的审核意见。

第五栏是发包方的确认意见，根据每份工程签证的情况，由发包方视情不同执行相应的权利进行审批确认(由发包方内部留转)，确认完毕由发包方专门部门据此签认签章后明确。

表 8-4 工程签证报审核定单

工程名称：　　　　　　　　　　　　　　　　　　　　　　　　编号：

根据合同(补充协议)第__________条的规定，由于__________原因，要求就下列事项签证并予核定。 事项： 附件： 申报(施工承包)单位(签章)： 负责(代表)人：　　　日期：

续表

监理工程师确认意见： 附件： 专业监理工程师(签认)：　　　　日期： 总监理工程师(签章)：　　　　日期：
(发包方)工程部门审查意见： 现场代表：　　　　日期：
投资控制审核意见或建议： 附件： 造价工程师代表(签认签章)：　　　　日期：
(发包)单位确认意见： 代表/造价负责人(签章)：　　　　日期：

注：监理工程师/发包方工程部确认事实，投资控制在确认的基础上审核造价或明确事宜。

8.7 建设工程施工索赔案例

【案例一】

背景资料：某工程项目的原施工进度双代号网络计划如图 8-2 所示，该工程总工期为 18 个月。在网络计划中，C、F、J 三项工作均为土方工程，土方工程量分别为 7 000 m^3、10 000 m^3、6 000 m^3，共计 23 000 m^3，土方单价为 17 元/m^3。合同中规定，土方工程量增加超出原估算工程量 15%时，新的土方单价可从原来的 17 元/m^3 调整到 15 元/m^3。在工程按计划进行 4 个月后(已完成 A、B 两项工作的施工)，业主提出增加一项新的土方工程 N，该项工作要求在 F 工作结束以后开始，并在 G 工作开始前完成，以保证 G 工作在 E 和 N 工作完成后开始施工，根据承包商提出并经监理工程师审核批复，该项 N 工作的土方工程量约为 9 000 m^3，施工时间需要 3 个月。

根据施工计划安排，C、F、J 工作和新增加的土方工程 N 使用同一台挖土机先后施工，现承包方提出由于增加土方工程 N 后，使租用的挖土机增加了闲置时间，要求补偿挖土机的闲置费用(每台闲置 1 天为 800 元)和延长工期 3 个月。

问题

1. 增加一项新的土方工程 N 后，土方工程的总费用应为多少？
2. 监理工程师是否应同意给予承包方施工机械闲置补偿？应补偿多少费用？
3. 监理工程师是否应同意给予承包方工期延长？应延长多长时间？

【解析】

问题 1：由于在计划中增加了土方工程 N，土方工程总费用计算如下：

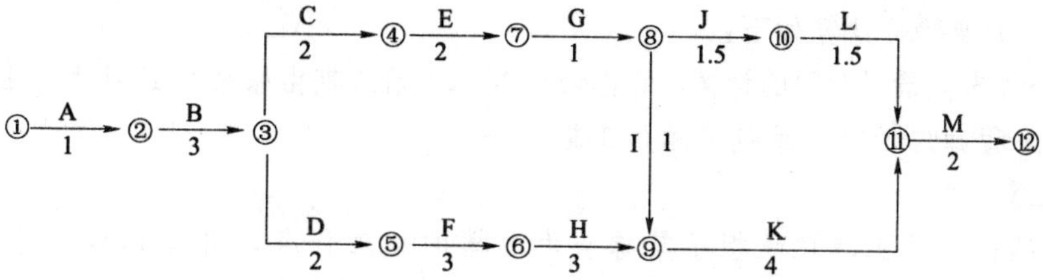

图 8-2　原施工进度双代号网络计划

①增加 N 工作后，土方工程总量为：

$$23\,000+9\,000=32\,000(m^3)$$

②超出原估算土方工程量为：

$\dfrac{32\,000-2\,300}{23\,000}\times100\%=39.13\%>15\%$，土方单价应进行调整。

③超出 15%的土方量为：

$$32\,000-23\,000\times115\%=5\,550(m^3)$$

④土方工程的总费用为：

$$23\,000\times115\%\times17+5\,550\times15=53.29(\text{万元})$$

问题 2：施工机械闲置补偿计算如下：

①不增加 N 工作的原计划机械闲置时间：

在图 8-3 中，因 E、G 工作的时间为 3 个月，与 F 工作时间相等，所以，安排挖土机按 C—F—J 顺序施工可使机械不闲置。

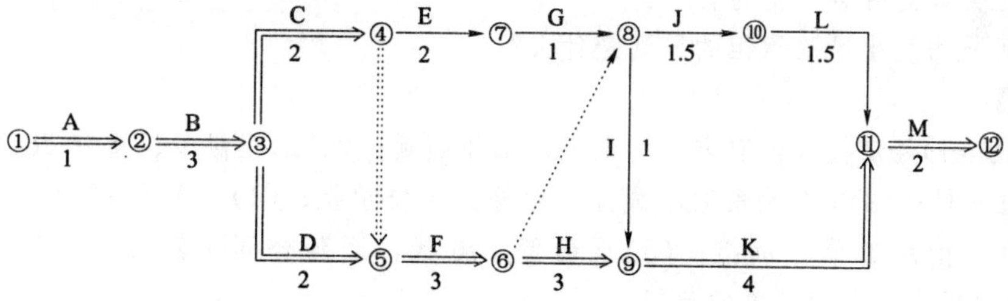

图 8-3　不增加 N 工作的原计划闲置时间

②增加了土方工作 N 后机械的闲置时间：

在图 8-4 中，安排挖土机按 C—F—N—J 顺序施工，由于 N 工作完成后到 J 工作的开始中间还需施工 G 工作，所以，造成机械闲置 1 个月。

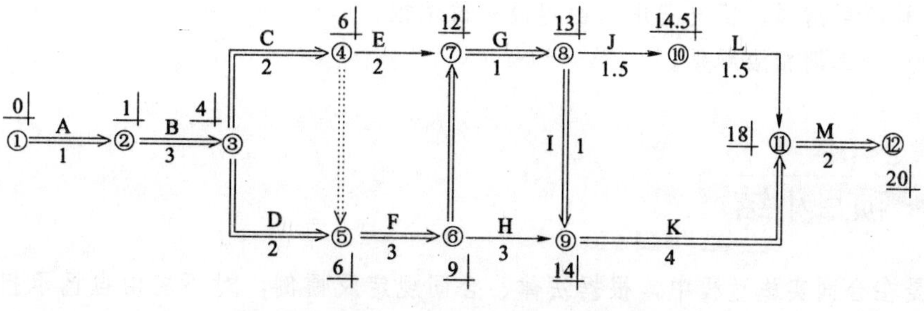

图 8-4　增加土方工作 N 后机械闲置时间

③监理工程师应批准给予承包方施工机械闲置补偿费：

30×800＝2.4(万元)(不考虑机械调往其他处使用或退回租赁处)

问题3：工期延长计算如下：

根据图8-4节点最早时间的计算，算出增加N工作后工期由原来的18个月延长到20个月，所以，监理工程师应批准给承包方顺延工期2个月。

【案例二】

背景资料：某施工单位承担了某综合办公楼的施工任务，并与建设单位签订了该项目建设工程施工合同，合同价4 600万元人民币，合同工期10个月。工程未进行投保保险。

在工程施工过程中，遭受暴风雨不可抗拒的袭击，造成了相应的损失。施工单位及时地向建设单位提出索赔要求，并附索赔有关材料和证据。索赔报告中的基本要求如下：

(1)遭暴风雨袭击是非施工单位造成的损失，故应由建设单位承担赔偿责任。

(2)给已建部分工程造成破坏，损失28万元，应由建设单位承担赔偿责任。

(3)因灾害使施工单位6人受伤，处理伤病医疗费用和补偿金总计3万元，建设单位应给予补偿。

(4)施工单位进场后使用的机械、设备受到损坏，造成损失4万元。由于现场停工造成机械台班费损失2万元，工人窝工费3.8万元，建设单位应承担修复和停工的经济责任。

(5)因灾害造成现场停工6天，要求合同工期顺延6天。

(6)由于工程被破坏，清理现场需费用2.5万元，应由建设单位支付。

问题

1. 以上索赔是否合理？为什么？

2. 不可抗力发生风险承担的原则是什么？

【解析】

问题1：(1)经济损失由双方分别承担，工作顺延；(2)工程修复、重建28万元工程款由建设单位支付；(3)3万元索赔不成立，由施工单位承担；(4)4万元、2万元、3.8万元索赔不成立，由施工单位承担；(5)现场停工6天，顺延合同工期6天；(6)清理现场2.5万元索赔成立，由建设单位承担。

问题2：不可抗力风险承担责任的原则为：

(1)工程本身的损害由业主承担。

(2)人员伤亡由其所在单位负责，并承担相应费用。

(3)施工单位的机械设备损坏及停工损失，由施工单位承担。

(4)工程所需清理、修复费用，由建设单位承担。

(5)延误的工期相应顺延。

项目小结

索赔是在合同实施过程中，根据法律、合同规定及惯例，对不应由自己承担责任的情况造成的损失，向合同的另一方当事人提出给予赔偿或补偿要求的行为。索赔是双向的，既可以是承包商向业主的索赔，也可以是业主向承包商提出的索赔，一般后者为反索赔。

按索赔的目的可分为工期延长索赔和费用索赔。

索赔报告是向对方提出索赔要求的正式书面文件，是承包商对索赔事件处理的预期结果。业主的反应(认可或反驳)就是针对索赔报告。

工程索赔是一门涉及面广，融技术、经济、法律为一体的边缘学科，它不仅是一门科学，也是一门艺术。索赔的技巧是为索赔的战略和策略目标服务的，是索赔策略的具体体现。索赔技巧应因人、因客观环境条件而异。

签证是施工过程中承发包双方就额外费用补偿或工期延长等达成一致的书面证明材料和补充协议。与索赔不同的是，它可以直接作为工程款结算或最终增减工程造价的依据，而不需要走索赔程序。为确保工程施工处于受控状态，应加强工程施工现场签证管理工作。

学生在了解施工索赔基本知识的基础上，应实际参与(或模拟参与)建筑工程施工索赔工作，能够独立编写索赔报告，进行索赔计算，为以后参加工作打下基础。

同步测试

8—1　什么是施工索赔?

8—2　引起索赔的因素有哪些?

8—3　索赔有哪些基本特征?

8—4　施工索赔应遵循什么程序?

8—5　编写索赔报告有哪些基本要求?

8—6　索赔技巧有哪些?

8—7　工程师的索赔管理任务有哪些?

8—8　简述工程签证行为一般处理的原则。

专项实训

编制建设工程索赔意向通知和索赔报告

实训目的：体验建设工程施工索赔活动氛围，熟悉索赔计算方法。

材料准备：①工程施工合同。

②工程施工图纸。

③工程施工图预算。

④模拟施工现场。

⑤模拟工程索赔情境的发生。

实训步骤：划分小组成立项目部、甲方、监理→分发工程合同、施工图纸→进行工程索赔情境模拟→编制索赔意向书→进行索赔计算→编制索赔报告→审批索赔报告。

实训结果：①熟悉施工索赔过程。

②掌握工程施工索赔计算方法和索赔技巧。

③编制索赔报告。

注意事项：①学生角色扮演真实。

②施工索赔情境设计合理。

③充分发挥学生的积极性、主动性与创造性。

项目9　建设工程其他合同

项目描述

本项目主要介绍有关建设工程勘察、设计合同、建设工程监理合同、建设工程分包合同、物资采购合同等的概念、特征、订立及履行等内容。

技能目标

通过本项目的学习，学生在了解建设工程勘察、设计合同、建设工程监理合同以及建设工程分包合同、物资采购合同等知识的基础上，能够参与实际工程相关合同的签订和管理。

项目导入

工程建设项目的建设是一项复杂的系统工程，由很多合同关系共同组成。除了建设工程施工合同以外，还会涉及建设工程勘察、设计合同，建设工程监理合同以及建设工程分包合同、物资采购合同等。这些合同关系共同构成了一个完整的建设工程合同体系。

9.1　建设工程勘察、设计合同

9.1.1　建设工程勘察、设计合同概述

1. 建设工程勘察、设计合同的概念

建设工程勘察合同是指根据建设工程的要求，查明、分析、评价建设场地的地质地理环境特征和岩土工程条件，编制建设工程勘察文件的协议。

建设工程设计合同是指根据建设工程的要求，对建设工程所需的技术、经济、资源、环境等条件进行综合分析、论证，编制建设工程设计文件的协议。

为了保证工程项目的建设质量达到预期的投资目的，实施过程必须遵循项目建设的内在规律，即坚持先勘察、后设计、再施工的程序。

2. 建设工程勘察、设计合同的特征

(1)建设工程勘察、设计合同的双方必须具有法人资格。

(2)建设工程勘察、设计合同，必须符合国家规定的基本建设程序。

(3)建设工程勘察、设计合同属于建设工程合同，勘察、设计合同应具有建设工程合同的基本特征。

3. 建设工程勘察、设计合同的内容

(1)总述。

(2)委托人提供有关基础资料或文件的内容、技术要求及期限。

(3)委托人应明确承包人勘察的范围、进度和质量等方面的要求以及设计的阶段、进度、质量和设计文件份数等方面的要求。

(4)勘察、设计取费的依据、取费标准及付费方法、付费的期限等。

(5)合同双方的违约责任。

(6)其他约定条款等。

4.《建设工程设计合同(示范文本)》(GF-2015-0210)简介

2015 版设计合同范本包括合同协议书、通用合同条款、专用合同条款及附件，具体如下：

(1)合同协议书。共计 12 条，包括工程概况、工程设计范围、阶段与服务内容、工程设计周期、合同价格形式与签约合同价、发包人代表与设计人项目负责人、合同文件构成、承诺等重要内容，集中约定了当事人基本的权利义务。

(2)通用合同条款。共计 17 条，包括一般约定、发包人、设计人、工程设计依据、工程设计要求、工程设计进度与周期、工程设计文件交付、工程设计审查、施工现场配合服务、合同价款与支付方式、工程设计变更与索赔、专业责任与保险、知识产权、违约责任、不可抗力、合同解除以及争议解决。

(3)专用合同条款及附件。包括一般约定、发包人、设计人、工程设计要求、工程设计进度与周期、工程设计文件交付、工程设计文件审查、施工现场配合服务、合同价款与支付、工程设计变更与索赔、专业责任与保险、知识产权、违约责任、不可抗力、合同解除、争议解决、其他及七个附件，是对应通用合同条款原则性约定，进一步细化和完善的条款。

9.1.2 建设工程勘察、设计合同的订立及履行

1. 建设工程勘察、设计合同的订立

(1)签约前对当事人资格和资信的审查。

1)资格审查。主要审查承包人是否是按法律规定成立的法人组织，有无法人章程和营业执照，承担的勘察、设计任务是否在其证书批准内容的范围之内。

2)资信审查。主要审查建设单位的生产经营状况和银行信用情况等。

3)履约能力审查。主要审查委托人建设资金的到位情况和支付能力。

(2)建设工程勘察、设计合同订立的形式和程序。

1)承包人审查工程项目的批准文件。承包人在接受委托勘察或设计任务前，必须对委托人所委托的工程项目的批准文件进行全面审查，这些文件是工程项目实施的前提条件。

2)委托人提出勘察、设计的要求。主要包括勘察、设计的期限、进度、质量等方面的要求，勘察工作有效期限以委托人下达的开工通知书或合同规定的时间为准，如遇特殊情况(设计变更、工作量变化、不可抗力影响以及勘察人原因造成的停、窝工等)时，工期相应顺延。

3)承包人确定取费标准和进度。承包人根据委托人的勘察、设计要求和资料，研究并确定收费标准和金额，提出付费方法和进度。

4)合同双方当事人，就合同的各项条款协商并取得一致意见。

2. 建设工程勘察、设计合同的履行

(1)勘察合同中双方的义务。

1)委托人的义务。委托人的义务是指由委托人负责提供资料或文件的内容、技术要求、期限以及合同中规定的共同协作应承担的有关准备工作和其他服务项目。

①向承包人提供开展勘察、设计所必需的有关基础资料，并对提供的时间与资料的可靠性负责。

a. 本工程批准文件(复印件)以及用地(附红线范围)、施工、勘察许可等批件(复印件)；

b. 工程勘察任务委托书、技术要求和工作范围的地形图、建筑总平面布置图；

c. 勘察工作范围已有的技术资料及工程所需的坐标与标高资料；

d. 勘察工作范围地下已有埋藏物的资料(如电力、电信电线、各种管道、人防设施、洞室等)及具体位置分布图。

②在勘察人员进入现场作业时，委托人应对必要的工作和生活条件负责。

③委托人应负责勘查现场的水电供应、道路平整、现场清理等工作，以保证勘察工作的顺利进行。

④若勘查现场需要看守，特别是在有毒、有害等危险现场作业时，委托人应派人负责安全保卫工作，按国家有关规定，对从事危险作业的现场人员进行保健防护，并承担费用。

⑤工程勘察前，若委托人负责提供材料的，应根据勘察人提出的工程用料计划，按时提供各种材料及其产品合格证明，并承担费用和运到现场，派人与勘察人员一起验收。

⑥勘察过程中的任务变更，经办理正式变更手续后，委托人应按实际发生的工作量支付勘察费。

⑦由于委托人原因造成勘察人停工、窝工，除工期顺延外，委托人应支付停工、窝工费；委托人若要求在合同规定时间内提前完工(或提交勘察成果资料)时，委托人应向勘察人支付一定的加班费。

⑧委托人应保护勘察人的投标书、勘察方案、报告书、文件、资料、图样、数据、特殊工艺(方法)、专利技术和合理化建议，未经勘察人同意，委托人不得复制、不得泄露，不得擅自修改、传送或向第三人转让或用于本合同外的项目。

⑨按照国家有关规定和合同的约定支付勘察费用，按规定收取费用的勘察合同生效后，委托人应向承包人支付定金。

⑩委托人承担合同有关条款规定和补充协议中委托人应负的其他责任。

2)承包人的义务。

①勘察单位应按照现行的标准、规范、规程和技术条例，进行工程测量和工程地质、水文地质等方面的勘察工作，按合同规定的进度、质量要求提供勘察成果，并对其负责。

②在工程勘察前，提出勘察纲要或勘察组织设计，派人与委托人的人员一起验收委托人提供的材料。

③勘察过程中，根据岩土工程条件(或工作现场地形地貌、地质和水文地质条件)及技术规范要求，向委托人提出增减工作量或修改勘察的意见，并办理正式变更手续。

④在现场工作的勘察人员，应遵守委托人的安全保卫及其他有关的规章制度，承担其有关资料保密义务。

⑤勘察人承担合同有关条款规定和补充协议中勘察人应负的其他责任。

(2)设计合同中双方的义务。

1)委托人的义务。

①委托初步设计的，在初步设计前，委托人在规定的日期内应向承包人提供经过批准的设计任务书(或可行性研究报告)，选择建设地址的报告，原料(或经过批准的资源收支)、燃料、水、电、运输等方面的协议文件和能满足初步设计要求的勘察资料，以及需要经过科研取得的技术资料等。

②委托施工图设计的，在施工图设计前，委托人应在规定日期内提供经过批准的初步设计文件和能满足施工图设计要求的勘察资料、施工条件以及有关设备的技术资料等。

③委托人变更委托设计项目、规模、条件或因提交的资料错误，或所提交资料作较大修改，以致造成设计人需返工时，双方除需另行协商签订补充协议(或另订合同)、重新明确有关条款外，委托人应按设计人所耗工作量向设计人增付设计费。

④在未签合同前委托人已同意，设计人为委托人所做的各项设计工作，应按收费标准，相应支付设计费。

⑤委托人要求设计人比合同规定时间提前交付设计资料及文件时，如果设计人能够做到，委托人应根据设计人提前投入的工作量，向设计人支付赶工费。

⑥在设计人员进入现场指导和配合施工时，应负责提供必要的工人、生活及交通等方便条件。

⑦委托人应向承包人明确设计的范围和深度。

⑧负责及时向有关部门办理各设计阶段设计文件的审批工作。

⑨委托人应负责引进项目的设计任务，从询价、对外谈判、国内外技术考察直到建成投产的各阶段，应通知承担有关设计任务的单位参加。

⑩委托人应保护设计人的投标书、设计方案、文件、资料图样、数据、计算软件和专利技术，未经设计人同意，委托人对设计人交付的设计资料及文件不得擅自修改、复制或向第三人转让或用于本合同外的项目，如发生以上情况，委托人应负法律责任，设计人有权向委托人提出索赔。

⑪按照国家有关规定和合同的约定支付设计费用，按规定收取费用的设计合同生效后，委托人向承包人支付定金。

⑫委托人应承担承包人规定的设计文件中保密条款的保密责任。

2)承包人的义务。

①设计单位要根据已批准的设计任务书(或可行性研究报告)或之前阶段设计的批准文件，以及有关设计的经济技术文件、设计标准、技术规范、规程、定额等提出勘察技术要求，并进行设计，按合同规定的进度和质量提交设计文件(包括概预算文件、材料设备清单等)，并对其负责。

②初步设计经上级主管部门审查后，在原定任务书范围内的必须修改，由设计单位负责。

③设计单位应配合所承担设计任务的建设项目施工，施工前进行设计技术交底，解决工程施工过程中有关设计的问题，负责设计变更和修改预算，参加试车考核及工程竣工验收。

④如果建设项目的设计任务由两个以上的设计单位配合设计，并委托其中一个设计单位为总承包时，签订总承包合同，总承包单位对委托人负责。

(3)建设工程勘察、设计合同委托人的行为规范。

①收受贿赂、索取回扣或者其他好处。

②指使承包人不按法律、法规、工程建设强制性标准和设计程序进行勘察、设计。

③不执行国家的勘察、设计收费规定，以低于国家规定的最低收费标准支付勘察设计费或不按合同约定支付勘察设计费。

④未经承包人许可，擅自修改勘察、设计文件，或将承包人专有技术和设计文件用于本工程以外的工程。

⑤法律、法规禁止的其他行为。

(4)设计的修改和终止。

1)设计文件批准后，就具有一定的严肃性，不得随意修改和变更。如果要修改，必须经过有关部门批准，其批准权限，根据修改的内容所涉及的范围而定。

①如果修改的部分属于初步设计的内容(如总平面图、工艺流程、设备、面积、建筑标准、定员、概算等)，须经设计的原批准单位批准。

②如果修改部分属于设计任务书的内容(如建筑规模、产品方案、建设地点及主要协作关系等)，则须经设计任务书的原批准单位批准。

③施工图设计的修改，须经设计单位的同意。

2)委托人因故要求修改工程设计的，经承包人同意后，委托人除按承包人修改设计的工作量增付设计费外，同时另订提交设计文件的时间，由此而造成施工单位等其他单位的损失由委托人负责。

3)原定设计任务书或初步设计如有重大变更而需要重做或修改时，经设计任务书批准机关或初步设计批准机关同意，并经双方当事人协商后另订合同，委托人负责支付已经进行了的设计费用。

4)委托人因故要求中途终止设计时，应及时书面通知承包人。

(5)违约责任。

1)委托人违约责任。

①若委托人不履行合同，无权要求退还定金。

②如果由于委托人变更计划，提供的资料不准确，未按期提供勘察、设计工作必需的资料或工作条件，而造成勘察、设计工作的返工、窝工、停工或修改设计，委托人应按承包人实际消耗的工作量增付费用。

③合同履行期间，由于工程停建而终止合同或委托人要求解除合同时，勘察、设计单位未进行勘察工作的，不退还委托人已付定金；已进行勘察、设计工作的，完成的工作量不足一半时，委托人应向勘察、设计单位支付预算额一半的勘察费；完成的工作量超过一半时，则应向勘察、设计单位支付预算额全部的勘察费。

④承包人按期、按质、按量交付勘察、设计的成果后，委托人未按照国家有关规定和合同约定支付勘察、设计费时，应偿付逾期的违约金，偿付办法与金额，由双方遵照国家有关规定协商解决。

2)承包人违约责任。

①承包人不履行合同的，应双倍退还定金。

②因勘察、设计质量低劣，建筑安装单位已经按照质量低劣的勘察、设计文件进行施工，导致不合格的工程需要返工、改建，或未按期提交勘察、设计文件，使委托人支付一

定的费用和相应的利息造成委托人损失的，应由勘察、设计单位继续完成勘察、设计任务，并视造成的损失和浪费大小，减收或免收勘察、设计费。

③因勘察、设计错误而造成工程重大事故的，勘察设计单位除免收损失部分的勘察、设计费外，还应支付与该部分勘察、设计费相当的赔偿金。

(6)勘察、设计合同的索赔。

1)委托人向承包人提出索赔。

①勘察、设计单位不能按合同要求完成勘察、设计任务，致使委托人工程项目不能按期开工而造成损失的，委托人可向承包人索赔。

②勘察、设计单位的勘察、设计成果不符合国家有关规定和合同的质量约定，出现偏差、疏漏等而导致委托人在工程项目施工或使用时造成损失的，委托人可向承包人索赔。

③因承包人完成的勘察设计任务深度不足，致使工程项目施工困难，委托人同样可提出索赔。

④因其他原因属承包人的责任造成委托人损失的，委托人可以提出索赔。

2)承包人向委托人提出索赔。

①委托人不能按合同约定准时提交满足勘察、设计要求的资料，致使承包人勘察、设计人员无法开展勘察设计工作，承包人可向委托人提出合同价款和合同工期索赔。

②委托人中途提出设计变更要求，承包人可向委托人提出合同价款和合同工期赔偿。

③委托人不按合同约定支付勘察、设计费用，承包人可向委托人提出合同违约金索赔。

④同属委托人责任的其他原因造成承包人利益遭受损害的，承包人可申请合同价款赔偿。

(7)其他规定。

1)合同的有效期。通常勘察合同在全部勘察工作验收合格后失效，设计合同在全部设计任务完成后失效。

2)勘察、设计合同的未尽事宜。需经双方协商，做出补充规定，补充规定与原合同具有同等效力，但不得与原合同内容冲突。

3)附件是勘察、设计合同的组成部分。勘察合同的附件包括测量任务和质量要求表、工程地质勘查任务和质量要求表等；设计合同的附件一般包括设计任务书、工程设计取费表、补充协议书等。

9.2 建设工程委托监理合同

9.2.1 建设工程委托监理合同的基本概念

1. 建设工程委托监理合同的概念

建设工程委托监理合同简称监理合同，是指委托人与监理人就委托的工程项目管理内容签订的明确双方权利、义务的协议。

2. 建设工程委托监理合同的特征

(1)监理合同的当事人双方应当是具有民事权利和民事行为能力、取得法人资格的企事业单位、其他社会组织，个人在法律允许范围内也可以成为合同当事人。

(2)监理合同的订立必须符合工程项目建设程序。

(3)委托监理合同的标的物是服务，工程建设实施阶段所签订的其他合同，如：勘察、设计合同，施工承包合同、物资采购合同、加工承揽合同的标的物是产生新的物质或信息成果，而监理合同的标的物是服务，即监理工程师凭据自己的知识、经验、技能受业主委托为其所签订的其他合同的履行实施监督和管理。

3. 建设工程委托监理合同的一般条款

(1)合同内所涉及的词语定义和遵循的法规。

(2)监理人的义务。

(3)委托人的义务。

(4)监理人的权利。

(5)委托人的权利。

(6)监理人的责任。

(7)委托人的责任。

(8)合同生效、变更与终止。

(9)监理报酬。

(10)争议的解决及其他。

9.2.2 建设工程监理合同示范文本

1. 建设工程监理合同示范文本的组成

根据《建设工程监理合同(示范文本)》(GF-2012-0202)，建设工程监理合同包括：协议书(AGREEMENT)、通用条件(GENERAL CONDITIONS)和专用条件(PARTICULAR CONDITIONS)三部分。

(1)协议书。协议书是一个总的协议，是纲领性文件，主要内容是当事人双方确认的委托监理工程的概况(工程名称、地点、规模及总投资)；合同签订、生效时间；双方愿意履行约定的各项义务的承诺；合同文件的组成。

(2)通用条件。通用条件内容涵盖了合同中所用词语定义、适用范围和法规，签约双方的责任、权利和义务，合同生效、变更终止，监理报酬，争议解决以及其他一些情况。

(3)专用条件。由于通用条件适用于所有的建设工程监理委托，因此其中的某些条款规定比较笼统，需要在签订具体工程项目的委托监理合同时，就地域特点、专业特点和委托监理项目的特点，对通用条件中的某些条款进行补充、修改。

2. 建设工程监理合同的解释顺序

除专用条件另有约定外，本合同文件的解释顺序如下：

(1)协议书。

(2)中标通知书(适用于招标工程)或委托书(适用于非招标工程)。

(3)专用条件及附录 A、附录 B。

(4)通用条件。

(5)投标文件(适用于招标工程)或监理与相关服务建议书(适用于非招标工程)。

双方签订的补充协议与其他文件发生矛盾或歧义时，属于同一类内容的文件，应以最新签署的为准。

3. 建设工程委托监理合同示范文本的词语定义、适用范围和法规

(1)合同当事人。“委托人”是指承担直接投资责任的和委托监理业务的一方以及其合法继承人。

(2)合同的标的。监理合同的标的，是监理人为委托人提供的监理服务。

1)“工程监理的正常工作”是指双方在专用条件中约定，委托人委托的监理工作范围和内容，大体上可以包括：①工程技术咨询服务，如进行可行性研究，各种方案的成本效益分析等；②协助委托人选择承包人，组织设计、施工、设备采购招标等；③进行设计监理，如审查工程设计概算、预算，验收设计文件等；④进行施工监理，包括质量控制、投资控制、进度控制等。

2)“工程监理的附加工作”是指委托人委托监理范围以外，通过双方书面协议另外增加的工作或由于委托人或承包人的原因，使监理工作受到阻碍或延误，因增加工作量或持续时间而增加的工作。

3)“工程监理的额外工作”是指正常工作和附加工作以外或非监理人自己的原因而暂停或终止监理业务，其善后工作及恢复监理业务的工作。

(3)其他词语解释。“承包人”是指监理人之外，委托人就工程建设有关事宜签订的合同当事人。

(4)适用范围及法规。建设工程委托监理合同适用的法律是指国家的法律、行政法规以及专用条款中议定的部门规章或工程所在地的地方法规、地方规章。

4. 合同有效期

(1)合同生效时间。除法律另有规定或者专用条件另有约定外，委托人和监理人的法定代表人或其授权代理人在协议书上签字并盖单位章后本合同生效。

(2)合同终止的条件。以下条件全部满足时，本合同即告终止：

1)监理人完成本合同约定的全部工作。

2)委托人与监理人结清并支付全部酬金。

9.2.3 建设工程委托监理合同的订立

1. 订立监理合同的步骤

(1)合同签订前双方的相互考察。签订监理合同是一种法律行为，合同一经签订，意味着委托关系的形成，双方的行为将受到合同的约束，因此，必须慎重。

1)业主对监理单位的资格考察。业主对监理单位的资格考察内容主要是考察监理单位是否有经建设主管部门审查并签发的具有承担监理合同规定的建设工程资格的资质等级证书；是否是经工商行政管理机关审查注册、取得营业执照、具有独立法人资格的正式企业；是否具有对拟委托的建设工程监理的实际能力，包括监理人员的素质、主要检测设备情况；财务情况(包括资金情况和近几年的经营效益)是否满足要求；社会信誉及已承接的监理任务的完成情况；承担类似业务的监理业绩、经历及合同的履行情况是否满足要求等。

2)监理单位对业主的考察。监理单位在决定是否参加某项业务的竞争并与之签订合同之前，要对业主进行了解考察。

3)监理单位对工程合同的可行性考察。作为监理单位还应从自身情况出发，考虑竞争项目的可能性。

(2)合同的谈判与签订。通常应由业主提出监理合同的各项条款，招标工程应将合同的主要条款包括在招标文件内，作为要约邀请。

1)合同的谈判。无论是直接委托还是招标投标，业主和监理方都要对监理合同的主要条款和应负责任具体谈判，如业主对工程的工期、质量的具体要求必须具体提出。

2)合同的签订。经过谈判，双方就监理合同的各项条款达成一致，即可正式签订合同文件，签订的合同文件参照《建设工程委托监理合同(示范文本)》。

2. 双方的权利

(1)委托人的权利。

1)委托人有选定工程总承包人以及与其订立合同的权利。

2)委托人有对工程规模、设计标准、规划设计、生产工艺设计和设计使用功能要求的认定权，以及对工程设计变更的审批权。

3)监理人调换总监理工程师必须事先经委托人同意。

4)委托人有权要求监理人提交监理工作月报及监理业务范围内的专项报告。

5)当委托人发现监理人员不按监理合同履行监理职责，或与承包人串通给委托人或工程造成损失的，委托人有权要求监理人更换监理人员，直到终止合同并要求监理人承担相应的赔偿责任或连带赔偿责任。

(2)监理人的权利。

1)委托监理合同中赋予监理人的权利。

①完成监理任务后获得酬金的权利。监理人不仅可获得完成合同内规定的正常监理任务酬金，如果合同履行过程中因主、客观条件的变化，完成附加工作和额外工作后，也有权按照专用条件中约定的计算方法，得到额外工作的酬金。

②终止合同的权利。如果由于委托人违约，严重拖欠监理人的酬金，或由于非监理人责任而使监理暂停的期限超过半年以上，监理人可按照终止合同规定程序，单方面提出终止合同，以保护自己的合法权益。

2)监理人执行监理业务可行使的权利。

①选择工程总承包人的建议权。

②选择工程分包人的认可权。

③对工程设计中的技术问题，按照安全和优化的原则，向设计人提出建议。如果拟提出的建议可能会提高工程造价或延长工期，应当事先征得委托人的同意。当发现工程设计不符合国家颁布的建设工程质量标准或设计合同约定的质量标准时，监理人应当书面报告委托人并要求设计人更正。

④审批工程施工组织设计和设计方案，按照保质量、保工期和降低成本的原则，向承包人提出建议，并向委托人提出书面报告。

⑤主持工程建设有关协作单位的组织协调。重要协调事项应当事先向委托人报告。

⑥征得委托人同意，监理人发布开工令、停工令、复工令。如在紧急情况下未能事先报告时，则应在 24 h 内向委托人做出书面报告。

⑦工程上使用的材料和施工质量的检验权。对于不符合设计要求和合同约定及国家质量标准的材料、构配件、设备，有权通知承包人停止使用；对不符合规范和质量标准的工

序、分部、分项工程和不安全施工作业，有权通知承包人停工整改、返工，承包人得到监理机构复工令后才能复工。

⑧工程施工进度的检查、监督权以及工程实际竣工日期提前或超过工程施工合同规定的竣工期限的签认权。

⑨在工程施工合同约定的工程造价范围内，工程款支付的审核和签认权，以及工程结算的复核确认权与否决权。未经总监理工程师签字确认，委托人不得支付工程款。

⑩监理人在委托人授权下，可对任何承包人合同规定的义务提出变更，如果由此严重影响了工程费用、质量或进度，则这种变更须经委托人事先批准。在紧急情况下未能事先报委托人批准时，监理人所做的变更也应尽快通知委托人。在监理过程中如发现工程承包人员工作不力，监理机构可要求承包人调换有关人员。

(3)在委托的工程范围内，委托人或承包人对对方的任何意见和要求(包括索赔要求)，均必须首先向监理机构提出，由监理机构研究处置意见，再同双方协商确定。

3. 双方的义务

(1)委托人的义务。

1)委托人在监理人开展监理业务之前应向监理人支付预付款。

2)委托人应当负责工程建设的所有外部关系的协调，为监理工作提供外部条件。

3)委托人应当在双方约定的时间内免费向监理人提供与工程有关的、为监理工作所需要的工程资料。

4)委托人应当在专用条款约定的时间内就监理人书面提交并要求做出决定的一切事宜做出书面决定。

5)委托人应当授权一名熟悉工程情况、能在规定时间内做出决定的常驻代表(在专用条款中约定)，负责与监理人联系，更换常驻代表要提前通知监理人。

6)委托人应当将授予监理人的监理权利，以及监理人主要成员的职能分工、监理权限，及时书面通知已选定的承包合同的承包人，并在与第三人签订的合同中予以明确。

7)委托人应在不影响监理人开展监理工作的时间内提供如下资料：与本工程合作的原材料、构配件、设备等生产厂家名录；提供与本工程有关的协作单位、配合单位的名录。

8)委托人应免费向监理人提供办公用房、通信设施、监理人员工地住房及合同专用条款约定的设施，对监理人自备的设施给予合理的经济补偿(补偿金额＝设施在工程使用时间占折旧年限的比例×设施原值＋管理费)。

9)根据情况需要，如果双方约定，由委托人免费向监理人提供其他人员，应在监理合同专用条款中予以明确。

(2)监理人的义务。《建设工程监理合同(示范文本)》规定，除专用条件另有约定外，监理工作应包括以下内容：

1)收到工程设计文件后编制监理规划，并在第一次工地会议 7 d 前报委托人。根据有关规定和监理工作需要，编制监理实施细则。

2)熟悉工程设计文件，并参加由委托人主持的图纸会审和设计交底会议。

3)参加由委托人主持的第一次工地会议；主持监理例会并根据工程需要主持或参加专题会议。

4)审查施工承包人提交的施工组织设计，重点审查其中的质量安全技术措施、专项施工方案与工程建设强制性标准的符合性。

5)检查施工承包人工程质量、安全生产管理制度及组织机构和人员资格。

6)检查施工承包人专职安全生产管理人员的配备情况。

7)审查施工承包人提交的施工进度计划，核查承包人对施工进度计划的调整。

8)检查施工承包人的试验室。

9)审核施工分包人资质条件。

10)查验施工承包人的施工测量放线成果。

11)审查工程开工条件，对条件具备的签发开工令。

12)审查施工承包人报送的工程材料、构配件、设备质量证明文件的有效性和符合性，并按规定对用于工程的材料采取平行检验或见证取样方式进行抽检。

13)审核施工承包人提交的工程款支付申请，签发或出具工程款支付证书，并报委托人审核、批准。

14)在巡视、旁站和检验过程中，发现工程质量、施工安全存在事故隐患的，要求施工承包人整改并报委托人。

15)经委托人同意，签发工程暂停令和复工令。

16)审查施工承包人提交的采用新材料、新工艺、新技术、新设备的论证材料及相关验收标准。

17)验收隐蔽工程、分部分项工程。

18)审查施工承包人提交的工程变更申请，协调处理施工进度调整、费用索赔、合同争议等事项。

19)审查施工承包人提交的竣工验收申请，编写工程质量评估报告。

20)参加工程竣工验收，签署竣工验收意见。

21)审查施工承包人提交的竣工结算申请并报委托人。

22)编制、整理工程监理归档文件并报委托人。

4. 双方的责任

(1)委托人的责任。

1)委托人应当履行委托监理合同约定的义务，如有违反，则应当承担违约责任，赔偿给监理人所造成的经济损失。

2)监理人处理委托业务时，因非监理人原因的事由受到损失的，可以向委托人要求补偿损失。

3)委托人如果向监理人提出赔偿的要求不能成立，则应当补偿由该索赔所引起的监理人的各种费用支出。

(2)监理人的责任。

1)监理人的责任期即委托监理合同有效期。

2)监理人在责任期内，应当履行约定的义务。

3)监理人对承包人违反合同规定的质量要求和完工(交图、交货)时限，不承担责任。

4)监理人向委托人提出赔偿要求不能成立时，监理人应当补偿由于该索赔所导致委托人的各种费用支出。

5. 合同的生效、变更与终止

(1)由于委托人或承包人的原因使监理工作受到阻碍或延误，以致发生了附加工作或延长了持续时间，则监理人应当将此情况与可能产生的影响及时通知委托人，完成监理业务的时间相应延长，并得到附加工作的报酬。

(2)在委托监理合同签订后，实际情况发生变化，使得监理人不能全部或部分执行监理业务时，监理人应当立即通知委托人，该监理业务的完成时间应予以延长。

(3)监理人向委托人办理完竣工验收或移交手续，承包人和委托人已签订工程保修责任书，监理人收到监理报酬尾款，本合同即终止。

(4)当事人一方要求变更或解除合同时，应当在42 d前通知对方，因解除合同使一方遭受损失的，除依法可以免除责任的之外，应由责任方负责赔偿。

(5)监理人在应当获得监理报酬之日起30 d内仍未收到支付单据，而委托人又未对监理人提出任何书面解释时，或暂停执行监理业务时限超过6个月的，监理人可以向委托人发出终止合同的通知，发出通知后14 d内仍未得到委托人答复，可进一步发出终止合同的通知，如果第二份通知发出后42 d内仍未得到委托人的答复，可终止合同或自行暂停执行全部或部分监理业务，委托人应承担违约责任。

(6)监理人由于非自己的原因而暂停或终止执行监理业务，其善后工作以及恢复执行监理业务的工作，应当视为额外工作，有权得到额外的报酬。

(7)当委托人认为监理人无正当理由而又未履行监理义务时，可向监理人发出指明其未履行监理义务的通知。

(8)合同协议的终止并不影响各方应有的权利和应当承担的责任。

6. 争议的解决及其他

(1)争议的解决。因违反或终止合同而引起的对损失或损害的任何赔偿，应首先通过双方协商友好解决，如协商未能达成一致，可提交主管部门协调，仍不能达成一致时，根据约定提交仲裁机构仲裁或向法院起诉。

(2)其他。委托的建设工程监理所必要的监理人员外出考察，材料、设备复试，其费用支出经委托人同意的，在预算范围内向委托人实报实销。

(3)附加监理工作的酬金。监理的附加工作可分为增加监理工作时间和增加监理工作内容两种。

1)增加监理工作时间的补偿酬金。

2)增加监理工作内容的补偿酬金。

附加工程酬金＝本合同期限延长时间(d)×正常工作酬金÷协议书约定的监理与相关服务期限(d)

(4)额外监理工作的酬金。额外监理工作的酬金按实际增加工作的天数计算补偿金额，可参照上式计算。

(5)奖金。监理人在监理过程中提出的合理化建议使委托人得到了经济效益，有权按专用条款的约定获得经济奖励。

(6)支付。在监理合同实施中，监理酬金支付方式可根据工程的具体情况双方协商确定。

9.2.4 建设工程委托监理合同的履行

1. 业主的履行

(1)严格按照监理合同的规定履行应尽义务。监理合同内规定的应由业主方负责的工作，是使合同最终实现的基础，如外部关系的协调，为监理工作提供外部条件，为监理单位提供获取本工程使用的原材料、构配件、机械设备等生产厂家名录等，都是为监理方做好工作的先决条件。

(2)按照监理合同的规定行使权利。监理合同中规定的业主的权利，主要包括三个方面：其一，对设计、施工单位的发包权；其二，对工程规模、设计标准的认定权及设计变更的审批权；其三，对监理方的监督管理权。

(3)业主的档案管理。在全部工程项目竣工后，业主应将全部合同文件，包括完整的工程竣工资料加以系统整理，按照国家《档案法》及有关规定，建档保管。

2. 监理单位的履行

(1)确定项目总监理工程师，成立项目监理组织。

(2)进一步熟悉情况，收集有关资料，为开展建设监理工作做准备。

1)收集反映工程项目特征的有关资料。如工程项目的批文；规划部门关于规划红线范围和设计条件的通知；土地管理部门关于准予用地的批文；批准的工程项目可行性研究报告或设计任务书；工程项目地形图；工程项目勘测、设计图样及有关说明等。

2)收集反映当地工程建设报建程序的有关规定。如关于工程建设报建程序的有关规定；当地关于拆迁工作的有关规定；当地关于工程项目建设应交纳有关税费的规定；当地关于工程项目建设管理机构资质管理的有关规定；当地关于工程项目建设实行建设监理的有关规定；当地关于工程建设招标投标的有关规定；当地关于工程造价管理的有关规定等。

3)收集反映工程所在地区技术经济状况及建设条件的资料。例如：气象资料；工程地质及水文地质资料；交通运输(包括铁路、公路、航运)有关的可提供的能力、时间及价格等的资料；供水、供电、供燃气、电信有关的可提供的容(用)量、价格等的资料；勘测设计、土建施工、设备安装单位状况；建筑材料及构件、半成品的生产、供应情况等。

4)收集类似工程项目建设的有关资料。例如，类似工程项目投资方面的有关资料；类似工程项目建设工期方面的有关资料；类似工程项目其他技术经济指标等。

(3)制订工程项目监理规划。

(4)制订各专业监理工作计划或实施细则。

(5)根据制订的监理工作计划和运行制度，规范化地开展监理工作。

1)监理工作的规范化要求工作应有顺序性，即监理和各项工作都是按一定逻辑顺序先后开展的，从而使监理工作能有效地达到目标而不致造成工作状态的无序和混乱。

2)监理工作的规范化要求建设监理工作职责要严密地分工。监理工作是由不同专业、不同层次的专家群体共同来完成的。他们之间紧密的职责分工，是协调监理工作的前提和实现监理目标的重要保证。

3)监理工作的规范化要求监理工作应有明确的工作目标。

(6)监理工作总结归档。

1)向业主提交监理工作总结。

2)向监理单位提交的监理总结。

3)监理工作中存在的问题及改进的建议，以指导今后的监理工作，并向政府有关部门提出政策建议，不断提高我国工程建设监理水平。

9.3 建设工程分包合同

9.3.1 工程分包的概念

工程分包是相对总承包而言的。所谓工程分包，是指施工总承包企业将所承包建设工程中的专业工程或劳务作业发包给其他建筑业企业完成的活动。分包分为专业工程分包和劳务作业分包。

1. 分包资质管理

(1)专业承包资质。专业承包序列企业资质设 2～3 个等级，36 个资质类别，其中常用类别有：地基与基础、建筑装饰装修、建筑幕墙、钢结构、机电设备安装、电梯安装、消防设施、建筑防水、防腐保温、园林古建筑、爆破与拆除、电信工程、管道工程等。

(2)劳务分包资质。劳务分包序列企业资质不分等级和类别。

2. 关于分包的法律禁止性规定

(1)违法分包。根据《建设工程质量管理条例》的规定，违法分包包括下列行为：总承包单位将建设工程分包给不具备相应资质条件的单位，这里包括不具备资质条件和超越自身资质等级承揽业务两类情况；建设工程总承包合同中未有约定，又未经发包人认可，承包单位将其承包的部分建设工程交由其他单位完成的；施工总承包单位将建设工程主体结构的施工分包给其他单位的；分包单位将其承包的建设工程再分包的。

(2)转包。转包是指承包单位承包建设工程后，不履行合同约定的责任和义务，将其承包的全部建设工程转给他人或者将其承包的全部工程肢解后以分包的名义分别转给他人承包的行为。

(3)挂靠。挂靠是与违法分包和转包密切相关的另一种违法行为。

9.3.2 分包合同的概念

1. 分包合同的概念

建筑工程分包是指建筑施工企业之间的专业工程施工或劳务作业的承发包关系。分包活动中，作为发包一方的建筑施工企业是分发包人，作为承包一方的建筑施工企业是分承包人。

2. 总、分包的连带责任

《建筑法》第二十九条第二款规定：“建筑工程总承包单位按照总承包合同的约定对建设单位负责；分包单位按照分包合同的约定对总承包单位负责。总承包单位和分包单位就分包工程对建设单位承担连带责任。”

3. 分包合同的管理关系

(1)发包人对分包合同的管理。发包人不是分包合同的当事人，对分包合同权利和义务如何约定也不参与意见，与分包人没有任何合同关系。

(2)工程师对分包合同的管理。工程师仅对承包人建立监理与被监理的关系，对分包人在现场的施工不承担协调管理义务。

(3)承包人对分包合同的管理。承包人作为两个合同的当事人，不仅对发包人承担整个合同按预期目标实现的义务，而且对分包工作的实施负有全面管理责任。

9.3.3 建设工程施工专业分包合同示范文本

1. 文本的主要框架

(1)《协议书》。《协议书》的内容包括分包工程概况、分包合同价款，工期、工程质量标准、组成合同的文件、双方的承诺及合同的生效等。

1)合同协议书。

2)中标通知书(如有)。

3)分包人的投标函及报价书。

4)除总包合同工程价款之外的总包合同文件。

5)合同专用条款。

6)合同通用条款。

7)合同工程建设标准、图样。

8)合同履行过程中，承包人和分包人协商一致的其他书面文件。

(2)《通用条款》。《通用条款》共由 10 个部分 38 项条款组成。

1)术语定义及合同文件，包括词语定义，合同文件及解释顺序，语言文字和适用法律、行政法规及工程建设标准，图样。

2)双方一般权利和义务。包括承包人的工作和分包人的工作。

3)工期。

4)质量与安全。包括质量检查与验收和安全施工。

5)合同价款与支付。包括合同价款及调整、工程量的确认和合同价款的支付。

6)工程变更。

7)竣工验收与结算。

8)违约、索赔及争议。

9)保障、保险及担保。

10)其他。包括材料设备供应、文件、不可抗力、分包合同解除、合同生效与终止、合同份数和补充条款等规定。

(3)《专用条款》。《专用条款》与《通用条款》是相对应的，《专用条款》具体内容是承包人与分包人协商将工程的具体要求填写在合同文本中，建设工程专业分包合同《专用条款》的解释优于《通用条款》。

2. 双方一般的权利和义务

(1)承包人的工作。

1)向分包人提供根据总包合同由发包人办理的与分包工程相关的各种证件、批件、各种相关资料，向分包人提供具备施工条件的施工场地。

2)合同专用条款约定的时间，组织分包人参加发包人组织的图样会审，向分包人进行设计图样交底。

3)提供合同专用条款中约定的设备和设施，并承担因此发生的费用。

4)随时为分包人提供确保分包工程的施工所要求的施工场地和通道等，满足施工运输的需要，保证施工期间的畅通。

5)负责整个施工场地的管理工作，协调分包人与同一施工场地的其他分包人之间的交叉配合，确保分包人按照经批准的施工组织设计进行施工。

6)承包人应做的其他工作，双方在合同专用条款内约定。

(2)分包人的工作。

1)分包人应按照分包合同的约定，对分包工程进行设计(分包合同有约定时)、施工、竣工和保修。分包人在审阅分包合同和(或)总包合同时，或在分包合同的施工中，如发现分包工程的设计或工程建设标准、技术要求存在错误、遗漏、失误或其他缺陷，应立即通知承包人。

2)按照合同专用条款约定的时间，完成规定的设计内容，报承包人确认后在分包工程中使用。承包人承担由此发生的费用。

3)在合同专用条款约定的时间内，向承包人提供年、季、月度工程进度计划及相应进度统计报表。分包人不能按承包人批准的进度计划施工时，应根据承包人的要求提交一份修订的进度计划，以保证分包工程如期竣工。

4)分包人应在专用条款约定的时间内，向承包人提交一份详细施工组织设计，承包人应在专用条款约定的时间内批准，分包人方可执行。

5)遵守政府有关主管部门对施工场地交通、施工噪声及环境保护和安全文明生产等的管理规定，按规定办理有关手续，并以书面形式通知承包人，承包人承担由此发生的费用，因分包人责任造成的罚款除外。

6)分包人应允许承包人、发包人、工程师及其三方中任何一方授权的人员在工作时间内，合理进入分包工程施工场地或材料存放的地点，以及施工场地以外与分包合同有关的分包人的任何工作或准备的地点，分包人应提供方便。

7)已竣工工程未交付承包人之前，分包人应负责已完成分包工程的成品保护工作，保护期间发生损坏，分包人自费予以修复；承包人要求分包人采取特殊措施保护的工程部位和相应的追加合同价款，双方在合同专用条款内约定。

8)分包人应做的其他工作，双方在合同专用条款内约定。

3. 工期

(1)开工与延期开工。

1)分包人应当按照合同协议书约定的开工日期开工。分包人不能按时开工，应当不迟于合同协议书约定的开工日期前 5 d，以书面形式向承包人提出延期开工的理由。承包人应当在接到延期开工申请后的 48 h 内以书面形式答复分包人。承包人在接到延期开工申请后 48 h 内不答复，视为同意分包人要求，工期相应顺延。承包人不同意延期要求或分包人未在规定时间内提出延期开工要求，工期不予顺延。

2)因承包人原因不能按照合同协议书约定的开工日期开工，项目经理应以书面形式通知分包人，推迟开工日期。承包人赔偿分包人因延期开工造成的损失，并相应顺延工期。

(2)工期延误。因下列原因之一造成分包工程工期延误，经项目经理确认，工期相应顺延：

1)承包人根据总包合同从工程师处获得与分包合同相关的竣工时间延长。

2)承包人未按合同专用条款的约定提供图样、开工条件、设备设施、施工场地。

3)承包人未按约定日期支付工程预付款、进度款，致使分包工程施工不能正常进行。

4)项目经理未按分包合同约定提供所需的指令、批准或所发出的指令错误，致使分包工程施工不能正常进行。

5)非分包人原因的分包工程范围内的工程变更及工程量增加。

6)不可抗力的原因。

7)合同专用条款中约定的或项目经理同意工期顺延的其他情况。

分包人应在上述情况发生后 14 d 内，就延误的工期以书面形式向承包人提出报告。

(3)暂停施工。发包人或工程师认为确有必要暂停施工时，应以书面形式通过承包人向分包人发出暂停施工指令，并在提出要求后 48 h 内提出书面处理意见。

(4)工程竣工。分包人应按照合同协议书约定的竣工日期或承包人同意顺延的工期竣工。

(5)质量与安全。

1)分包工程质量应达到合同协议书和合同专用条款约定的工程质量标准，质量评定标准按照总包合同相应条款履行。因分包人原因工程质量达不到约定的质量标准，分包人应承担违约责任，违约金计算方法或额度在合同专用条款内约定。

2)双方对工程质量的争议，按照总包合同相应的条款履行。

3)分包工程的检查、验收及工程试车等，按照总包合同相应的条款履行。分包人应就分包工程向承包人承担总包合同约定的承包人应承担的义务，但并不免除承包人根据总包合同应承担的总包质量管理的责任。

4)分包人应允许并配合承包人或工程师进入分包人施工场地检查工程质量。

5)分包人应遵守工程建设安全生产有关管理规定，严格按照安全标准组织施工，承担由于自身安全措施不力造成事故的责任和因此发生的费用。

6)在施工场地涉及危险地区或需要安全防护措施施工时，分包人应提出安全防护措施，经承包人批准后实施，发生的相应费用由承包人承担。

7)发生安全事故，按照总包合同相应条款处理。

4. 合同的价款与支付

(1)合同价款及调整。

1)招标工程的合同价款由承包人与分包人依据中标通知书中的中标价格在合同协议书内约定；非招标工程的合同价款由承包人与分包人依据工程报价书在合同协议书内约定。

2)分包工程合同价款在合同协议书内约定后，任何一方不得擅自改变。合同价款的方式应与总包合同约定的方式一致。

3)可调价格计价方式中合同价款的调整因素与施工合同规定一致。

4)分包人应当在上述情况发生后 10 d 内，将调整原因、金额以书面形式通知承包人，承包人确认调整金额后作为追加合同价款，与工程价款同期支付。承包人收到通知后 10 d 内不予确认也不提出修改意见，视为已经同意该项调整。

5)分包合同价款与总包合同相应部分价款无任何连带关系。

(2)工程量的确认。

1)分包人应按合同专用条款约定的时间向承包人提交已完工程量报告，承包人在接到报告后 7 d 内自行按设计图样计量或报经工程师计量。承包人在自行计量或由工程师计量前 24 h 应通知分包人，分包人为计量提供便利条件并派人参加。分包人收到通知后不参加计量，计量结果有效，作为工程价款支付的依据；承包人不按约定时间通知分包人，致使分包人未能参加计量，计量结果无效。

2)承包人在收到分包人报告后 7 d 内未进行计量或因工程师的原因未计量的，从第 8 d 起，分包人报告中开列的工程量即视为被确认，作为工程价款支付的依据。

3)分包人未按合同专用条款约定的时间向承包人提交已完工程量报告，或其所提交的报告不符合承包人要求且未做整改的，承包人不予计量。

4)对分包人自行超出设计图样范围和因分包人原因造成返工的工程量，承包人不予计量。

(3)合同价款的支付。

1)实行工程预付款的，双方应在合同专用条款内约定承包人向分包人预付工程款的时间和数额，开工后按约定的时间和比例逐次扣回。

2)在确认计量结果后 10 d 内，承包人应按专用条款约定的时间和方式，向分包人支付工程款(进度款)。承包人按约定时间应扣回的预付款，与工程款(进度款)同期结算。

3)分包合同约定的工程变更调整的合同价款、合同价款的调整、索赔的价款或费用以及其他约定的追加合同价款，应与工程进度款同期调整支付。

4)承包人超过约定的支付时间不支付工程款(预付款、进度款)，分包人可向承包人发出要求付款的通知。

5)承包人不按分包合同约定支付工程款(预付款、进度款)，导致施工无法进行，分包人可停止施工，由承包人承担违约责任。

5. 工程变更

(1)分包人应根据以下指令，以更改、增补或省略的方式对分包工程进行变更。

1)工程师根据总包合同做出的变更指令。该变更指令由工程师做出并经承包人确认后通知分包人。

2)除上述 1)项以外的承包人做出的变更指令。

(2)分包人不执行从发包人或工程师处直接收到的未经承包人确认的有关分包工程变更的指令。

(3)分包工程变更价款的确定应按照总包合同的相应条款履行。

(4)分包人在双方确定变更后 11 d 内不向承包人提出变更分包工程价款的报告，视为该项变更不涉及合同价款的变更。

(5)承包人应在收到变更分包工程价款报告之日起 17 d 内予以确认，无正当理由逾期未予确认时，视为该报告已被确认。

6. 竣工验收及结算

(1)竣工验收。

1)分包工程具备竣工验收条件的，分包人应向承包人提供完整的竣工资料及竣工验收报告。双方约定由分包人提供竣工图的，应在专用条款内约定提交日期和份数。

2)承包人应在收到分包人提供的竣工验收报告之日起 3 d 内通知发包人进行验收，分包人应配合承包人进行验收。根据总包合同无需由发包人验收的部分，承包人应按照总包合同约定的验收程序自行验收。发包人未能按照总包合同及时组织验收的，承包人应按照总包合同规定的发包人验收的期限及程序自行组织验收，并视为分包工程竣工验收通过。

3)分包工程竣工验收未能通过且属于分包人原因的，分包人负责修复相应缺陷并承担相应的质量责任。

4)分包工程竣工日期为分包人提供竣工验收报告之日。需要修复的，为提供修复后竣工报告之日。

(2)竣工结算及移交。

1)分包工程竣工验收报告经承包人认可后 14 d 内，分包人向承包人递交分包工程竣工结算报告及完整的结算资料，双方按照合同协议书约定的合同价款及合同专用条款约定的合同价款调整内容，进行工程竣工结算。

2)承包人应在收到分包人递交的分包工程竣工结算报告及结算资料后 28 d 内进行核实，并给予确认或者提出明确的修改意见。承包人确认竣工结算报告后 7 d 内向分包人支付分包工程竣工结算价款。分包人收到竣工结算价款之日起 7 d 内，将竣工工程交付承包人。

3)承包人收到分包工程竣工结算报告及结算资料后 28 d 内无正当理由不支付工程竣工结算价款，从第 29 d 起按分包人同期向银行贷款利率支付拖欠工程价款的利息，并承担违约责任。

(3)质量保修。在包括分包工程的总包工程竣工交付使用后，分包人应按国家有关规定对分包工程出现的缺陷进行保修，具体保修责任按照分包人与承包人在工程竣工验收之前签订的质量保修书执行。

7. 违约、索赔及争议

(1)违约。当发生下列情况之一时，视为承包人违约：

1)承包人不按分包合同的约定支付工程预付款、工程进度款，导致施工无法进行。

2)承包人不按分包合同的约定支付工程竣工结算价款。

3)承包人不履行分包合同义务或不按分包合同约定履行义务的其他情况。

当发生下列情况之一时，视为分包人违约：

1)分包人与发包人或工程师发生直接工作联系。

2)分包人将其承包的分包工程转包或再分包。

3)因分包人原因不能按照合同协议书约定的竣工日期或承包人同意顺延的工期竣工。

4)因分包人原因工程质量达不到约定的质量标准。

5)其他情况。

分包人对违反合同可能产生的后果承担主要责任。

(2)索赔。

1)当一方向另一方提出索赔时，要有正当的索赔理由，且有索赔事件发生时的有效证据。

2)承包人未能按分包合同的约定履行自己的各项义务或发生错误，以及应由承包人承担责任的其他情况，造成工期延误和(或)分包人不能及时得到合同价款或分包人的其他经济损失，分包人可按总包合同约定的程序以书面形式向承包人索赔。

3)在分包工程施工过程中，如分包人遇到不利外部条件等根据总包合同可以索赔的情况，分包人可按照总包合同约定的索赔程序通过承包人提出索赔要求。在承包人收到分包人索赔报告后 21 d 内给予分包人明确的答复，或要求进一步补充索赔理由和证据。索赔成功后，承包人应将相应部分转交分包人。

4)承包人根据总包合同的约定向工程师递交任何索赔意向通知或其他资料，要求分包人协助时，分包人应就分包工程方面的情况，以书面形式向承包人发出相关通知或其他资料以及保持并出示同期施工记录，以便承包人能遵守总包合同有关索赔的约定。

(3)争议。争议的方式与施工合同规定一致，发生争议后，除非出现下列情况，否则双方应继续履行合同，保持分包工程施工连续，保护好已完工程。

1)单方违约导致合同确已无法履行，双方协议停止施工。

2)调解要求停止施工，且为双方接受。

3)仲裁机构要求停止施工。

4)法院要求停止施工。

8. 保障、保险及担保

(1)除应由承包人承担的风险外，分包人应保障承包人免于承受在分包工程施工过程中及修补缺陷引起的下列损失、索赔及与此有关的索赔、诉讼、损害赔偿。

1)人员的伤亡。

2)分包工程以外的任何财产的损失或损害。

(2)承包人应保障分包人免于承担与下列事宜有关的索赔、诉讼、损害赔偿费、诉讼费、指控费和其他开支。

1)按分包合同约定，实施和完成分包合同及保修过程当中所导致的无法避免的对财产的损害。

2)由于发包人、承包人或其他分包商的行为或疏忽造成的人员伤亡或财产损失或损害，或与此相关的索赔、诉讼等。

(3)保险。

1)承包人应为运至施工场地内用于分包工程的材料和待安装设备办理保险。发包人已经办理的保险视为承包人办理的保险。

2)分包人必须为从事危险作业的职工办理意外伤害保险，并为施工场地内自有人员生命财产和施工机械设备办理保险，支付保险费用。

3)保险事故发生时，承包人、分包人均有责任尽力采取必要的措施，防止或者减少损失。

4)具体投保内容和相关责任，承包人、分包人在合同专用条款内约定。

(4)担保。

1)如分包合同要求承包人向分包人提供支付担保时，承包人应与分包人协商担保方式和担保额度，在合同专用条款内约定。

2)如分包合同要求分包人向承包人提供履约担保时，分包人应与承包人协商担保方式和担保额度，在合同专用条款内约定。

3)分包人提供的履约担保，不应超过总包合同中承包人向发包人提供的履约担保的额度。

9. 分包合同的解除

(1)解除合同的主要形式。

1)承包人和分包人协商一致，可以解除分包合同。

2)承包人不按分包合同约定支付工程款(预付款、进度款)，导致施工无法进行，分包人可停止施工。停止施工超过 28 d，承包人仍不支付工程款(预付款、进度款)，分包人有权解除合同。

3)分包人再分包或转包其承包的工程，承包人有权解除合同。

4)因不可抗力导致合同无法履行，承包人、分包人可以解除合同。

5)因一方违约(包括因发包人原因造成工程停建或缓建)导致合同无法履行，另一方可以解除合同。

(2)总包合同解除。如在分包人没有全面履行分包合同义务之前，总包合同解除，则承包人应及时通知分包人解除分包合同，分包人接到通知后应尽快撤离现场。

(3)分包合同解除程序及善后处理均按总包合同相应条款履行。分包合同解除后，不影响双方在合同中约定的结算条款的效力。

9.3.4 建设工程施工劳务分包合同示范文本

1. 文本的主要框架

参考“9.3.3 建设工程施工专业分包合同示范文本”的主要框架。

2. 双方的义务

(1)工程承包人的义务。

1)组建与工程相适应的项目管理团队，全面履行总(分)包合同，组织实施施工管理的各项工作，对工程的工期和质量向发包人负责。

2)除非合同另有约定，工程承包人完成劳务分包人施工前期的下列工作并承担相应费用：向劳务分包人交付具备合同项下劳务作业开工条件的施工场地；完成水、电、热、电信等施工管线和施工道路，并满足完成合同劳务作业所需的能源供应、通信及施工道路畅通的时间和质量要求；向劳务分包人提供相应的工程地质和地下管网线路资料；办理下列工作手续：各种证件、批件、规费，但涉及劳务分包人自身的手续除外；向劳务分包人提供相应的水准点与坐标控制点位置；向劳务分包人提供生产、生活临时设施。

3)负责编制施工组织设计，统一制定各项管理目标，组织编制年、季、月施工计划、物资需用量计划表，实施对工程质量、工期、安全生产、文明施工、计量分析、实验化验的控制、监督、检查和验收。

4)负责工程测量定位、沉降观测、技术交底，组织图样会审，统一安排技术档案资料的收集整理及交工验收。

5)统筹安排、协调解决非劳务分包人独立使用的生产、生活临时设施、工作用水、用电及施工场地。

6)按时提供图样，及时交付应供材料、设备，所提供的施工机械设备、周转材料、安全设施保证施工需要。

7)按合同约定，向劳务分包人支付劳动报酬。

8)负责与发包人、监理、设计及有关部门联系，协调现场工作关系。

(2)劳务分包人的义务。

1)对合同劳务分包范围内的工程质量向工程承包人负责，组织具有相应资格证书的熟练工人投入工作；未经工程承包人授权或允许，不得擅自与发包人及有关部门建立工作联系；自觉遵守法律法规及有关规章制度。

2)劳务分包人根据施工组织设计总进度计划的要求按约定的日期(一般为每月底前若干天)提交下月施工计划，有阶段工期要求的提交阶段施工计划，必要时按工程承包人要求提交旬、周施工计划，以及与完成上述阶段、时段施工计划相应的劳动力安排计划，经工程承包人批准后严格实施。

3)严格按照设计图样、施工验收规范、有关技术要求及施工组织设计精心组织施工，确保工程质量达到约定的标准；科学地安排作业计划，投入足够的人力、物力，保证工期；加强安全教育，认真执行安全技术规范，严格遵守安全制度，落实安全措施，确保施工安全；加强现场管理，严格执行建设主管部门及环保、消防、环卫等有关部门对施工现场的管理规定，做到文明施工；承担由于自身责任造成的质量修改、返工、工期拖延、安全事故、现场脏乱造成的损失及各种罚款。

4)自觉接受工程承包人及有关部门的管理、监督和检查；接受工程承包人随时检查其设备、材料保管、使用情况，及其操作人员的有效证件、持证上岗情况；与现场其他单位协调配合，照顾全局。

5)按工程承包人统一规划堆放材料、机具，按工程承包人标准化工地要求设置标牌，搞好生活区的管理，做好自身责任区的治安保卫工作。

6)按时提交报表完整的原始技术经济资料，配合工程承包人办理交工验收。

7)做好施工场地周围建筑物、构筑物和地下管线和已完工程部分的成品保护工作，因劳务分包人责任发生损坏，劳务分包人自行承担由此引起的一切经济损失及各种罚款。

8)妥善保管、合理使用工程承包人提供或租赁给劳务分包人使用的机具、周转材料及其他设施。

9)分包人必须服从工程承包人转发的发包人及工程师的指令。

10)除非合同另有约定，劳务分包人应对其作业内容的实施、完工负责，劳务分包人应承担并履行总(分)包合同约定的、与劳务作业有关的所有义务及工作程序。

3. 安全防护及保险

(1)安全防护。

1)劳务分包人在动力设备、输电线路、地下管道、密封防震车间、易燃易爆地段及临街交通要道附近施工时，施工开始前应向工程承包人提出安全防护措施，经工程承包人认可后实施，防护措施费用由工程承包人承担。

2)实施爆破作业，在放射、毒害性环境中工作(含储存、运输、使用)及使用毒害性、腐蚀性物品施工时，劳务分包人应在施工前10 d以书面形式通知工程承包人，并提出相应的安全防护措施，经工程承包人认可后实施，由工程承包人承担安全防护措施费用。

3)劳务分包人在施工现场内使用的安全保护用品(如安全帽、安全带及其他保护用品)，由劳务分包人提供使用计划，经工程承包人批准后，由工程承包人负责供应。

(2)保险。

1)劳务分包人施工开始前，工程承包人应获得发包人为施工场地内的自有人员及第三方人员生命财产办理的保险，且无须劳务分包人支付保险费用。

2)运至施工场地用于劳务施工的材料和待安装设备，由工程承包人办理或获得保险，且无需劳务分包人支付保险费用。

3)工程承包人必须为租赁或提供给劳务分包人使用的施工机械设备办理保险，并支付保险费用。

4)劳务分包人必须为从事危险作业的职工办理意外伤害保险，并为施工场地内自有人员生命财产和施工机械设备办理保险，支付保险费用。

5)保险事故发生时，劳务分包人和工程承包人有责任采取必要的措施，防止或减少损失。

4. 劳务报酬

(1)劳务报酬采用的方式。

1)固定劳务报酬(含管理费)。

2)约定不同工种劳务的计时单价(含管理费)，按确认的工时计算。

3)约定不同工作成果的计件单价(含管理费)，按确认的工程量计算。

(2)劳务报酬。除合同约定或法律政策变化，导致劳务价格变化的，均为一次包到底，不再调整。

(3)劳务报酬最终支付。

1)全部工作完成，经工程承包人认可后 14 d 内，劳务分包人向工程承包人递交完整的结算资料，双方按照合同约定的计价方式，进行劳务报酬的最终支付。

2)工程承包人应在收到劳务分包人递交的结算资料后，应在 14 d 内进行核实，给予确认或者提出修改意见。工程承包人确认结算资料后应在 14 d 内向劳务分包人支付劳务报酬尾款。

3)劳务分包人和工程承包人对劳务报酬结算价款发生争议时，按合同关于争议的约定处理。

5. 违约责任

(1)当发生下列情况之一时，工程承包人应承担违约责任：

1)工程承包人不按约定核实劳务分包人完成的工程量或不按约定支付劳务报酬或劳务报酬尾款时，应按劳务分包人同期银行贷款利率向劳务分包人支付拖欠劳务报酬的利息，并按拖欠金额向劳务分包人支付违约金。

2)工程承包人不履行或不按约定履行合同的其他义务时，应向劳务分包人支付违约金，工程承包人还应赔偿因其违约给劳务分包人造成的经济损失，顺延延误的劳务分包人工作时间。

(2)当发生下列情况之一时，劳务分包人应承担违约责任：

1)劳务分包人因自身原因延期交工的，应支付违约金。

2)劳务分包人施工质量不符合合同约定的质量标准，但能够达到国家规定的最低标准时，应支付违约金。

3)劳务分包人不履行或不按约定履行合同的其他义务时，劳务分包人除支付违约金外，尚应赔偿因其违约给工程承包人造成的经济损失，延误的劳务分包人工作时间不予顺延。

(3)一方违约后，另一方要求违约方继续履行合同时，违约方承担上述违约责任后仍应继续履行合同。

9.3.5 建设工程施工分包合同的订立

承包人可以采用招标或直接发包的形式与分包人订立合同。

1. 分包工程的合同价格

分包合同清单固定综合单价包括为实施合同内容所发生的人员及机械设备进出场费、临时设施的建设与拆除、劳务、材料(不含甲供料)、机械、燃油、管理费、利润、保险等，以及完成施工图明示或暗示工程量涉及的所有责任、义务、风险、费用(税费除外)。具体价格双方协商固定。

2. 分包人应充分了解总承包合同对分包工程规定的义务

《示范文本》明确了双方的责任和义务，在订立合同前要充分了解。

3. 划分分包合同责任的基本原则

(1)保护承包人的合法权益不受损害。

1)分包人应承担并履行与分包工程有关的总承包合同规定承包人的所有义务和责任，保障承包人免于承担由于分包人的违约行为。发包人根据总承包合同要求承包人负责的损害赔偿或任何第三方的索赔。如果发生此类情况，承包人可以从应付给分包人的款项中扣除这笔金额，且不排除采用其他方法弥补所受到的损失。

2)分包人必须服从承包人转发的发包人或工程师与分包工程有关的指令。未经承包人允许，分包人不得以任何理由与发包人或工程师发生直接工作联系，分包人不得直接致函发包人或工程师，也不得直接接受发包人或工程师的指令。如分包人与发包人或工程师发生直接工作联系，将被视为违约，并承担违约责任。

(2)保护分包人的合法权益不受损害。

1)任何不应由分包人承担责任事件导致竣工工期延长、施工成本的增加和修复缺陷的费用，均应由承包人给予补偿。

2)承包人应保障分包人免予承担非分包人责任引起的索赔、诉讼或损害赔偿，保障程度应与发包人按总承包合同保障承包人的程度相类似(但不超过此程度)。

9.3.6 建设工程施工分包合同的履行

1. 支付管理

(1)分包合同的支付程序。分包人在合同约定的日期，应向承包人报送该阶段施工的支付报表。

(2)承包人代表对支付报表的审查。接到分包人的支付报表后，承包人首先对照分包合同有关规定复核取费的合理性和计算的正确性，并依据分包合同的约定扣除预付款、分包管理费等后，核准该阶段应付给分包人的金额，然后将分包工程完成工作的项目内容及工程量，按总承包合同中取费标准计算，填入到向工程师报送的支付报表中。

(3)承包人不承担逾期付款责任的情况。如果属于工程师不认可分包人报表中的某些款项，发包人拖延支付给承包人经过工程师签证后的应付款，分包人与承包人或与发包人之间因涉及工程量或报表中某些支付要求发生争议三种情况，承包人代表应在付款日之前及时将扣发或缓发分包工程款的理由通知分包人，则不承担逾期付款责任。

2. 变更管理

(1)施工中如发生对原工作内容进行变更，工程承包人项目经理应提前 7 d 以书面形式向劳务分包人发出变更通知，并提供变更的相应图纸和说明。劳务分包人按照工程承包人(项目经理)发出的变更通知及有关要求，进行下列需要的变更：

1)更改工程有关部分的标高、基线、位置和尺寸。

2)增减合同中约定的工程量。

3)改变有关的施工时间和顺序。

4)其他有关工程变更需要的附加工作。

(2)因变更导致劳务报酬的增加及造成的劳务分包人损失，由工程承包人承担，延误的工期相应顺延；因变更减少工程量，劳务报酬应相应减少，工期相应调整。

(3)施工中劳务分包人不得对原工程设计进行变更。因劳务分包人擅自变更设计发生的费用和由此导致工程承包人的直接损失，由劳务分包人承担，延误的工期不予顺延。

(4)因劳务分包人自身原因导致的工程变更，劳务分包人无权要求追加劳务报酬。

3. 索赔管理

(1)应由发包人承担责任的索赔事件。分包人向承包人提出索赔要求后，承包人应首先分析事件的起因和影响，并依据两个合同判明责任。

1)应由发包人承担的风险事件，如施工中遇到了不力的外界障碍、施工图样有错误等。

2)发包人的违约行为，如拖延支付工程款等。

3)工程师的失职行为，如发布错误的指令、协调管理不力导致对分包工程施工的干扰等。

4)执行工程师指令后对补偿不满意，如对变更工程的估价认为过少等。

(2)应由承包人承担责任的事件。此类索赔产生于承包人与分包人之间，工程师不参与索赔的处理，双方通过协商解决。

9.4 建设工程物资采购合同

9.4.1 建设工程物资采购合同的概念及分类

1. 建设工程物资采购合同的概念

建设工程物资采购合同，是指具有平等主体的自然人、法人、其他组织之间为实现建设工程物资买卖，设立、变更、终止相互权利和义务关系的协议。

依照协议，出卖人转移建设工程物资的所有权于买受人，买受人接受该项建设工程物资并支付价款。

2. 建设工程物资采购合同的分类

建设工程物资采购合同一般分为材料采购合同和设备采购合同。

3. 建设工程物资采购合同管理的重要性

(1)能否经济有效地进行采购，直接影响到能否降低项目成本，也关系到项目建成后的经济效益。

(2)良好的采购工作可以通过招标方式保证合同的实施，使供货方按时、按质交货。

(3)健全的物资采购工作，要求采购前对市场情况进行认真调查分析，充分掌握市场的趋势与动态，因而制订的采购计划切合实际，预算符合市场情况并留有一定的余地，因此，可以有效地避免费用超支。

(4)由于工程项目的物资采购涉及巨额资金和复杂的横向关系，如果没有一套严密而周全的程序和制度，可能会出现浪费、受贿等现象，而严格周密的采购程序可以从制度上最大限度地抑制贪污、浪费等现象的发生。

4. 建设工程物资采购合同的特征

(1)建设工程物资采购合同应依据施工合同订立。施工合同中确立了关于物资采购的协商条款，无论是发包方供应材料和设备，还是承包方供应材料和设备，都应依据施工合同采购物资。

(2)建设工程物资采购合同以转移财物和支付价款为基本内容。建设工程物资采购合同内容繁多，条款复杂，涉及物资的数量和质量条款、包装条款、运输方式、结算方式等，但最为根本的是双方应尽的义务，即卖方按质、按量、按时地将建设物资的所有权转归买方。买方按时、按量地支付货款，这两项主要义务构成了建设工程物资采购合同的最主要内容。

(3)建设工程物资采购合同的标的品种繁多，供货条件复杂。建设工程物资采购合同的标的是建筑材料和设备，它包括钢材、木材、水泥和其他辅助材料以及机电成套设备，这些建设物资的特点在于品种、质量、数量和价格差异较大，根据建设工程的需要，有的数量庞大，有的要求技术条件较高。

(4)建设工程物资采购合同应实际履行。由于物资采购合同是根据施工合同订立的，物资采购合同的履行直接影响到施工合同的履行，因此，建设工程物资采购合同--旦订立，卖方义务一般不能解除，不允许卖方以支付违约金和赔偿金的方式代替合同的履行，除非合同的迟延履行对买方成为不必要。

(5)建设工程物资采购合同采用书面形式。根据《合同法》的规定，订立合同依照法律、行政法规或当事人约定采用书面形式的，应当采用书面形式。

9.4.2 建设工程材料采购合同的订立及履行

1. 材料采购合同的订立方式

(1)公开招标。即由招标单位通过新闻媒介公开发布招标广告，以邀请不特定的法人或者其他组织投标，按照法定程序在所有符合条件的材料供应商、建材厂家或建材经营公司中择优选择中标单位的一种招标方式。

(2)邀请招标。即招标人以投标邀请书的方式邀请特定的法人或者其他组织投标，只有接到投标邀请书的法人或其他组织才能参加投标的一种招标方式，其他潜在的投标人则被排除在投标竞争之外。

(3)询价、报价、签订合同。物资买方向若干建材厂商或建材经营公司发出询价函，要求他们在规定的期限内做出报价。在收到厂商的报价后，经过比较，选定报价合理的厂商或公司并与其签订合同。

(4)直接订购。由材料买方直接向材料生产厂商或材料经营公司报价，生产厂商或材料经营公司接受报价、签订合同。

2. 材料采购合同的主要条款

(1)双方当事人的名称、地址，法定代表人的姓名，委托代理合同的应有授权委托书并注明委托代理人的姓名、职务等。

(2)合同标的。它是供应合同的主要条款，主要包括购销材料的名称(注明牌号、商标)、品种、型号、规格、等级、花色、技术标准等，这些内容应符合施工合同的规定。

(3)技术标准和质量要求。质量条款应明确各类材料的技术要求、试验项目、试验方法、试验频率以及国家法律规定的国家强制性标准和行业强制性标准。

(4)材料数量及计量方法。材料数量的确定由当事人协商，应以材料清单为依据，并规定交货数量的正负尾差、合理磅差和在途自然减(增)量及计量方法，计量单位采用国家规定的度量标准。

(5)材料的包装。材料的包装是保护材料在储运过程中免受损坏不可缺少的环节。

(6)材料交付方式。材料交付可采取送货、自提和代运三种不同方式。

(7)材料的交货期限。材料的交货期限应在合同中明确约定。

(8)材料的价格。材料的价格应在订立合同时明确，可以是约定价格，也可以是政府指定价或指导价。

(9)结算。结算指买卖双方对材料货款、实际交付的运杂费和其他费用进行货币清算和了结的一种形式。

(10)违约责任。在合同中，当事人应对违反合同所负的经济责任做出明确规定。

(11)特殊条款。如果双方当事人对一些特殊条件或要求达成一致意见，也可在合同中明确规定，成为合同的条款。

(12)争议的解决方式。

3. 材料采购合同的履行

(1)按约定的标的履行。卖方交付的货物必须与合同规定的名称、品种、规格、型号相一致，除非买方同意，否则不允许以其他货物代替，也不允许以支付违约金或赔偿金的方式代替履行合同。

(2)按合同规定的期限、地点交付货物。交付货物的日期应在合同规定的交付期限内，实际交付的日期早于或迟于合同规定的交付期限，即视为延期交货。

(3)按合同规定的数量和质量交付货物。对于交付货物的数量应当当场检验，清点账目后，由双方当事人签字。

(4)买方的义务。买方在验收材料后，应按合同规定履行支付义务，否则承担法律责任。

(5)违约责任。

1)卖方的违约责任。卖方不能交货的，应向买方支付违约金；卖方所交货物与合同规定不符的，应根据情况由卖方负责包换、包退，包赔由此造成的买方损失；卖方承担不能按合同规定期限交货的责任或提前交货的责任。

2)买方违约责任。买方中途退货的，应向卖方偿付违约金；逾期付款的，应按中国人民银行关于延期付款的规定向卖方偿付逾期付款违约金。

4. 监理工程师对材料采购合同的管理

(1)对材料采购合同及时进行统一编号管理。

(2)监督材料采购合同的订立。工程师虽然不参加材料采购合同的订立工作，但应监督材料采购合同符合项目施工合同中的描述，指令合同中标的质量等级及技术要求，并对采购合同的履行期限进行控制。

(3)检查材料采购合同的履行。工程师应对进场材料做全面检查和检验，对检查或检验的材料认为有缺陷或不符合合同要求，工程师可拒收这些材料，并指示在规定的时间内将材料运出现场；工程师也可指示用合格适用的材料取代原来的材料。

(4)分析合同的执行。对材料采购合同执行情况的分析，应从投资控制、进度控制或质量控制的角度对执行中可能出现的问题和风险进行全面分析，防止由于材料采购合同的执行原因，造成施工合同不能全面履行。

9.4.3 建设工程设备采购合同的订立及履行

1. 建设工程中的设备供应方式

(1)委托承包。由设备成套公司根据发包单位提供的成套设备清单进行承包供应，并收取一定的成套业务费，其费率由双方根据设备供应的时间、供应的难度以及需要进行的技术咨询和开展现场服务的范围等情况商定。

(2)按设备包干。根据发包单位提出的设备清单及双方核定的设备预算总价，由设备成套公司承包供应。

(3)招标投标。发包单位对需要的成套设备进行招标，设备成套公司参加投标，按照中标价格承包供应。

2. 设备采购合同的内容

(1)约首。即合同的开头部分，包括项目名称、合同号、签约日期、签约地点、双方当事人名称或姓名和地址等条款。

(2)正文。即合同的主要内容，包括合同文件、合同范围和条件、货物及数量、合同金额、付款条件、交货时间和交货地点、验收方法、现场服务和保修内容，以及合同生效等条款。其中，合同文件包括合同条款、投标格式和投标人提交的投标报价表、要求一览表(含设备名称、品种、型号、规格、等级等)、技术规范、履约保证金、规格响应表、买方授权通知书等；货物及数量(含计量单位)、交货时间和交货地点等均在要求一览表中明确；合同金额指合同的总价，分项价格则在投标报价表中确定。

(3)约尾。即合同的结尾部分，规定本合同生效条件，具体包括双方的名称、签字盖章及签字时间、地点等。

3. 设备采购合同的条款

(1)定义。

1)“合同”是指买卖双方签署的，合同格式中载明的买卖双方所达成的协议，包括所有的附件、附录和构成合同的所有文件。

2)“合同价格”是指根据合同规定，卖方在完全履行合同义务后买方应付的价款。

3)“货物”是指卖方根据合同规定须向买方提供的一切设备、机械、仪表、备件、工具、手册和其他技术资料。

4)“服务”是指根据合同规定，卖方承担与供货有关的辅助服务，如运输、保险及其他服务，如安装、调试、提供技术援助、培训和其他类似义务。

5)“买方”是指根据合同规定支付货款的需方的单位。

6)“卖方”是指根据合同提供货物和服务的具有法人资格的公司或其他组织。

(2)技术规范。除应注明成套设备系统的主要技术性能外，还要在合同后附各部分设备的主要技术标准和技术性能的文件。

(3)专利权。若合同中的设备涉及某些专利权的使用问题，卖方应保证买方在使用该货物或其他任何一部分时不受第三方提出侵犯其专利权、商标权和工业设计权的起诉。

(4)包装要求。卖方提供货物的包装应适用于运输、装卸、仓储的要求，确保货物安全无损运抵现场，并在每份包装箱内附一份详细装箱单和质量合格证，在包装箱表面作醒目的标志。

(5)装运条件及装运通知。卖方应在合同规定的交货期前 30 d 以电报或电传形式将合同号、货物名称、数量、包装箱号、总毛重、总体积和备妥交货日期通知买方。

(6)保险。根据合同采用的不同价格，由不同当事人办理保险业务。

(7)支付。合同中应规定卖方交付设备的期限、地点、方式，并规定买方支付货款的时间、数额、方式。

(8)质量保证。卖方须保证货物是全新的、未使用过的，并完全符合合同规定的质量、规格和性能的要求。在货物最终验收后的质量保证期内，卖方应对由于设计、工艺或材料的缺陷而发生的任何不足或故障负责，费用由卖方负担。

(9)检验与保修。在发货前，卖方应对货物的质量、规格、性能、数量和重量等进行准确而全面的检验，并出具证书，但检验结果不能视为最终检验。

(10)违约罚款。在履行合同过程中，如果卖方遇到不能按时交货或提供服务的情况，应及时以书面形式通知买方，并说明不能交货的理由及延误时间。

(11)不可抗力。发生不可抗力事件后，受事故影响一方应及时书面通知另一方，双方协商延长合同履行期限或解除合同。

(12)履约保证金。卖方应在收到中标通知书 30 d 内，通知银行向买方提供相当于合同总价 10%的履约保证金，其有效期到货物保证期满为止。

(13)争议解决。执行合同中发生的争议，双方应通过友好的协商解决。如协商不能解决时，当事人可申请仲裁解决或诉讼解决，具体解决方式应在合同中明确规定。

(14)破产终止合同。卖方破产或无清偿能力时，买方可以书面形式通知卖方终止合同，并有权请求卖方赔偿有关损失。

(15)转让或分包。双方应就卖方能否完全或部分转让其应履行的合同义务达成一致意见。

(16)其他。包括合同生效时间，合同正副本份数，修改或补充合同的程序等。

4. 设备采购合同的履行

(1)交付货物。卖方应按合同规定，按时、按质、按量地履行供货义务，并做好现场服务工作，及时解决有关设备的技术质量、缺损件等问题。

(2)验收交货。买方对卖方交货应及时进行验收，依据合同规定，对设备的质量及数量进行核实检验。如有异议，应及时与卖方协商解决。

(3)结算。买方对卖方交付的货物检验没有发现问题，应按合同的规定及时付款；如果发现问题，在卖方及时处理达到合同要求后，也应及时履行付款义务。

(4)违约责任。在合同履行过程中，任何一方都不应借故延迟履约或拒绝履行合同义务，否则应追究违约当事人的法律责任。

1)由于卖方交货不符合合同规定，如交付的设备不符合合同标的，或交付设备未达到质量技术要求，或数量、交货日期等与合同规定不符时，卖方应承担违约责任。

2)由于卖方中途解除合同，买方可采取合理的补救措施，并要求卖方赔偿损失。

3)买方在验收货物后，不能按期付款的，应按中国人民银行有关延期付款的规定交付违约金。

4)买方中途退货，卖方可采取合理的补救措施，并要求买方赔偿损失。

5. 监理工程师对设备采购合同的管理

(1)对设备采购合同及时编号，统一管理。

(2)参与设备采购合同的订立。

(3)监督设备采购合同的履行。

项目小结

工程建设项目的建设是一项复杂的系统工程，由很多合同关系共同组成。除了建设工程施工合同以外，还会涉及建设工程勘察、设计合同，建设工程监理合同，以及建设工程分包合同、物资采购合同等。这些合同关系共同构成了一个完整的建设工程合同体系。

建设工程勘察合同是指根据建设工程的要求，查明、分析、评价建设场地的地质地理环境特征和岩土工程条件，编制建设工程勘察文件的协议。

建设工程设计合同是指根据建设工程的要求，对建设工程所需的技术、经济、资源、环境等条件进行综合分析、论证，编制建设工程设计文件的协议。

建设工程委托监理合同简称监理合同，是指委托人与监理人就委托的工程项目管理内容签订的明确双方权利、义务的协议。

工程分包是相对总承包而言的。所谓工程分包，是指施工总承包企业将所承包建设工程中的专业工程或劳务作业发包给其他建筑业企业完成的活动。分包分为专业工程分包和劳务作业分包。

建设工程物资采购合同，是指具有平等主体的自然人、法人、其他组织之间为实现建设工程物资买卖，设立、变更、终止相互权利和义务关系的协议。建设工程物资采购合同，一般分为材料采购合同和设备采购合同。

学生在了解建设工程勘察、设计合同，建设工程监理合同，以及建设工程分包合同、物资采购合同基本知识的基础上，应实际参与(或模拟参与)合同签订工作，能够独立完成相关工程合同签订工作，为以后参加工作打下基础。

同步测试

9—1　什么是建设工程勘察、设计合同?

9—2　建设工程勘察、设计合同的特征有哪些?

9—3　建设工程勘察、设计合同有哪些内容?

9—4　建设工程勘察、设计合同如何签订和履行?

9—5　什么是建设工程监理合同?

9—6　建设工程监理合同的特征有哪些?

9—7　建设工程监理合同有哪些内容?

9—8　建设工程监理合同如何签订和履行?

9—9　什么是建设工程分包合同?

9—10　建设工程专业工程分包合同包括哪些内容?

9—11　建设工程劳务作业分包合同包括哪些内容？
9—12　建设工程分包合同如何签订和履行？
9—13　什么是建设工程物资采购合同？
9—14　建设工程物资采购合同的特征有哪些？
9—15　建设工程材料采购合同如何签订和履行？
9—16　建设工程设备采购合同如何签订和履行？

专项实训

模拟签订建设工程监理、分包、物资采购合同

实训目的：体验工程监理、分包、物资采购合同的签订程序，熟悉监理、分包、物资采购承包的内容、要求。

材料准备：①工程有关批准文件。
②工程施工图纸。
③工程概算或施工图预算。
④工程中标通知书。
⑤模拟工程现场。

实训步骤：接受中标通知书→组成相关单位谈判小组→熟悉工程性质和企业双方特点→熟悉、理解监理、分包、物资采购合同示范文本中的条款→谈判→订立监理、分包、物资采购合同。

实训结果：①熟悉工程监理、分包、物资采购合同签订程序。
②掌握工程监理、分包、物资采购合同的主要内容。
③了解工程监理、分包、物资采购合同的基本要求。

注意事项：①合同文件应尽量详细和完善。
②尽量采用标准的专业术语。
③充分发挥学生的积极性、主动性与创造性。

项目 10　国际工程合同条件

项目描述

本项目主要介绍有关国际工程合同的含义，合同、惯例与法律的相互关系，国际工程合同的法律基础，国际工程通用的合同条件，FIDIC 合同在我国的应用等内容。

技能目标

通过本项目的学习，学生能够了解国际工程合同的含义，合同、惯例与法律的相互关系，掌握国际工程合同的法律基础，国际工程通用的合同条件，能够参与国际工程合同的管理活动。

项目导入

国际工程承包是指一个国家的政府部门、公司、企业或项目所有人(一般称工程业主或发包人)委托国外的工程承包人负责按规定的条件承担完成某项工程任务。国际工程承包是一种综合性的国际经济合作方式，是国际技术贸易的一种方式，也是国际劳务合作的一种方式。之所以将这种方式作为国际技术贸易的一种方式，是因为国际承包工程项目建设过程中，包含大量的技术转让内容，特别是项目建设的后期，承包人要培训业主的技术人员，提供所需的技术知识(专利技术、专有技术)，以保证项目的正常运行。

10.1　国际工程合同概述

10.1.1　国际工程合同的含义

国际工程合同是指国际工程的参与主体之间为了实现特定的目的而签订的明确彼此权利与义务关系的协议。与国内工程合同相比，国际工程合同具有如下一些特点。

1. 国际工程合同是参与主体参与合同订立的法律行为

合同关系必须是双方(或多方)当事人的法律行为，而不能是单方面的法律行为。当事人之间具备“合意”，合同才能成立。在国际工程参与主体订立合同的过程中，国际工程合同为合同双方规定了权利与义务。这种权利与义务的相互关系并不是一种道义上的关系，而是一种法律关系。双方签订的合同要受到有关缔约方国家的法律或国际惯例的制约、保护与监督。合同一经签字，双方必须履行合同规定的条款。违约一方要承担由此而造成的损失。

2. 国际工程合同是一种非法律性惯例

国际工程咨询和承包在国际上都有上百年历史，经过不断总结经验，在国际上已经有了一批比较完善的合同范本，如 FIDIC 合同条件、ICE 合同条件、NEC 合同条件、AIA 合同条件等。这些国际工程承包合同示范文本内容全面，包括合同协议书、投标书、中标函、合同条件、技术规范、图纸、工程量表等多个文件。这些范本还在不断地修订和完善，可供我们学习和借鉴。

3. 国际工程承包合同管理是工程项目管理的核心

国际工程承包合同从前期准备、招标投标、谈判、修改、签订到实施，都是国际工程中十分重要的环节。合同有关任何一方都不能粗心大意，只有订立好一个完善的合同才能保证项目的顺利实施。

综上所述，合同的制订和管理是搞好国际工程承包项目的关键，工程承包合同管理包括进度管理、质量管理和成本管理，而这些管理均是以合同要求和规定为依据的。项目任何一方都应配备专门人员认真研究合同，做好合同管理工作，以满足国际工程合同管理的需要。

10.1.2 合同、惯例与法律的相互关系

1. 法律是合同签订的必要依据

当事人的合同行为必须遵照国家法律、法规和政策规定。合同内容必须合法。只有这样，合同才能受到国家法律的承认和保护，否则合同行为将按无效合同认定和处理。如果合同行为是违法的，不仅不能达到预期的合同效益，过错者还要承担法律后果，情节严重的还要被迫追究法律责任。因此，法律的强制力、约束力是合同签订过程中必须加以考虑的因素。

2. 国际惯例与合同条款之间存在解释与被解释，补充与被补充之间的关系

国际惯例可明示或默示地约束合同当事人，可以解释或补充合同条款之不足。合同条款可以明示地排除国际惯例的适用：合同条款可以明示地接受、修改、排除一项国际惯例，二者发生矛盾时，以合同条款为准。

3. 国际惯例在一定条件下具有法律效力

当国家法律以明示或默示方式承认惯例可以产生法律效益，或国际惯例与法律不相抵触(即法律或国家参与或缔结的条约对某一事项无具体规定时)以及不违背一国的社会公众利益，且不与合同明示条款相冲突时，惯例可以填补法律空缺，才可获得法律效力。国际惯例不是法律的组成部分，国际惯例的部分或全部内容在被吸收为制定法律或国际条约之后，对于该法律的制定国或参与国际条约的国家而言，该国际惯例不复存在。

10.1.3 国际工程合同的法律基础

1. 国际工程合同适用的国际法律

(1)国际公法。国际公法也称国际法，主要是国家之间的法律，它是主要调整国家之间关系的有法律拘束力的原则、规则和规章、制度的总体。

在当今世界上，存在着 190 多个国家和数百个国际组织，随着它们之间的交往将产生相互承认：领土、领海、领空的归属；公海和南极、北极的法律地位；居民国籍的认定和

在别国的地位和外交使、领馆的建立及其享有的特权；相互争端的解决等一系列必须调整的关系，而调整这些关系的原则、规则和规章制度即为国际法。这些关系都是国家间的“公”的关系，所以国际法又称为国际公法。

(2)国际私法。国际交往中所产生的涉外民事法律关系，如物权、债权、知识产权、婚姻、家庭、继承等法律关系，都属于私人之间关系，则由国际私法及国际经济法来加以调整。

国际私法主要是通过冲突规范来间接调整涉外民事法律关系，即通过冲突规范来确定适用哪一国的法律从而进一步确定当事人的权利和义务。其调整对象是涉外民事法律关系，一般不包括国家、国际组织之间的经济关系。

(3)国际经济法。国际经济法是调整不同国家和国际经济组织及不同国家的个人和法人之间经济关系的法律规范的总称。它是一个独立的、综合的、新兴的法律部门。它是随着国际经济关系的发展，为建立各国在国际经济贸易活动中的经济秩序而产生和发展的。国际经济法既调整个人与法人间的经济关系，也调整国家及国际经济组织之间的经济关系。

2. 公法范畴内的工程所在国的相关法律

以美国为例，阐述公法范畴内的工程所在国的相关法律。

(1)美国司法管辖及适用法律。美国法院分为联邦系统和州系统，联邦和州法院系统均分为三个层次：地区法庭、上诉法庭和最高法院。联邦法院与各州法院的司法管辖权分工与宪法规定的联邦和各州分权的原则是一致的，除宪法直接规定或国会根据宪法授予的权力规定的联邦法院的案件管辖范围外，其他案件由州法院管辖。联邦系统法院管辖的案件主要包括：涉及外国政府代理人的案件，公海上和国内供对外贸易、洲际商业之间的通航水域案件，不同州之间或不同州公民、本国公民与外国人之间的案件，联邦其他法院移送的案件，以及原属联邦与州双重管辖而双方当事人自愿转交联邦法院审理的案件。

在适用法律方面，目前形成的原则是：联邦法院在审理涉及联邦问题的案件时适用联邦法；在审理不同州公民之间的案件时，适用联邦法院所在州的法律，但在涉及宪法规定的洲际商业条款(如交通、劳工关系方面的法律)以及一些特别重要的需要建立全国统一法律的问题时，将适用联邦法律。各州法院在审理案件时，大多数情况下适用该州的法律，但在审理某些案件时也可能适用联邦法或者其他州的法律。

(2)与建设工程合同管理相关的法律。美国没有专门的成文合同法，合同法规主要分布在商法典、民法典中。美国法律中与建设工程合同管理相关最为密切的当属统一商法典及合同法重述。统一商法典由美国法学会和美国统一州法全国委员会共同制订，属于示范法，只有被各州采纳才具有法律效力。直到 20 世纪 60 年代初，已经被 50 个州中的 49 个州采纳，并宣布成为法律；剩下路易丝安娜州实行的是成文法，也具有美国统一商法典中的多数内容。合同法重述是关于合同的基本原则和规则的概要，它不是一项立法。合同法重述的工作由美国法学会开展，合同法重述的起草人不能脱离判例阐述个人的看法，只能“重述”有关合同判例的规则。遇到相互冲突的判例规则时，起草人可以选择其一，起草人也可以重述少数成文法的内容。合同法重述到目前为止进行过三次，第一次是在 1933 年，第二次是在 1979 年，第三次是在 1995 年。合同法重述虽然没有法律效力，但是法官们经常援引，作为判案的指导。

其他相关的法律法规还有反垄断的克莱顿法、谢尔曼法，反价格歧视的罗宾逊—帕特曼法等。

(3)建筑技术标准及规范。建筑技术标准及规范中，影响最大的当属“统一建筑法规”(UNIFORM BUILDING CODE，UBC)。该法规由国际建筑工作者联合会、国际卫生工程、机械工程工作者协会和国际电气检查人员协会联合制定。该法规本身不具有法律效力，各州、市、县都可以根据本地的实际情况对其进行修改和补充。当建筑物在建造和使用过程中出现问题时，统一建筑法规是进行调解、仲裁和诉讼判决的重要依据。

统一建筑法规的主要内容包括：建筑管理、建筑物的使用和占有，一般的建筑限制、建造类型、防火材料及防火系统、出口设计、内部环境、能源储备、外部墙面、房屋结构、结构负荷、结构试验及检查、基础和承重墙、水泥、玻璃、钢材、木材、塑料、轻重金属、电力管线设备和系统、管道系统、电梯系统等方面的标准和管理规定。

10.2　国际工程通用的合同条件

我国加入世界贸易组织(“世贸”)后，建筑市场将会逐步向国际承建商开放，而我国的建筑企业也会越来越多地参与海外建筑市场的项目。因此，国际工程通用的合同条件将会更加广泛地被我国建筑企业采用。国际咨询工程师协会菲迪克(FIDIC)红皮书、黄皮书、橙皮书和银皮书，美国建筑师学会制订发布的“AIA 系列合同条件”，英国土木工程师学会编制的“ICE 合同条件”，通常用于世界各国的国际工程承包领域。

10.2.1　FIDIC 合同条件

1. FIDIC 合同条件概述

(1) FIDIC 简介。“FIDIC”是国际咨询工程师联合会(Fédération Internationale Des Ingénieurs Conseils)的简称。

该联合会是被世界银行和其他国际金融组织认可的国际咨询服务机构。总部设在瑞士洛桑，下设四个地区成员协会：即亚洲及太平洋地区成员协会(ASPAC)、欧洲共同体成员(CEDIC)、亚非洲成员协会集团(CAMA)、北欧成员协会集团(RINORD)。

该联合会目前已发展到世界各地 50 多个国家和地区，成为全世界最有权威的工程师组织。FIDIC 下设许多专业委员会，各专业委员会编制了用于国际工程承包合同的许多规范性文件，被 FIDIC 成员国广泛采用，并被 FIDIC 成员国的雇主、工程师和承包商所熟悉，现已发展成为国际公认的标准范本，在国际上被广泛采用。

(2)FIDIC 合同条件。FIDIC 合同条件(FIDIC 土木工程施工合同条件)就是国际上公认的标准合同范本之一。由于 FIDIC 合同条件的科学性和公正性被许多国家的雇主和承包商接受，又被一些国家政府和国际性金融组织认可，因此，被称作国际通用合同条件。FIDIC 合同条件是由国际工程师联合会(FIDIC)和欧洲建筑工程委员会在英国土木工程师学会编制的合同条件(即 ICE 合同条件)基础上制定的。

FIDIC 合同条件包括如下几类：一是雇主与承包商之间的缔约，即《FIDIC 土木工程施工合同条件》，因其封皮呈红色而取名“红皮书”，有 1957 年、1969 年、1977 年、1987 年、1999 年五个版本，1999 年新版“红皮书”与前几个版本在结构、内容方面有较大的不同；二是雇主与咨询工程师之间的缔约，即《FIDIC/咨询工程师服务协议书标准条款》，因其封面呈银白色而被称为“白皮书”，最近版本是 1990 年版，它将此前三个相互独立又相互补充的范本IGRA－1979－D&S、IGRA－1979－PI、IGRA－1980－PM合而为一；三是雇主与电气/机械承包商之间的缔约，即《FIDIC电气与机械工程合同条件》，因其封面呈黄色而得名“黄皮书”，1963年出了第一版“黄皮书”，1977年、1987年出了两个新版本，最新的“黄皮书”版本是1999年版；四是其他合同，如为总承包商与分包商与分包商之间缔约提供的范本《FIDIC土木工程施工分包合同条件》，为投资额较小的项目雇主与承包商提供的《简明合同格式》，为“交钥匙”项目而提供的《EPC合同条件》。上述合同条件中，“黄皮书”的影响最大，素有“土木工程合同的圣经”之誉。

2.《FIDIC建设工程施工合同》主要内容

《FIDIC建设工程施工合同》主要分为七大类条款。

(1)一般性条款。一般性条款包括以下内容：招标程序，包括合同条件、规范、图纸、工程量表、投标书、投标者须知、评标、授予合同、合同协议、程序流程图、合同各方、监理工程师等；合同文件中的名词定义及解释；工程师及工程师代表和他们各自的职责与权力；合同文件的组成、优先顺序和有关图纸的规定；招投标及履约期间的通知形式与发往地址；有关证书的要求；合同使用语言；合同协议书。

(2)法律条款。法律条款主要涉及以下内容：合同适用法律；劳务人员及职员的聘用、工资标准、食宿条件和社会保险等方面的法规；合同的争议、仲裁和工程师的裁决；解除履约；保密要求；防止行贿；设备进口及再出口；强制保险；专利权及特许权；合同的转让与工程分包；税收；提前竣工与延误工期；施工用材料的采购地等内容。

(3)商务条款。商务条款是指与承包工程的一切财务、财产所有权密切相关的条款，主要包括：承包商的设备、临时工程和材料的归属，重新归属及撤离；设备材料的保管及损坏或损失责任；设备的租用条件；暂定金额；支付条款；预付款的支付与扣回；保函，包括投标保函、预付款保函、履约保函等；合同终止时的工程及材料估价；解除履约时的付款；合同终止时的付款；提前竣工奖金的计算；误期罚款的计算；费用的增减条款；价格调整条款；支付的货币种类及比例；汇率及保值条款。

(4)技术条款。技术条款是针对承包工程的施工质量要求、材料检验及施工监督、检验测量及验收等环节而设立的条款，主要包括：对承包商的设施要求；施工应遵循的规范；现场作业和施工方法；现场视察；资料的查阅；投标书的完备性；施工制约；工程进度；放线要求；钻孔与勘探开挖；安全、保卫与环境保护；工地的照管；材料或工程设备的运输；保持现场的整洁；材料、设备的质量要求及检验；检查及检验的日期与检验费用的负担；工程覆盖前的检查；工程覆盖后的检查；进度控制；缺陷维修；工程量的计量和测量方法；紧急补救工作。

(5)权利与义务条款。权利与义务条款包括承包商、业主和监理工程师三者的权利和义务。

1)承包商的权利。承包商的权利包括：有权得到提前竣工奖金；收款权；索赔权；因工程变更超过合同规定的限值而享有补偿权；暂停施工或延缓工程进度速度；停工或终止受雇；不承担业主的风险；反对或拒不接受指定的分包商；特定情况下的合同转让与工程分包；特定情况下有权要求延长工期；特定情况下有权要求补偿损失；有权要求进行合同价格调整；有权要求工程师书面确认口头指示；有权反对业主随意更换监理工程师。

2)承包商的义务。承包商的义务包括：遵守合同文件规定，保质保量、按时地完成工程任务，并负责保修期内的各种维修；提交各种要求的担保；遵守各项投标规定；提交工程进度计划；提交现金流量估算；负责工地的安全和材料的看管；对其由承包商负责完成的设计图纸中的任何错误和遗漏负责；遵守有关法规；为其他承包商提供机会和方便；保持现场整洁；保证施工人员的安全和健康；执行工程师的指令；向业主偿付应付款项(包括归还预付款)；承担第三国的风险；为业主保守机密；按时缴纳税金；按时投保各种强制险；按时参加各种检查和验收。

3)业主的权利。业主的权利包括：有权不接受最低标；有权指定分包商；在一定条件下可直接付款给指定的分包商；有权决定工程暂停或复工；在承包商违约时，业主有权接管工程或没收各种保函或保证金；有权决定在一定的幅度内增减工程量；不承担承包商因发生在工程所在国以外的任何地方的不可抗力事件所遭受的损失(因炮弹、导弹等所造成的损失例外)；有权拒绝承包商分包或转让工程(应有充足理由)。

4)业主的义务。业主的义务包括：向承包商提供完整、准确、可靠的信息资料和图纸，并对这些资料的准确性负完全的责任；承担由业主风险所产生的损失或损坏；确保承包商免于承担属于承包商义务以外情况的一切索赔、诉讼，损害赔偿费、诉讼费、指控费及其他费用；在多家独立的承包商受雇于同一工程或属于分阶段移交的工程情况下，业主负责办理保险；按时支付承包商应得的款项，包括预付款；为承包商办理各种许可，如现场占用许可，道路通行许可，材料设备进口许可，劳务进口许可等；承担疏浚工程竣工移交后的任何调查费用；支付超过一定限度的工程变更所导致的费用增加部分；承担在工程所在国发生的特殊风险以及任何其他地区因炮弹、导弹对承包商造成的损失的赔偿和补偿；承担因后继法规所导致的工程费用增加额。

5)监理工程师的权力。监理工程师可以行使合同规定的或合同中必然隐含的权力，主要包括：有权拒绝承包商的代表；有权要求承包商撤走不称职人员；有权决定工程量的增减及相关费用；有权决定增加工程成本或延长工期；有权确定费率；有权下达开工令、停工令、复工令(因业主违约而导致承包商停工情况除外)；有权对工程的各个阶段进行检查，包括已掩埋覆盖的隐蔽工程；如果发现施工不合格情况，监理工程师有权要求承包商如期修复缺陷或拒绝验收工程；承包商的设备、材料必须经监理工程师检查，监理工程师有权拒绝接受不符合规定标准的材料和设备；在紧急情况下，监理工程师有权要求承包商采取紧急措施；审核批准承包商的工程报表的权力属于监理工程师，付款证书由监理工程师开出；当业主与承包商发生争端时，监理工程师有权裁决，虽然其决定不是最终的。

6)监理工程师的义务。监理工程师作为业主聘用的工程技术负责人，除必须履行其与业主签订的服务协议书中规定的义务外，还必须履行其作为承包商的工程监理人而尽的职责，FIDIC 合同条款针对监理工程师在建筑与安装施工合同中的职责规定了以下义务：必须根据服务协议书委托的权力进行工作；行为必须公正，处事公平合理，不能偏听偏信；应虚心听取业主和承包商两方面的意见，基于事实做出决定；发出的指示应该是书面的，特殊情况下来不及发出书面指示时，可以发出口头指示，但随后以书面形式予以确认；应认真履行职责，应根据承包商的要求及时对已完工程进行检查或验收，对承包商的工程报表及时进行审核；应及时审核承包商在履约期间所做的各种记录，特别是承包商提交的作为索赔依据的各种材料；应实事求是地确定工程费用的增减与工期的延长或压缩；如因技术问题需同分包商打交道时，须征得总承包商同意，并将处理结果告之总承包商。

(6)违约惩罚与索赔条款。违约惩罚与索赔是 FIDIC 合同条款的一项重要内容，也是国际承包工程得以圆满实施的有效手段。采用工程承发包制实施工程的效果之所以明显优于其他方法，根本原因就在于按照这种制度，当事人各方责任明确，赏罚分明。FIDIC 合同条款中的违约条款包括两部分，即业主对承包商的惩罚措施和承包商对业主拥有的索赔权。

惩罚措施因承包商违约或履约不力，业主可采取以下惩罚措施：没收有关保函或保证金；误期罚款；由业主接管工程并终止对承包商的雇用。

索赔条款是根据关于承包商享有的因业主履约不力或违约，或因意外因素(包括不可抗力情况)蒙受损失(时间和款项)而向业主要求赔偿或补偿权利的契约性条款。索赔条款包括：索赔的前提条件或索赔动因、索赔程序、索赔通知、同期记录、索赔的依据、索赔的时效和索赔款项的支付等。

(7)附件条款和补充条款。FIDIC 合同条款还规定了作为招标文件的文件内容和格式，以及在各种具体合同中可能出现的补充条款。

1)附件条款：附件条款包括投标书及其附件、合同协议书。

2)补充条款：补充条款包括防止贿赂、保密要求、支出限制、联合承包情况下的各承包人的各自责任及连带责任、关税和税收的特别规定五个方面的内容。

3. FIDIC 合同在我国的应用

随着我国企业参与国际工程承发包市场进程的深入，越来越多的建设项目，特别是以项目业主为外商的建设项目中，开始选择使用 FIDIC 合同文本。我国的建筑施工企业开始被迫地接触这上百页合同文本中的工程师、投标保函、履约保函、业主支付保函、预付款保函、工程保险、接收证书、缺陷责任期等国际工程建设的新概念。从北京城建集团接触第一个 FIDIC 合同文本开始，逐步在越来越多的工程建设中得到推广和使用，并与我国建筑市场改革开放相对接，对我国的建设体制产生影响和冲击。最典型的体现就是《建设工程施工合同》1999 年建设部示范文本，抛弃了多年来沿用的模式，变为和 FIDIC 框架一致的通用条款与专用条款，并采用工程师，而 2013 年 7 月 1 日起开始实施新版的《建设工程工程量清单计价规范》(GB 50500—2013)，更是对旧的量价合一的造价体系的告别。我国的建筑市场正在大踏步地和国际建筑市场融为一体。

FIDIC 合同强调“工程师”的作用，提倡对“工程师”进行充分授权，让其“独立公正地”工作。目前，建设单位对作为“工程师”的第三方——工程咨询/监理方的信任不够充分，对“工程师”往往授权不足，多方掣肘，这使得 FIDIC 合同条款的特色难以发挥。此外，在脱胎于 FIDIC 合同机制的我国建设监理制度下，我国的监理工程师难以发挥 FIDIC 条件下的“工程师”作用。

采用工程量清单进行计价和结算，是 FIDIC 合同的另一重大特色。自 2013 年 7 月 1 日起，我国工程项目采用新版工程量清单规范，其法律障碍已不存在，但技术和管理方面的障碍则十分凸显。

FIDIC 合同下的风险分担及保险安排有其特点，相对来说也比较公平，但在我国公众保险意识相对淡薄。在保险市场尚不发达的情况下，建设单位往往不恰当地限制自己的风险，并将有关风险强加给承包商。

在 FIDIC 合同下，工程担保是很重要的，它涉及投标保函、履约保函、取舍款保函、工程保留金保函、免税进口材料物资及税收保函、工程款支付保函。内地工程项目较常涉及的是投标保函、履约保函。在工程担保上，目前问题比较突出的是担保不平衡。从长远的角度看，这种不平衡将妨碍建筑市场的健康发展。

在 FIDIC 合同条款下，承包商的工程款受偿比较有保障，我们的问题在于，建设单位经常将 FIDIC 合同条款通用条件有关工程款支付的安排悉数推翻，代之以极具中国特色的拖欠工程款相关内容。如今，高达数千万元的巨额工程拖欠款已成为施工企业和政府主管部门的一大心病。

新版 FIDIC 合同中不可抗力条款与我国法律中有关不可抗力的规定基本上不存在冲突。由于我国法律中有关不可抗力的规定比较笼统，为在我国适用 FIDIC 合同的当事人自行约定留下了充足的空间。尽管 FIDIC 合同通用条件中不可抗力条款约定得较为明确，但在我国适用时仍然有必要作适当修改。在不违反我国法律的情况下，我国企业在采用 FIDIC 施工合同条件时，可以在合同通用条件第 19 条的基础上更加详细、明确地约定不可抗力条款。

10.2.2 美国 AIA 系列合同条件

AIA 是美国建筑师学会(The American Institute of Architects)的简称。该学会作为建筑师的专业社团已经有近 140 年的历史，成员总数达 56 000 名，遍布美国及全世界。AIA 出版的系列合同文件在美国建筑业界及国际工程承包界，特别在美洲地区具有较高的权威性，应用广泛。

AIA 系列合同文件分为 A、B、C、D、G 等系列，其中，A 系列是用于业主与承包商的标准合同文件，不仅包括合同条件，还包括承包商资格申报表，保证标准格式。B 系列主要用于业主与建筑师之间的标准合同文件，其中包括专门用于建筑设计、室内装修工程等特定情况的标准合同文件。C 系列主要用于建筑师与专业咨询机构之间的标准合同文件。D 系列是建筑师行业内部使用的文件。G 系列是建筑师企业及项目管理中使用的文件。

AIA 系列合同文件的核心是“一般条件”(A201)。采用不同的工程项目管理模式及不同的计价方式时，只需选用不同的“协议书格式”与“一般条件”即可。如 AIA 文件 A101 与 A201 一同使用，构成完整的法律性文件，适用于大部分以固定总价方式支付的工程项目。再如 AIA 文件 A111 和 A201 一同使用，构成完整的法律性文件，适用于大部分以成本补偿方式支付的工程项目。

AIA 文件 A201 作为施工合同的实质内容，规定了业主、承包商之间的权利、义务及建筑师的职责和权限，该文件通常与其他 AIA 文件共同使用，因此被称为“基本文件”。

1987 年版的 AIA 文件 A201《施工合同通用条件》共计 14 条 68 款，主要内容包括：业主、承包商的权利与义务；建筑师与建筑师的合同管理；索赔与争议的解决；工程变更；工期；工程款的支付；保险与保函；工程检查与更正等条款。

10.2.3 英国 ICE 合同条件

“ICE”是英国土木工程师学会(The Institution Of Civil Engineers)的简称。该学会是设于英国的国际性组织，拥有会员 8 万多名，其中，1/5 在英国以外的 140 多个国家和地区。该学会已有 180 年的历史，已成为世界公认的学术中心、资质评定组织及专业代表机构。ICE 在土木工程建设合同方面具有高度的权威性，它编制的土木工程合同条件在土木工程具有广泛的应用。

1991 年 1 月第六版的《ICE 合同条件(土木工程施工)》共计 71 条 109 款，主要内容包括：工程师及工程师代表；转让与分包；合同文件；承包商的一般义务；保险；工艺与材料质量的检查；开工、延期与暂停；变更、增加与删除；材料及承包商设备的所有权；计量；证书与支付；争端的解决；特殊用途条款；投标书格式。此外，ICE 合同条件的最后也附有投标书格式、投标书格式附件，协议书格式、履约保证等文件。

10.2.4 亚洲地区使用的合同

1. 我国香港地区使用的合同

在我国香港，政府投资工程主要有两个标准合同文本，即香港政府土木工程标准合同和香港政府建筑工程标准合同。这两种标准合同的主要内容包括：承包商的责任和义务；材料和工艺要求；合同期限和延期规定；维护期和工程缺陷；工程变化量和价值的计量；期中付款；违约责任；争议的解决。两种合同规定：承包商在某些情况下(如天气恶劣，工程量大幅度增加等)，可申请延长工期，在获批准后有权要求政府给予费用上的补偿。而私人投资工程则采用英国皇家特许测量师学会(香港分会)的标准合同。该合同除有明确的通用条款外，还有一些根据法院诉讼经验而订立的默示条款(如甲方需与承包商合作，在不影响按期完工的前提下，为承建商准备好主要合同工程的场地，以便其安装设备；甲方不得阻止或干涉承建商按合同规定进行的施工等)。这些条款暗中给予了承包商一种权力，使之在甲方违约的情况下可以进行索赔。

2. 日本的建设工程承包承包合同

日本的建设工程承包合同的内容规定在《日本建设业法》中。该法的第三章“建设工程承包合同”规定，建设工程承包合同包括以下内容：工程内容；承包价款数额及支付；工程及工期变更的经济损失的计算方法；工程交工日期及工程完工后承包价款的支付日期和方法；当事人之间合同纠纷的解决方法等。

3. 韩国的建设工程承包合同

韩国的建设工程承包合同的内容也规定在国家颁布的法律《韩国建设业法》(1994 年1 月7 日颁布实施)中。该法第三章“承包合同”规定承包合同包括以下内容：建设工程承包的限制；承包额的核定；承包资格限制的禁止；概算限制；建设工程承包合同的原则；承包人的质量保障责任；分包的限制；分包人的地位；分包的价款的支付；分包人的变更的要求；工程的检查和交接等。

以上几种合同都是在某一国家或某几个国家使用的。

项目小结

国际工程合同是指国际工程的参与主体之间为了实现特定的目的，而签订的明确彼此权利与义务关系的协议。

国际工程合同适用的国际法律包括国际公法、国际私法和国际经济法。

我国加入世界贸易组织后，建筑市场将会逐步向国际承建商开放，而我国的建筑企业亦会越来越多地参与海外建筑市场的项目。因此，国际工程通用的合同条件将会更加广泛地被我国建筑企业采用。国际咨询工程师协会菲迪克(FIDIC)合同是应用最广泛的一种。

FIDIC 合同条件(FIDIC 土木工程施工合同条件)就是国际上公认的标准合同范本之一。由于 FIDIC 合同条件的科学性和公正性被许多国家的雇主和承包商接受，又被一些国家政府和国际性金融组织认可，因此被称作国际通用合同条件。《FIDIC 建设工程施工合同》主要分为七大类条款。

随着我国企业参与国际工程承发包市场进程的深入，越来越多的建设项目，特别是以项目业主为外商的建设项目中，开始选择使用 FIDIC 合同文本。

学生在了解国际工程承包合同基本知识的基础上，应实际参与(或模拟参与)建筑工程国际工程承包合同签订工作，能够独立识读、签订国际工程承包合同，为以后参加工作打下基础。

同步测试

10—1　什么是国际工程合同？

10—2　国际工程承包合同适用的国际法律有哪些？

10—3　什么是 FIDIC？

10—4　《FIDIC 建设工程施工合同》的主要内容有哪些？

10—5　FIDIC 合同在我国的应用如何？

专项实训

模拟签订国际工程承包合同

实训目的：体验国际工程承包合同的签订程序，熟悉国际工程承包的内容与要求。

材料准备：①工程有关批准文件。
②国际工程施工图纸。
③国际工程概算或施工图预算。
④国际工程中标通知书。
⑤模拟工程现场。

实训步骤：接受中标通知书→组成建设单位和施工单位两个谈判小组→熟悉国际工程性质和企业双方特点→熟悉、理解《FIDIC 建设工程施工合同》中的通用条款→参照《FIDIC 建设工程施工合同》草拟合同专用条款→谈判→订立国际工程承包合同。

实训结果：①熟悉国际工程承包合同签订程序。
②掌握国际工程承包合同的主要内容。
③了解国际工程承包合同的基本要求。

注意事项：①合同文件应尽量详细和完善。
②尽量采用标准的专业术语。
③充分发挥学生的积极性、主动性与创造性。

参考文献

[1] 中国工程咨询协会．菲迪克(FIDIC)文献译丛：《施工合同条件》[M]．北京：机械工业出版社，2002.

[2] 中国工程咨询协会．菲迪克(FIDIC)文献译丛：合同简短格式(Short Form of Contract)[M]．北京：机械工业出版社，2002.

[3] 杨志中．建设工程招投标与合同管理[M]．2版．北京：机械工业出版社，2013.

[4] 王平．工程招投标与合同管理[M]．北京：清华大学出版社，2015.

[5] 李雯霞，王长荣．建设工程招投标与合同管理[M]．成都：西南交通大学出版社，2013.

[6] 宋春岩．建设工程招投标与合同[M]．北京：北京大学出版社，2014.

[7] 中国建设监理协会．建设工程监理相关法规文件汇编[M]．北京：中国建筑工业出版社，2015.

[8] 中国建设监理协会．建设工程合同管理[M]．北京：中国建筑工业出版社，2017.

[9] 全国一级建造师执业资格考试用书编写委员会．建设工程项目管理[M]．北京：中国建筑工业出版社，2017.

[10] 全国一级建造师执业资格考试用书编写委员会．建设工程法规及相关知识[M]．北京：中国建筑工业出版社，2017.

[11] 中华人民共和国国家标准．GB/T 50326—2006 建设工程项目管理规范[S]．北京：中国建筑工业出版社，2006.